电力系统运行与安全管控

袁绍军　吴　凡　曹耀东　主编

吉林科学技术出版社

图书在版编目（CIP）数据

电力系统运行与安全管控 / 袁绍军，吴凡，曹耀东
主编．-- 长春：吉林科学技术出版社，2021.8（2023.4重印）
ISBN 978-7-5578-8680-6

Ⅰ．①电⋯ Ⅱ．①袁⋯ ②吴⋯ ③曹⋯ Ⅲ．①电力系
统运行－高等学校－教材 Ⅳ．① TM732

中国版本图书馆 CIP 数据核字（2021）第 173628 号

电力系统运行与安全管控

DIANLI XITONG YUNXING YU ANQUAN GUANKONG

主　　编	袁绍军　吴　凡　曹耀东
出 版 人	宛　霞
责任编辑	穆思蒙
封面设计	李　宝
制　　版	宝莲洪图
幅面尺寸	185mm×260mm
开　　本	16
字　　数	370 千字
印　　张	16.875
版　　次	2021 年 8 月第 1 版
印　　次	2023 年 4 月第 2 次印刷
出　　版	吉林科学技术出版社
发　　行	吉林科学技术出版社
地　　址	长春净月高新区福祉大路 5788 号出版大厦 A 座
邮　　编	130118

发行部电话/传真　0431—81629529　　81629530　　81629531
　　　　　　　　　81629532　　81629533　　81629534

储运部电话　0431—86059116

编辑部电话　0431—81629520

印　　刷	北京宝莲鸿图科技有限公司
书　　号	ISBN 978-7-5578-8680-6
定　　价	70.00 元

编者及工作单位

主　编
袁绍军　国网冀北电力有限公司承德供电公司
吴　凡　武汉供电设计院有限公司
曹耀东　中广核（枣庄）风力发电有限公司

副主编
程　明　中国能源建设集团甘肃省电力设计院有限公司
刘媛媛　国网宁夏电力有限公司固原供电公司
王　博　河南中烟工业有限责任公司黄金叶生产制造中心
王勇涛　广西电网有限责任公司钦州供电局
张景东　武汉凯迪电力工程有限公司
张　磊　中国铁路呼和浩特局集团有限公司包头供电段

编　委
韩　飞　中广核新能源投资（深圳）有限公司山东分公司
王先军　中广核新能源投资（深圳）有限公司山东分公司
张　文　国网山东省电力公司济南市章丘区供电公司

前　言

　　作为最广泛使用的二次能源——电能是国民经济的命脉，其质量涉及国民经济各领域以及人民生活用电。电能质量关系到电力可持续发展，同时也关系到国民经济的总体效益，是实现节约型社会的必要条件之一。优质电力可以提高用电设备效率，延长其使用寿命，减少电能损耗和生产损失。我国国民经济正处在持续高速发展阶段，随着计算机的普及，电力电子、微电子和信息技术等高新产业的发展，对电能质量的要求越来越高。及时发现、全面认识和正确处理电能质量问题是许多电气技术人员经常需要面对的。

　　安全，关系人类生活生产的方方面面，在各行各业中都有着举足轻重的地位，对于电力行业，安全更是重中之重。"无危则安，无缺则全"，从字面意义来看，安全就是没有伤害、没有损失、没有威胁、没有事故发生。

　　本书为此提供了相当全面的基础知识、实用化方法和丰富的资料。

　　由于编者水平和实践经验有限，书中难免存在疏漏和不妥之处，敬请各位读者批评指正。

目　录

第一章 电力系统概述和基础概念

第一节 电力系统概述

一、电力系统简介和发展

1.电力系统的基本概念

电能的生产、输出、分配、使用是同时进行的，所用设备构成一个整体。通常将生产、变换、输送、分配电能的设备如发电机、变压器、输配电力线路等，使用电能的设备如电动机、电炉、电灯等，以及测量、继电保护控制装置乃至能量管理系统所组成的统一整体称为电力系统。在电力系统中，各种电压等级的输配电力路线及升降压变压器所组成的部分称为电力网络，见图1-1所示，电力系统又加上动力设备，如锅炉、发电机（G）、电动机（M）、水轮机等统称动力系统。

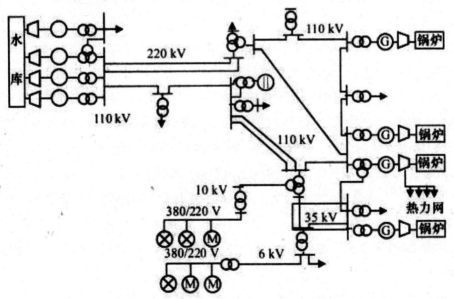

图1-1 动力系统、电力系统及电力网络示意图

2.电力系统的发展概况

在法拉第发现电磁感应定律的基础上出现了交流发电机、直流发电机、直流电动机，可将其他形式的能转变为电能。1882 年，第一座发电厂在英国伦敦建成，原始的电力线路输送的是 100V 和 400V 的低压直流电，同年法国人德普列茨提高了直流输电电压，使之达到 1500V 至 2000 V，输送功率约 2 kW，输出距离为 57 km，一般认为这是世界上第一个电力系统。

随着生产的发展对输送功率和输送距离提出了进一步的要求，直流输电已不能适应，到 1885 年出现了变压器，接着实现了单相交流输电。1891 年在制造出三相变压器和三相异步电动机基础上，实现了三相交流输电。第一条三相交流输电线路于 1891 年在德国运行，电压为 12 kV，线路长度达 180 多千米。从此三相交流制的优越性很快显示出来，使输送功率、输电电压、输电距离日益增大。数十年间，大电力系统不断涌现，在一些国家甚至出现全国性和国际性电力系统，直流输电逐渐被淘汰。当前世界上已建成 1200 kV 的交流输电线路，并在研究 1500kV 交流输电，输送距离已超过 1000km，输送功率已超过 5000MW，而个别跨国电力系统发电设备总容量则超过 400GW。

由于电力系统日益增大，会出现同步发电机并列运行的稳定性问题，因此，直流输电重新被起用。目前直流输电电压已达 800KV，输电距离超过 2000KM，输送功率已超过 8000MW。

我国电力系统随着改革开放的不断深入也迅速的发展。至今，我国已建成的跨省电力系统有六个华东系统、东北系统、华中系统、华北系统、西北系统和华南系统。而且华南系统的省际联系已延伸至贵州、云南两省。独立的省属电力系统尚有山东、福建、海南、四川和台湾系统。

随着我国国民经济的发展，电力系统也将继续发展，跨省系统之间出现了互联，如华中、华北、系统之间经 500kV 直流输电线路的互联。由于我国原煤、石油和水利自然资源分布不均衡，决定多年来我国的能源供应策略是："北煤南运、西电东运"。近年来又因运输困难，改成了"北电南送、西电东送"。因此，跨省电力系统之间必须互联，建立全国性联合电力系统。我国电力工业的迅猛发展，取得的成就举世瞩目，2013 年底，全国发电设备装机容量 124.738 万千瓦，比上年增长 9.25%，其中，水电 28.002 万千瓦，占全部装机容量的 22.45%；火电 86.238 万千瓦（含煤电、气电），占全部装机容量的 69.13%；核电 1.461 万千瓦，占全部装机容量的 1.17%，并网风电 7.548 万千瓦，占全部装机容量的 6.05%，并网太阳能 1.479 万千瓦，占全部装机容量的 1.19%。我国年发电量和发电总装机容量已位居世界第二位。

三峡水电厂水库坝高 185 m，水头 175 m，装设 26 台水轮发电机组，每台额定容量

700MW，必要时还可扩建 6 台，其总装机容量为 18.2 GW，预计年发电量为 86.5 TW·h。将为经济发达能源不足的华东、华中和华南地区提供可靠、廉价、清洁的可再生资源。

三峡输变电工程已开工建设交流线路 4374 km，开通三峡至常州、三峡至广东的直流线路两条 1822 km。其输变电方案是采用 15 回 500 kV 出线、留有 2 回扩建余地，其中 2 回向川渝电网送 2GW 电、8 回送到左岸，右岸换流站和葛洲坝换流站 500kV 母线上，从换流站通过 3 回直流共 7 GW 向华东电网送电。其余 5 回加上由左岸、右岸换流站 500 kV 交流母线出来的 4 回共 9 回 500kV 线路连接到华中电网，其送点容量按 12GW 考虑。

二、对电力系统运行的基本要求

根据电能生产、输送、消费的特殊性，对电力系统运行有如下三点基本要求。

1.保证可靠地持续供电

电力系统供电的中断将导致生产停顿，生活混乱，甚至危及人身和设备的安全，会造成十分严重的后果，给国民经济带来严重的损失。因此，对电力系统的运行首先要保证供电的可靠性。但并非所有负荷都绝对不能终端供电。根据用户对供电可靠性的要求将负荷分为以下三级：

第一级负荷：由于中断供电会造成人身事故、设备损坏、产品报废、生产秩序长期不能恢复、人民生活混乱以及政治影响大等的用户负荷，一般化为第一级负荷，这是重要负荷。

第二级负荷：由于供电中断会造成大量减产、人民生活会受到较大严重的用户负荷划为第二级负荷，这是比较重要的负荷。

第三级负荷：第一、第二级负荷以外的一般用户负荷属于第三级负荷。

电力系统供电的可靠性，首先是保证第一级负荷，然后保证第二级负荷，第三级负荷也应有相应的保证措施。

2.保证良好的电能质量

良好的电能质量有三个指标：①电压偏移一般不超过用电设备额定电压的 ±5%；②频率偏移一般不超过 ±0.2~0.5Hz（电压、频率两个指标是根据我国目前生产力发展水平而确定的。电压和频率偏移过大，会引起大量减产、产品报废、严重时会危及系统的安全运行而造成设备损坏、人身事故）；③波形质量指标是以畸变率不超过给定值限定的。所谓畸变率是指各次谐波有效值平方和的方根值与基波有效值的百分比。给定的允许畸变率又因供电电压等级不同而不同。谐波超过标准会影响系统中电气设备的安全运行。

3.提高系统运行的经济性

电能生产的规模很大，消耗的能源在国民经济能源总消耗中占的比重很大，而且，电能在生产、输送、分配时损耗的绝对值是相当可观的。因此，提高电力系统运行的经济性具有极其重要的经济意义。电力系统的经济指标一般是指火电厂的煤耗以及电厂的厂用电率和电力网的网损率等。

此外，环境保护问题日益为人们所关注，对电能生产过程中的污染物质——飞灰、灰渣、废水、氧化硫、氧化氮等的排放量的限制，也将成为对电力系统运行的基本要求。

将若干单一系统互联组成联合电力系统，容易满足对电力系统运行的基本要求。因此，电力系统的发展趋势总是由小到大。但容量过大，电力系统的稳定性问题有比较突出，应在技术上采取相应的措施。

第二节　电力系统的负荷

一、负荷组成

电力系统中所有电力用户的用电设备所消耗的电功率就是电力系统的负荷，又称为综合用电负荷。综合用电负荷在电网中传输会引起网络损耗，综合用电负荷加上电网的网络损耗就是各发电厂向外输送的功率，称为系统的供电负荷。发电厂内，为了确保发电机及其辅助设备的正常运行，设置了大量的电动机拖动的机械设备以及运行、操作、试验、照明等设备，它们所消耗的功率总和称为厂用电。供电负荷加上发电厂用电消耗的功率就是电力系统的发电负荷，它们之间的关系如图1-2所示。

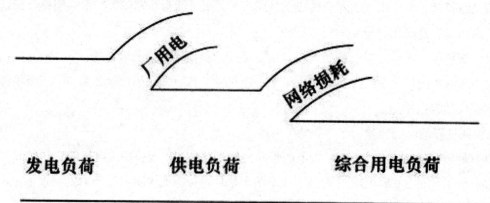

厂用电　　网络损耗

发电负荷　　供电负荷　　综合用电负荷

图1-2　电力系统负荷间的关系

电力用户的用电设备主要分为异步电动机、同步电动机、电热装置和照明设备等。根据用户的性质，用电负荷又可分为工业负荷、农业负荷、交通运输业负荷和人民生活用电负荷等。用户性质不同，各种用电设备消耗功率所占比重也不同。

二、负荷曲线

电力系统用户的用电情况不同，并且经常发生变化，因此，实际系统的负荷是随时间变化的。描述负荷随时间变化规律的曲线就称为负荷曲线。按负荷种类可分为有功负荷曲线和无功负荷曲线；按时间的长短可分为日负荷曲线和年负荷曲线；也可按计量地点分为个别用户、电力线路、变电所、发电厂、电力系统的负荷曲线。将以上三种特征相结合，就确定了某一种特定的负荷曲线，如电力系统的有功日负荷曲线。

常用的负荷曲线有如下几种：

1.日负荷曲线

描述系统负荷在一天 24h 内所需功率的变化情况，分为有功日负荷曲线和无功日负荷曲线。它是调度部门制订各发电厂发电负荷计划的依据。图 1-3（a）为某系统的日负荷曲线，实线为有功日负荷曲线，虚线为无功日负荷曲线。为了方便计算，常把负荷曲线汇成阶梯形，如图 1-3（b）所示。负荷曲线中的最大值称为日最大负荷 P_{max}（峰荷），最小值称为日最小负荷 P_{min}（谷荷）。从图 1-3（a）可见，有功率和无功率最大负荷不一定同时出现，低谷负荷时功率因数较低，而高峰负荷时功率因数较高。

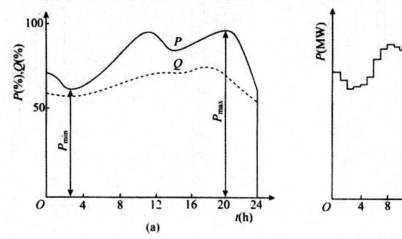

图　1-3 日负荷曲线

根据日负荷曲线可估算负荷的日耗电量，即

$$W_d = \int_0^{24} Pdt$$

在数值上 W_d 就是有功日负荷曲线 P 包含的曲边梯形的面积。

不同行业、不同季节的日负荷曲线差别很大，如图 1-4 所示几种行业在冬季的有功日负荷曲线。钢铁工业属三班制生产，其负荷曲线[图 1-4（a）]很平坦，最小负荷达最大负荷的 85%；食品工业属一班制生产，其负荷曲线[图 1-4（b）]变化幅度较大，最小负荷仅达最大负荷的 13%；农村加工负荷每天仅用电 12h[图 1-4（c）]；市政生活用电有明显的用电高峰[图 1-4（d）]。由图 1-4 可见，各行业的最大负荷不可能同时出现，因此，系统负荷曲线上的最大值恒小于各行业负荷曲线上最大值之和。

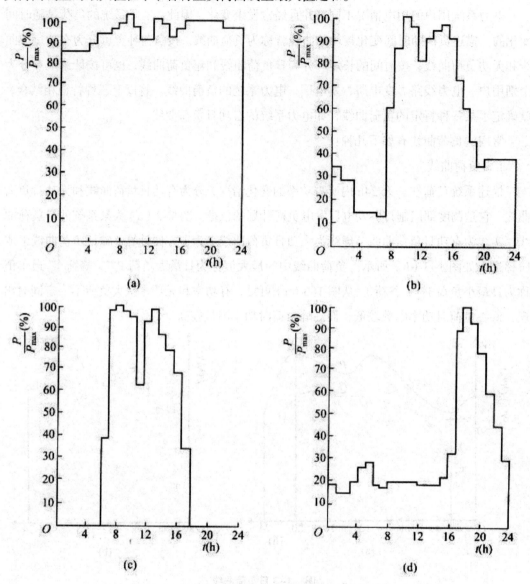

图 1-4　几种行业的有功功率日负荷曲线（冬季）

（a）钢铁工业负荷；（b）食品工业负荷；（c）农村加工负荷；（d）市政生活负荷

2.年最大负荷曲线

描述一年内每月电力系统最大综合用电负荷变化规律的曲线，为调度、计划部门有计划的安排发电设备的检修、扩建或新建发电厂提供依据。如图 1-5 所示为某系统的年最大负荷曲线，其中阴影面积 A 为检修机组的容量与检修时间的乘积；B 为系统扩建或新建的机组容量。年持续负荷曲线如图 1-6 所示。

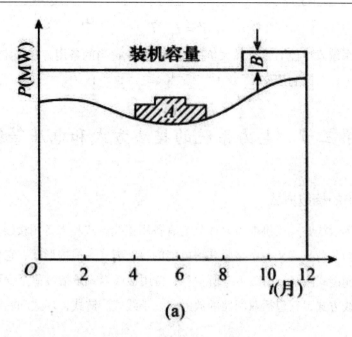

图1-5 年最大负荷曲线

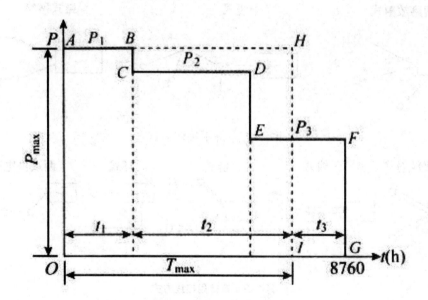

图1-6 年持续负荷曲线

全年耗电量 W 在数值上等于曲线 P 面积。如果负荷始终等于最大值 P_{max}，经过 T_{max} 小时后消耗的电能恰好等于全年的实际耗电量，则称为 T_{max} 最大负荷利用小时数，即

$$T_{max} = \frac{W}{P_{max}} = \frac{1}{P_{max}} \int_0^{8760} P dt$$

可见 T_{max} 表示全年用电量若以最大负荷运行时可供耗电的时间。因此，在已知 P_{max} 和 T_{max} 的情况下，可估算出电力系统的全年耗电量。

7

$$W = P_{max}T_{max}$$

由于电力系统发电能力是按最大负荷需要再加上适当的备用容量确定的，所以 T_{max} 也反映了系统发电设备的利用率。

第三节　电力系统的接线方式和电压等级

一、电力系统的接线方式

电力系统的接线方式按供电可靠性分为有备用接线方式和无备用接线方式两种。无备用接线方式是指负荷只能从一条路径获得电能的接线方式。根据形状，它包括单回路的放射式、干线式和链式网络，如图 1-7 所示。有备用接线方式是指负荷至少可以从两条路径获得电能的接线方式，它包括双回路的放射式、干线式、链式，环式和两端供电网络，如图 1-8 所示。

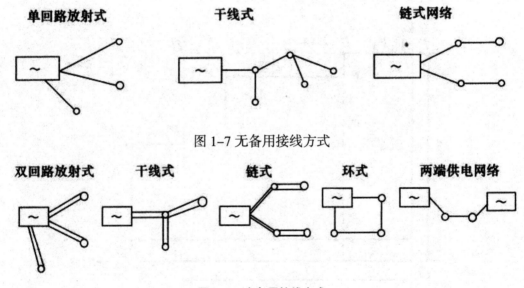

图 1-7 无备用接线方式

图 1-8　有备用接线方式

无备用接线的主要优点在于简单、经济、运行操作方便，主要缺点是供电可靠性差，并且在线路较长时，线路末端电压往往偏低，因此，这种接线方式不适用于一级负荷占很大比重的场合。但一级负荷的比重不大，并可为这些负荷单独设置备用电源时，仍可采用这种接线，这种接线方式广泛应用于二级负荷。

有备用接线的主要优点在于供电可靠性，电压质量好。在有备用接线中，双回路的放射式、干线式和链式接线的缺点是不够经济；环形网络的供电可靠性和经济性都不错，但其缺点是运行调速复杂，并且故障时的电压质量差；两端供电网络很常见，供电可靠性高，但采用这种接线的先决条件是必须有两个或两个以上独立电源，并且各电源与各负荷点的相对位置又决定了这种接线的合理性。

可见，接线方式的选择要经技术经济比较后才能确定。所选的接线方式在满足安全、优质、经济的指标外，还应确保运行的灵活和操作方便、安全。

二、电力系统的电压等级

1.电力系统的额定电压等级

在实际电力系统中，各部分的电压等级不同。这是由于电气设备运行时存在一个能使其技术性能和经济效果达到最佳状态的电压。另外，为了保证生产的系统性和电力工业的有序发展，我国国家标准规定的电气设备标准电压（又称额定电压）等级见表1-1所示。

表1-1　额定电压及电力线路的平均额定电压

受电设备与系统额定线电压/kV	供电设备额定线电压/kV	变压器额定线电压/kV	
		一次绕组	二次绕组
3	3.15*	3 及 3.15	3.15 及 3.3
6	6.3*	6 及 6.3	6.3 及 6.6
10	10.5*	10 及 10.5	10.5 及 11
	13.8*	13.8	–
	15.75*.	15.75	–
	18*	18	–
	20*	20	–
35	–	35	38.5
110	–	110	121
220	–	220	242
330	–	330	363
500	–	500	

用电设备和电路线路的额定电压相同，并容许电压偏移为 ±5%，而沿线路的电压降落一般为10%，这就要求线路始端电压为额定值的105%，以使末端电压不低于额定值的95%。

如表1-1 中所列的电力线路平均额定电压，是指电力线路首末端所连接电气设备额定电压的平均值，即

$$U_{av} = (U_N + 1.1U_N)/2 = 1.05U_N$$

式中：U_N——为电力线路的额定电压。

无同步发电机往往接在线路始端，因此，发电机的额定电压比电力线路的额定电压高 5%。

变压器的额定电压，有一次侧绕组和二次侧绕组的额定电压之分，如表1-2所示。由于变压器一次侧绕组接电源，相当于用电设备，因此，变压器一次侧额定电压应同于用电设备或电力线路的额定电压，如若直接和发电机相连，侧变压器一次侧额定电压应同于发

电机额定电压。变压器二次侧向负荷供电，又相当于发电机，因此，二次侧绕组额定电压应较线路额定电压高 5%。按规定二次侧绕组的额定电压是空载时的电压，而在额定负荷运行时，大中容量变压器内部的电压降落约为 5%，为使在额定负荷运行时变压器二次侧电压就应较电力线路额定电压高 10%。只有漏抗较小[U_κ（%）<7]的小容量变压器，或者二次侧直接与用电，设备相连的广用变压器，其二次侧绕组的额定电压才较电力线路额定电压高 5%。综上所述，可以写成如下公式：

（1）线路额定电压=电力设备额定电压=网络额定电压

（2）3、6、10、35、60、110、220、330、500 kV

（3）发电机额定电压=105%线路额定电压

（4）降压变压器额定电压：

一次侧额定电压=线路额定电压

二次侧额定电压=110%（满载）（或 105%（空载））线路额定电压

升压变压器额定电压：

一次侧额定电压=发电机额定电压

二次侧额定电压=110%线路额定电压

不同电压等级的适用范围大致为：500、330、220 kV 一般用于大电力系统的主干线，154、60 kV 电压等级不推广，110 kV 及用于中、小电力系统的主干线，也可用于大电力系统的二次网络；35 kV 及用于大城市或大工业企业内部网络，也广泛应用于农村网络；10 kV 则是最常用的低一级配电电压；只有负荷中高压电动机的比重很大时，才考虑以 6 kV 配电方案，3kV 仅限于工业企业内部采用。

表 1-2 中列出根据经验确定的，采用架空线路时与各额定电压等级相适应的输送功率，和输送距离，仅供参考。

表 1-2　电力线路的额定电压与输送功率和输送距离的关系

额定电压（千伏）	输送功率（kw）	输送距离（km）
3	100~1000	1~3
6	100~1200	4~15
10	200~2000	6~20
35	2000~10000	20~50
60	3500~30000	30~100
110	10000~50000	50~150
220	100000~500000	100~300

2.电气设备额定电压间的配合关系

电气设备额定电压配合关系如图 1-9 所示。变压器一次侧从系统接受电能，相当于用电设备；二次侧向负荷供电，又相当于发电机。因此，变压器一次侧额定电压应等于所接网络的额定电压，但直接与发电机相连的变压器，其一次绕组的额定电压等于发电机的额定电压。变压器二次侧接在线路首段，这就要求正常运行时其二次侧电压较线路额定电压高 5%，而变压器二次侧额定电压是空载时的电压，带额定负荷时，变压器内部的电压降落约为 5%。为了确保正常运行时变压器二次侧电压比线路额定电压高 5%，变压器二次侧额定电压应比线路额定电压高 10%。只有短路电压小于 7% 或直接（包络通过短距离线路）与用户连接的变压器，其二次侧额定电压才比线路额定电压高 5%。

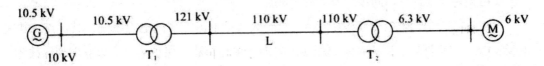

图 1-9　电气设备额定电压配合关系

第四节　电力系统中性点的接地方式

一、电力系统中性点及其接地方式

1.电力系统中性点及其接地方式

电力系统中性点是指星形接线的变压器或发电机的中性点，这些中性点的接地方式是一个复杂的问题，它关系到系统的绝缘水平、供电可靠性、继电保护、通信干扰、接地保护方式、电压等级、系统结线和系统稳定等很多方面的问题，须经合理的技术经济比较后确定电力系统中性点的接地方式。

电力系统中性点接地方式，从大的方面分为：

大接地电流方式：凡是需要断路器遮断单项接地故障电流者，属于大接地电流方式。

小接地电流方式：凡是单相接地电弧能够瞬间自行熄灭者，属于小接地电流方式。

在大接地电流方式中，主要有：①中性点有效接地方式；②中性点全接地方式，即非常有效的接地方式；③中性点经低电抗、中电阻和低电阻接地方式。

中性点有效接地方式定义为：对于高电压电力系统（110~220 kV），当电力系统发生单相接地故障时，在一个电力系统中不论变压器中性点是直接接地，还是不接地，或者是经低电阻或低电抗接地，只要在指定部分各点满足 $x_0/x_1 \leqslant 3$ 和 $r_0/x_1 \leqslant 1$，该系统便属于有效接地方式。

中性点全接地方式定义为：对于 500 kV 及以上超高压电力系统，广泛使用自耦变压器，所以全部的变压器中性点都保持直接接地，或特殊需要经低电抗接地的称为中性点全接地方式，或称为中性点，其为非常有效接地方式，有人也称之为中性点死接地方式。

在小接地电流方式中，主要有①中性点不接地方式；②中性点经消弧线圈接地；③中性点经高阻抗接地方式。

此外，还有人将中性点非有效接地系统定义为：在电力系统各中性点接地方式中，除了有效接地和安全接地方式之外，都属于中性点非有效接地的范畴，它包括小接地电流系统中的中性点不接地，经消弧线圈接地（谐振接地）和高电阻接地，以及大接地电流系统中的中性点经中、低电阻，低电抗等接地的系统。

2.电力系统中性点不同接地方式的优缺点

（1）大接地电流方式的电力系统。对于大接地电流方式的电力系统，其优点：快速切除故障，安全性好。因为系统单相接地时即为单相短路，保护装置可以立即切除故障；其次是经济性好，因中性点直接接地系统在任何情况下，中性点电压不会升高，且不会出现系统单相接地时电弧过电压问题，因此，电力系统的绝缘水平便可按相电压考虑，使其经济性好。其缺点是该系统供电可靠性差，因为系统发生单相接地时由于继电保护作用使故障线路的断路器立即跳闸，所以降低了供电可靠性（为了提高其供电可靠性就得加自动重合闸装置等措施）。

（2）小接地电流方式的电力系统。小接地电流方式的电力系统优点是供电可靠性高，因为电力系统单相接地时不是单相短路，接地线路可以不跳闸，只给出接地信号，按规程规定电力系统单相接地后可运行两小时，若在两小时内排除了故障，就可以不停电，这样就提高了电力系统的可靠性。其次，在单相接地时，对人身和设备的安全性最好，不易造成或较轻造成人身安全事故和设备损坏事故。其缺点是经济性差，因为电力系统单相接地时，使不接地相对地电压升高了 $\sqrt{3}$ 倍，即以线电压运行，故此系统的绝缘水平应按线电压设计，在电压等级较高的系统中，绝缘费用在设备总价格中占相当大比重，所以对电压高的系统就不宜采用。再者，小接地电流系统单相接地时，易出现间歇性电弧引起的系统谐振过电压。

因此，目前在我国 110 kV 及 220 kV 电力系统，采用中性点有效接地方式；330 kV 和 500 kV 电力系统，采用中性点全接地方式。60kV 及以下的电力系统，采用中性点小接地电流方式（其中 35~60 kV 电力系统，一般采用中性点经消弧线圈接地；而 3~10 kV 电力系统，一般采用中性点不接地方式）。一般认为 3~60 kV 网络，单相接地时电容电流超过 10A 时，中性点应装消弧线圈。

二、消弧线圈的工作原理

设正常运行的电力系统为三相对称平衡系统，其三相导线对称排列，并经过完整地换位，各相间及相对地电容相等，那么每相对地电压为相电压数值，其数量为 U_a、U_b、U_c，而中性点 N 对地电位 $\dot{U}_N$ =0。那么每对相接地对地电容电流为 $I_{co}=U_\omega C_o$ 其中 U 为相对地电压，$C_o=C_a=C_b=C_c$ 为每相对地电容。

中性点不接地电力系统单相接地时，如图 1-10（a）所示。此时，相对地电压的变化及接地电流有以下情况：

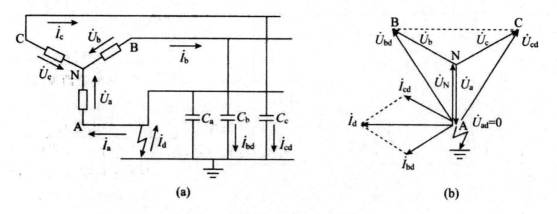

图 1-10　中性点不接地系统的单项接地

（a）电流分布；（b）电压、电流相量关系

当 A 单相接地时中性点电压为 $\dot{U}_N = -\dot{U}_a$，则各相对对地电压变为

$$\dot{U}_{ad} = 0$$

$$\dot{U}_{bd} = \dot{U}_N + \dot{U}_b$$

$$\dot{U}_{cd} = \dot{U}_N + \dot{U}_c$$

由 $\dot{U}_{bd}$、$\dot{U}_{cd}$ 产生的对地电容电流为 I_{bd}、I_{cd}，分别导前其对地电压 90°，而入地总的电容电流为 $\dot{I}_d = \dot{I}_{bd} + \dot{I}_{cd}$。以上电压、电流的相量图如图 1-10（b）所示。由此可见，由于 A 相接地，A 相对地电压为零，B/C 两相对地电压数值为 $\sqrt{3}\,U$（U 为相电压值），升高为线电压值。而三相线电压并未变化。因此，中性点不接地电力系统发生单相接地时，可以允许继续运行 2h。那么单相接地的有效值为

$$I_d = \sqrt{3}\sqrt{3}U_\omega C_O = 3U_\omega C_O = 3U_\omega C_O = 3I_{CO}$$

即单相接地电流值为正常时一相 1 电容电流值的 3 倍。

中性点不接地电力系统发生单相接地时，有接地电流 Ig 从接地电流过，这是一个纯电容电流，而非短路电流，其值不大。这个接地电流达到一定值时就要在接地点产生间歇性电弧，使系统产生过电压，甚至会烧坏电气设备。为了减少接地电流，使接地点的电弧易于熄灭，就需要在电力系统某些中性点装设消弧线圈 L，以补偿接地电容电流，如图 1-11（a）所示。

当系统 A 相单相接地时，消弧线圈 L 上的电压为中性点对地电压 $\dot{U}_N = -\dot{U}_a$ 可将 L 视为纯电感线圈，其电流 $\dot{i}_L$ 落后于电压 $U_N 90°$ 相量如图 1-11（b）所示。

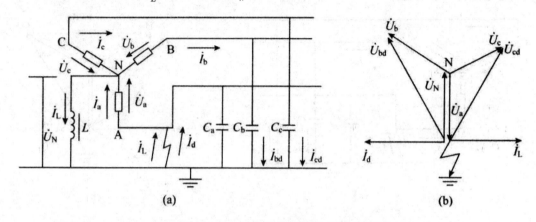

图 1-11　中性点经消弧装置接地时的单相接地
（a）电流分布；（b）电压、电流相量关系

由图可见，$\dot{I}_L$ 与 $\dot{I}_d$ 方向恰为反相，那么接地点总电流 $\dot{I}_{jd} = \dot{I}_d + \dot{I}_1$，其绝对值大小为 $\dot{I}_{jd} = |\dot{U}_d - \dot{I}_L|$。由于 I_L 对 I_d 的抵消作用使接地电流 I_{jd} 减少，有利于消弧，这就是消弧线圈的工作原理，也称为 I_L 对 I_d 的补偿作用。

当 $I_L = I_d$ 时，$I_{jd} = 0$ 称为全补偿，系统中会产生谐振过电压，这是不允许的；当 $I_L > I_d$ 时 I_{jd} 为纯电感性，称为过补偿，这是系统运行中经常使用的补偿方式，并且可以避免或减少谐振过电压的产生；当 $I_L < I_d$ 时，I_{jd} 为纯电容性，称为欠补偿。一般不采用欠补偿的运行方式，以防止再切除线路或系统频率下降时，使 I_d 减少，可能出现全补偿状态而出现谐振过电压现象。

三、消弧线圈的应用及自动跟踪控制

消弧线圈在高中压配电系统中的应用，以前曾被人所忽视，待电力系统出现故障多了以后，才引起人们的重视。目前，消弧线圈在国内外得到广泛的应用。国内普遍认为，采用消弧线圈补偿，对于三相电力系统的运行较为安全、可靠、经济、优越性大。对于 6~10

kV 中压配电系统中，有高压单相负荷或高压两相负荷运行时，由于高压配电系统中有较大的零序电流存在，这样的系统在使用消弧线圈要特别引起注意和研究。

消弧线圈改变电抗的方式有无励磁式和有载可调式，它们的调整方式又分为手动调整和自动调整两种方式。目前在国内外，消弧线圈自动跟踪补偿控制技术发展很快，使消弧线圈的优越性得到充分的体现。消弧线圈自动跟踪补偿控制的核心技术，是快速、准确、安全、在线地测量补偿系统的电容电流问题。在这方面近几年来均有所突破和发展，我国学者现已发明了采用向补偿系统注入信号，实时，在线地测量电容电流的方法，已获国家发明专利，形成产品，对消弧线圈自动跟踪控制方式的应用起到了很大的推动作用。

第二章　电力系统各元件的数学模型和等值电路

在稳态分析中，研究对象是三相对称的电力系统，电机可作为一个固定电源来处理，因此在本章主要阐述两个问题：电力线路和变压器的参数及等值电路；电力网络的等值电路。

第一节　电力线路的参数及等值电路

一、架空输电线路的换位问题

和电机绕组的换位相似，架空线路的三相导线也要换位。但架空线路的换位是为了减少三相参数的不平衡。例如，长度为 50~250 km 的 220 kV 架空线路，有一次整换位循环和不换位相比较，由于三相参数不平衡而引起的不对称电流，前者仅为后者的十分之一。所谓整换位循环，指一定长度内有两次换位而三相导线都分别处于三个不同位置，完成一次完整的循环，如图 2-1 所示。

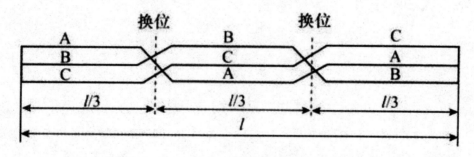

图 2-1　一次整换位循环

换位的方式有二：滚式换位和换位杆塔换位，滚式换位如图 2-2 所示。这种换位方式最常用，已在我国 110 kV 及以上线路上广泛使用且运行情况良好。在运用换位杆塔换位时，布线很复杂，跳线、绝缘子串和横担数很多，它只用于滚式换位有困难的地方。

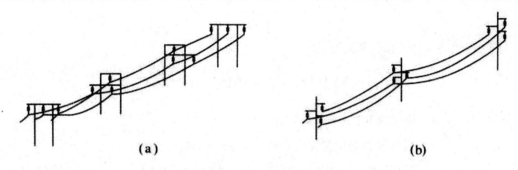

图 2-2　滚式换位

（a）导线水平排列时；（b）导线三角形排列时

按规定，在中性点直接接地的电力系统中，长度超过 100 km 的架空线路都应换位。但随着电压级的升高，换位所遇到的困难也随之增多，以致对某些超高压线路，如 500KV 电压级线路，不得不采取不换位的架设方案。显然，采取这种方案的代价是必须面对由于线路三项参数不平衡而带来的一系列问题，其中包括对其他系统的危害。例如，通信系统可能无法工作，甚至工作人员的人身安全都受到威胁。因此，换位与否是一个必须慎重对待的问题。

架空线路一般采用铝线、钢芯铝线和铜线，有电阻、电抗、电导、电纳四个参数。下面分别讨论有色金属导线四个参数的确定方法。

1.电阻

单位长度的直流电阻按下式计算

$$r_1 = \frac{\rho}{s} \ \Omega/\text{km}$$

式中：ρ——导线的电阻率，$\Omega \cdot \text{mm}^2/\text{km}$；

　　　S——导线截留部分的标称截面积，mm^2。

在电力系统计算中，导线材料的电阻率采用下列数值：铜为 $18.80\Omega \cdot \text{mm}^2/\text{km}$，铝为 $31.5\Omega \cdot \text{mm}^2/\text{km}$。它们大于这些材料的直流电阻率，其原因是①通过导线的是三相工频交流电流，而由于集肤效应和邻近效应，交流电阻比直流电阻大；②由于多股绞线的扭绞，导体实际长度比导线长度长 2%~3%；③在制造中，导线的实际截面积比标称截面积小。工程计算中，也可以直接从手册中查出各种导线的电阻值。按上式计算所得或从手册查的电阻值，都是指温度为 20℃时的值，在要求较高精度时，t 度时的电阻值 r_t 可按下式计算

$$r_t = r_{20}[1 + \alpha(t-20)]$$

式中：α——电抗温度系数，对于铜 $\alpha = 0.00383$（1/℃），铝 $\alpha = 0.0036$（1/℃）。

2.电抗

电力线路电抗是由于导线中有电流通过时，在导线周围产生磁场而形成的。当三相线路对称排列或不对称排列经完整换位后，每相导线单位长度电抗可按以下公式计算（推导

从简）。

（1）单导线单位长度电抗为

$$x_1 = 0.1445 \lg \frac{D_m}{\gamma} + 0.0157 \mu_\gamma (\Omega / km)$$

式中： γ ——导线的半径，mm 或 cm；

μ_r ——导线材料的相对导磁系数，对于铝和铜 μ_r=1；

D_m ——三相导线几何均距，其单位与导线的半径相同，当三相相间距离 D_{ab}、D_{bc}、D_{ca} 时 $D_m = \sqrt[3]{D_{ab}D_{bc}D_{ca}}$ mm 或 cm。

由上面的计算公式可见，输电线路单位长度的电抗与几何均距、导线半径为对数关系，即 D_m、γ 对 x_1 影响不大，在工程的近似计算中一般可取为 x_1=0.4Ω/km。

（2）分裂导线单位长度电抗

分裂导线的每相导线由多根分导线组成，各分导线布置在正多边形的顶点。由于分裂导线改变了导线周围的磁场分布，减少了导线的电抗，其计算公式为

$$x_1 = 0.1445 \lg \frac{D_m}{\gamma_{eq}} + \frac{0.0157}{n} (\Omega / km)$$

式中： n ——每相分裂根数；

r_{eq} ——分裂导数的数值半径，其值为

$$\gamma_{eq} = \sqrt[n]{\gamma \prod_{i=2}^{n} d_{1i}}$$

式中： γ ——分裂导线中每一根导线的半径；

d_{1i} ——相分裂导数中第一根与第 i 根的距离为，i=2，3，...，n。

由分裂导线等值半径的计算公式可见，分裂的根数越多，电抗下降也越多，但分裂根数超过三四根时，电抗下降逐渐减缓，所以实际应用中分裂根数一般不超过 4 根。

与单根导线相同，分裂导线的几何均距、等值半径与电抗成对数关系，其电抗主要与分裂的根数有关，当分裂根数为 2、3、4 根时，每公里电抗分别为 0.22、0.30、0.28Ω/km 左右。

3.电导

架空输电线路的电导是用来反映泄漏电流和空气游离所引起的有功功率损耗的一种参数。一般线路绝缘良好，泄漏电流很小，可以将它忽略，主要是考虑电晕现象引起的功率损耗。所谓电晕现象，就是架空线路带有高电压的情况下，当导线表面的电场强度超过空气的击穿强度时，导体附近的空气游离而产生局部放电的现象。

线路开始出现电晕的电压称为临界电压 U_{cr}。当三相导线为三角形排列时，电晕临界相电压的经验公式为

$$U_{cr} = 49.3 m_1 m_2 \sigma \lg \frac{D_m}{\gamma} kV$$

式中：m_1——考虑导线表面状况的系数，对于多股绞线 m_1=0.83~0.87；

m_2——考虑气象状况的系数，对于干燥和晴朗的天气 m_2=1，对于有雨雪雾等的恶劣天气 m_2=0.8~1；

γ——导线的计算半径；

D_m——几何均距；

σ——空气的相对密度[σ=3.86b/(273+t)，其中 b 为大气压力(P_a)，t 为空气温度(℃)]。

对于水平排列的线路，两根边线的电晕临界电压比上式算得的值高 6%；而中间相导线的则较其低 4%。

当实际运行电压过高或气象条件变坏时，运行电压超过临界电压而产生电晕。运行电压超过临界电压愈多，电晕损耗也愈大。如果三相线路每公里的电晕损耗为 ΔP_g，则每相等值电导

$$g_1 = \frac{\Delta P_g}{U_L^2} S / km$$

式中：ΔP_g——单位为 MW/km；

U_L——线电压，kV。

实际上，在线路设计时总是尽量避免在正常气象条件下发生电晕。从式中可以看到，线路结构方面能影响 U_{cr} 的两个因素是几何均距 D_m 和导线半径 γ。由于 D_m 在对数符号内，故对 U_{cr} 的影响不大，而且增大 D_m 会增大杆塔尺寸，从而大大增加线路的造价；而 U_{cr} 却差不多与 γ 成正比，所以，增大导线半径是防止和减少电晕损耗的有效方法。在设计时，对220kV 以下的线路通常避免电晕损耗的条件选择导线半径；对 220kV 及以上的线路，为了减少电晕损耗。常常采用分裂导线来增大每相的等值半径。特殊情况下采用也采用扩径导线。由于这些原因，在一般的电力系统计算中可以忽略电晕损耗，即可认为 $g_1 \approx 0$。

4.电纳

在输电线路中，导线之间和导线对地都存在电容，当电流电源加在线路上时随着电容的充放电就产生了电流，这就是输电线路的充电电流或空载电流。反映电容效应的参数就是电纳。三相对称排列或经整循环换位后输电线路单位长度电纳可按公式计算。

（1）单导线单位长度电纳为

$$b_1 = \frac{7.58}{\lg \dfrac{D_m}{\gamma}} \times 10^{-6} (S / km)$$

式中 D_m、γ 的代表意义与上式相同。显然由于电纳与几何均距、导线半径也有对数关

系，所以架空线路的电纳变化也不大。其值一般在 2.85×10^{-6} S/km 左右。

（2）分裂导线单位长度电纳为

$$b_1 = \frac{7.58}{1g\dfrac{D_m}{\gamma_{eq}}} \times 10^{-6}(S/km)$$

采用分裂导线由于改变了导线周围的电场分布，等效地增大了导线半径，增大了每相导线的电纳。式中 r_{eq} 的代表意义与之前相同。当每相分裂根数分别为 2、3、4 根时，每公里电纳均分为 3.4×10^{-6}、3.8×10^{-6}、4.1×10^{-6} S/km。

二、电力线路的等值电路

1.电力线路方程式

设有长度为 l 的电力线路，其参数沿线均匀分布，单位长度的阻抗和导纳分别为 $Z_l = \gamma_1 + jx_1$，$y_1 = g_1 + jb_1$。在距端 x 处取一微段 dx，可做出等值电路如图 2-3 所示。在正弦电压作用下处于稳态时，电流 I 在 dx 微段阻抗中的电压降为

$$d\dot{U} = \dot{I}(\gamma_1 + jx_1) \text{ 或} \frac{d\dot{U}}{dx} = \dot{I}(\gamma_1 + jx_1)$$

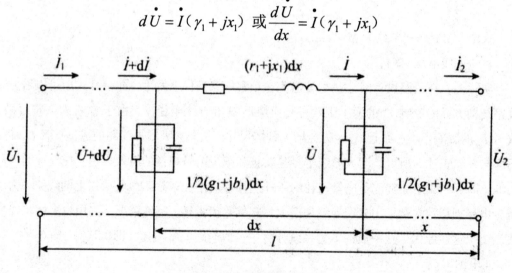

图 2-3 长线的等值电路

流入 dx 微段并联导纳中的电流为 $d\dot{I} = \dot{U} + d\dot{U}(g_1 + jb_1)dx$ 去掉二阶微小量，便得

$$\frac{d\dot{I}}{dx} = \dot{U}(g_1 + jb_1)$$

对 x 求导数可得

$$\frac{d^2\dot{U}}{dx^2} = (g_1 + jb_1)(\gamma_1 + jx_1)\dot{U}$$

上式为二阶常系数齐次微分方程式，其解为

$$\dot{U} = A_1 e^{\gamma x} + A_2 e^{-\gamma x}$$

计算便得

$$\dot{I} = \frac{A_1}{z_c} e^{\gamma x} - \frac{A_2}{z_c} e^{-\gamma x}$$

上两式中： γ ——线路的传播常数；

Z_c ——线路的物理阻抗。

它们的大小由下式确定

$$\gamma = \sqrt{(g_1 + jb_1)(\gamma_1 + jx_1)}$$

$$Z_c = \sqrt{\frac{\gamma_1 + jx_1}{g_1 + jb_1}}$$

长线方程式稳态解式中的积分常数 A_1 和 A_2 可由线路的边界条件确定。当 x=0 时，$\dot{U} = \dot{U}_2$ 和 $\dot{I} = \dot{I}_2$ ，可得

$$\dot{U}_2 = A_1 + A_2, \dot{I}_2 = (A_1 - A_2)/Z$$

由此可以解出

$$A_1 = \frac{1}{2}\left(\dot{U}_2 + Z_c \dot{I}_2\right)$$

$$A_2 = \frac{1}{2}\left(\dot{U}_2 - Z_c \dot{I}_2\right)$$

将 A_1 和 A_2 代入式便得

$$\dot{U} = \frac{1}{2}\left(\dot{U}_2 + Z_c \dot{I}_2\right)e^{\gamma x} + \frac{1}{2}\left(\dot{U}_2 - Z_c \dot{I}_2\right)e^{-\gamma x}$$

$$\dot{I} = \frac{1}{2Z_c}\left(\dot{U}_2 + Z_c \dot{I}_2\right)e^{\gamma x} - \frac{1}{2}\left(\dot{U}_2 - Z_c \dot{I}_2\right)e^{-\gamma x}$$

上式可利用双曲线的数可以写成

$$\dot{U} = \dot{U}_2 ch\gamma x + \dot{I}_2 Z_c sh\gamma x$$

$$\dot{I} = \frac{\dot{U}_2}{Z_c} sh\gamma x + \dot{U}_2 ch\gamma x$$

当 x=l 时，可得到线路末端电压和电流与线路末端电压和电流的关系如下：

$$\dot{U}_1 = \dot{U}_2 \, ch\gamma l + \dot{I}_2 \, Z_c \, sh\gamma l$$

$$\dot{I}_1 = \frac{\dot{U}_2}{Z_c} sh\gamma l + \dot{U}_2 \, ch\gamma l$$

将上述方程同二端口网络的通用方程

$$\dot{U}_1 = \dot{A}\dot{U}_2 + \dot{B}\dot{I}_2$$

$$\dot{I}_1 = \dot{C}\dot{U}_2 + \dot{D}\dot{I}_2$$

2.输电线的集中参数等值电路

方程式表明了线路两端电压和电流的关系，它是制订集中参数等值电路的重要依据。图2-4中Ⅱ型和T型电路均可作为输电线的等值电路，Ⅱ型电路的参数为

$$Z' = B = Z_c = sh\gamma l$$

$$Y' = \frac{2(A-1)}{B} = \frac{2(ch\gamma l - 1)}{Z_c sh\gamma l} = \frac{2}{Z_c} th\frac{\gamma l}{2}$$

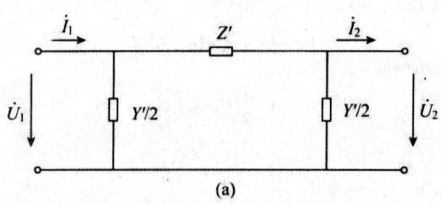

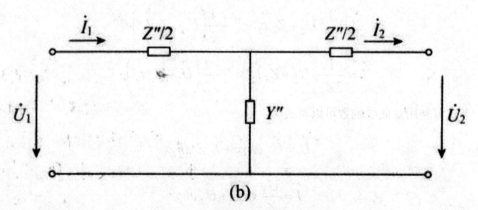

图2-4　长线的集中参数等值电路

（a）Ⅱ型电路；（b）T型电路

T型电路的参数为

$$Z'' = \frac{Z_c sh\gamma l}{ch\gamma l}$$

$$Y'' = \frac{sh\gamma l}{Z_c}$$

实际计算中大多采用Ⅱ型电路代表输电线，现在对Ⅱ型电路的参数计算做进一步的讨论。由于复数双曲线函数的计算很不方便，需要做一些简化。

令 $Z = (\gamma_1 + jx_1) l$ 和 $y = (g_1 + jb_1) l$ 分别代表全线的总阻抗和总导纳，将上式改写为

$$Z' = K_Z Z$$

$$Y' = K_Y Y$$

式中

$$K_Z = \frac{sh\sqrt{ZY}}{\sqrt{ZY}}$$

$$K_Y = \frac{2th\sqrt{\dfrac{ZY}{2}}}{\sqrt{ZY}}$$

由此可见，将全线的总阻抗 Z 和总导纳 Y 分别乘以修正系数 K_Z 和 K_Y，便可求得Ⅱ型等值电路的精确参数。

将式的右端展开，并取其前两项，便得

$$K_Z = 1 + \frac{1}{6}ZY$$

$$K_Y = 1 - \frac{1}{12}ZY$$

如果略去输电线的电导，再利用修正系数的简化公式，便可得到

$$Z' = K_r r_1 l + jK_x X_1 l$$

$$Y' = jK_b b_1 l$$

在计算Ⅱ型等值电路的参数时，可以将一段线路的总阻抗和总导纳作为参数的近似值。

在工程计算中，既要保证必要的精度，又要尽可能地简化计算，采用近似参数时，长度不超过 200 km 的线路可用一个Ⅱ型电路来代替，对于更长的线路，则可用串级联接地多个Ⅱ型电路来模拟，每一个Ⅱ型的电路代替长度为 200~600 km 的一段线路。采用修正参数时。一个Ⅱ型电路可用代替 500~600km 长的线路。还须指出，这里所讲的处理方法仅适用于工频下的稳态计算。

第二节　变压器的等值电路和参数

一、变压器的等值电路

在电力系统计算中，双绕组变压器的近似等值电路常将励磁支路前移到电源侧。在这个等值电路中，一般将变压器二次绕组的电阻和漏抗折算到一次绕组侧并和一次绕组的电阻和漏抗合并，用等值阻抗 R_T+jX_T 来表示，见图 2-5（a）所示，图中的所有参数值都是折算到一次侧的值。

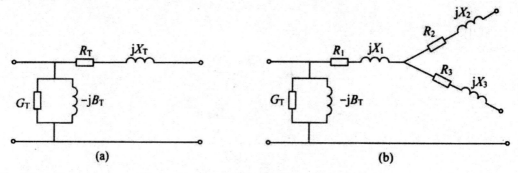

图 2-5　变压器的等值电路

（a）双绕组变压器；（b）三绕组变压器

二、双绕组变压器的参数计算

变压器的参数一般是指其等值电路中的电阻 R_T、电抗 X_T、电导 G_T 和电纳 B_T。

变压器的四个参数可以从出厂铭牌上代表电气特性的四个数据计算得到。这个数据是短路损耗 ΔP_k，短路电压 $U_k\%$，空载损耗 ΔP_0，空载电流 1%。前两个数据由短路试验得到，用以确定 R_T 和 X_T；后两个数据由空载试验得到，用以确定 G_T 和 B_T。

1.电阻 R_T

在进行变压器的参数短路试验时，将一侧绕组短接，在另一侧绕组施加电压，使短路绕组的电流达到额定值。由于此时外加电压较小，相应的铁耗也小，可以认为短路损耗即等于变压器通过额定电流时原、副方绕组电阻的总损耗（也称为铜耗）即 $\Delta P_k=3I_N^2\,RT$，于是

$$R_T = \frac{\Delta P_k}{3I_N^2}$$

在电力系统计算中，常用变压器三相额定容量 S_N 和额定线电压 U_N 进行参数计算，故可把上式改写为

$$R_T = \frac{\Delta P_k U_N^2}{S_N^2}$$

式中：R_T——变压器高低压绕组的总电阻，Ω；

对地 ΔP_k——变压器的短路损耗，kW；

U_N——变压器的额定线电压，kV；

S_N——变压器的额定容量，kVA。

2.电抗 X_T

当变压器铭牌上给出的短路电压百分数 $Uk\%$，是变压器通过额定电流时在阻抗上产生的电压降的百分数

$$U_k\% = \frac{I_N X_T}{\dfrac{U_N}{\sqrt{3}}} \times 100 = \frac{\sqrt{3} I_N X_T}{U_N} \times 100$$

因此

$$X_T = \frac{U_k\%}{100} \times \frac{\sqrt{3} I_N X_T}{U_N}$$

变压器铭牌上给出的短路电压百分数 $U_k\%$，是变压器通过额定电流时在阻抗上产生的电压降的百分数，即

$$U_k\% = \frac{\sqrt{3} I_N Z_T}{U_N} \times 100$$

式中：X_T——变压器高低压绕组的总电抗，Ω；

$U_k\%$——变压器的短路电压百分比。

3.电阻 G_T

变压器的电导是用来表示铁芯损耗。由于空载电流相对额定电流来说是很小的，绕组中的铜耗也很小，所以，可以近似认为变压器的铁耗就等于空载损耗，即 $\Delta_{PE} = \Delta P_k$，于是

$$G_T = \frac{\Delta P_{FE}}{U_N^2} \times 10^{-3} = \frac{\Delta P_0}{U_N^2} \times 10^{-3}$$

式中：G_T——变压器的电导，S；

ΔP_0——变压器空载损耗，kW。

4.电纳 B_T

变压器的电纳代表变压器的励磁功率，变压器空载电流包含有功分量和无功分量，与励磁功率对应的是无功分量。由于有功分量很小，无功分量和空载电流在数值上几乎相等。

根据变压器铭牌上给出的 $I_0\% = \dfrac{I_0}{I_N} \times 100$，可以计算出

$$B_T = \frac{I_0\%}{100} \times \frac{\sqrt{3}I_N}{U_N} = \frac{I_0\%}{100} \times \frac{S_N}{U_N^2} \times 10^3$$

式中：B_T——变压器的电纳，S；

$I_0\%$——变压器的空载电流百分比。

三、自耦变压器的参数计算

自耦变压器的等值电路及其参数计算的原理和普通变压器相同。通常，三绕组自耦变压器的第三绕组（低压绕组）总是接成三角形，以消除由于铁芯饱和引起的三次谐波，并且它的容量比变压器的额定容量（高、中压绕组的通过容量）小。因此，计算等值电阻时要对短路试验的数据进行折算。如果由手册或工厂提供的短路电压是未经折算的值，那么在计算等值电抗时，也要对它们进行折算，其公式如下

$$U_{k(2-3)}\% = U'_{k(2-3)}\% \left(\frac{S_N}{S_{3N}} \right)$$

第三节　发电机和负荷的参数及等值电路

一、发电机的电抗和电动势

1.发电机的电抗

由于发电机定子绕组的电阻相对较小，一般可忽略不计，因此，在计算中一般只计算其电抗。制造厂一般给出以发电机额定容量为基准的电抗百分值，其定义为

$X_G(\%) = \dfrac{\sqrt{3}I_N X_G}{U_N} \times 100$，从而可得到发电机一相电抗值（Ω）为

$$X_G = \frac{X_G(\%)}{100} \times \frac{U_N}{\sqrt{3}I_N} = \frac{X_G(\%)}{100} \times \frac{U_N^2}{S_N} = \frac{X_G(\%)}{100} \times \frac{U_{N\varphi N}^2}{P_N}$$

式中：U_N为发电机的额定电压（kV）；S_N为发电机的额定视在功率（MVA）；P_V为发电机的额定有功功率（MW）；$\cos\phi$为发电机的额定功率因数。

2.发电机的电动势和等值电路

$$\dot{E}_G = \dot{U}_G + j\dot{I}_G X_G$$

式中 $\dot{E}_G$ 为发电机的相电动势（kV），$\dot{U}_G$ 为发电机的相电压（kV），$\dot{I}_G$ 为发电机定子的相电流（kA）。由式可以作出电压源表示的等值电路，如图2-6（a）表示。将式两边除以 jX_c 后可得

$$\dot{I}_G = \frac{\dot{E}_G}{jX_G} - \frac{\dot{U}_G}{jX_G}$$

由式可作出电路源表示的等值电路如图2-6（b），其中 $\dfrac{\dot{E}_G}{jX_G}$ 为电流源，$\dot{U}_G$ 为发电机端相电压。应注意，发电机的等值电路为单相等值电路，它的两个等值电路完全是等效的，任其方便使用。

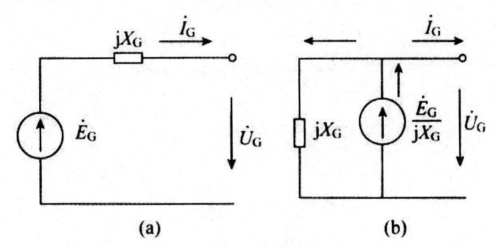

图2-6　发电机的等值电路

（a）以电压源表示；（b）以电流源表示

二、负荷的功率、阻抗和导纳

1.负荷的功率

感性负荷的单相复数功率

$$\tilde{S} = \dot{U}_L \overset{*}{I}_L = U_L e^{j\delta_u} I_L e^{-j\delta_i} = U_L I_L e^{j(\delta_u - \delta_i)} = S_L e^{j\varphi L} = S_L\left(\cos\varphi_L + j\sin\varphi_L\right)$$
$$= P_L + jQ_L$$

式中，S_L 为单相负荷的视在功率（MVA）；$\dot{U}_L = U_L e^{j\delta_n}$ 为负荷相电压相量（kV）；$\overset{*}{I}_L = I_L e^{-j\delta_i}$ 为负荷相电流的共轭值（kA）；δ_u、δ_i 为负荷相电压、相电流的相位角（°）；$\phi_L = \delta_u - \delta_i$ 为负荷相电压超前相电流的相位角，也称负荷的功率因数角（°）；P_L、Q_L 为单相负荷的有功功率（MW）、无功功率（MW）。

容性负荷的单相复数功率

$$\tilde{S} = \dot{U}_L \overset{*}{I}_L = U_L e^{j\delta_u} I_L e^{-j\delta_i} = U_L I_L e^{j(\delta_u - \delta_i)} = S_L e^{-j\varphi L} = S_L(\cos\varphi_L + j\sin\varphi_L)$$
$$= P_L + jQ_L$$

由于为容性负荷，则 $\delta_u - \delta_i = -\phi_L$，其中 $\phi_L > 0$，也就是电压之后电流相位角 ϕ_L。其他符号的意义同于上式。

2.负荷的阻抗和导纳

由单相负荷复数功率的表达式，$\tilde{S} = \dot{U}_L \overset{*}{I}_L$，则有 $\overset{*}{I}_L = \dfrac{\overset{*}{S}_L}{\dot{U}_L}$，又由欧姆定律有 $\dot{I}_L = \dfrac{\dot{U}_L}{Z_L}$，

所以有 $\dfrac{\overset{*}{S}}{\dot{U}_L} = \dfrac{\dot{U}_L}{Z_L}$，于是可得感性负荷的阻抗表达式为

$$Z_L = \frac{\dot{U}_L \overset{*}{U}_L}{\overset{*}{S}_L} = \frac{U_L^2}{\overset{*}{S}_L} e^{j\varphi_L} = \frac{U_L^2}{U_L}(\cos\varphi_L + j\sin\varphi_L)$$

$$= \frac{U_L^2}{S_L^2}(P_L + jQ_L) = R_L + jX_L$$

可见

$$R_L = \frac{U_L^2}{S_L}\cos\varphi_L = \frac{U_L^2}{S_L^2}P_L$$

$$X_L = \frac{U_L^2}{S_L}\sin\varphi_L = \frac{U_L^2}{S_L^2}Q_L$$

于是可以作出以阻抗表示的感性负荷的等值电路，如图 2-7（a）所示。

又由于 $\overset{*}{I}_L = \dfrac{\overset{*}{S}_L}{\dot{U}_L} = \dot{U}_L Y_L$，于是可得感性负荷的导纳表示式为

$$Y_L = \frac{\overset{*}{S}_L}{\dot{U}_L \overset{*}{U}_L} = \frac{S_L}{U_L^2} e^{-j\varphi_L} = \frac{S_L}{U_L^2}(\cos\varphi_L - j\sin\varphi_L)$$

$$= \frac{1}{U_L^2}(P_L - jQ_L) = G_L - jB_L$$

可见

$$G_L = \frac{S_L}{U_L^2}\cos\varphi_L = \frac{P_L}{U_L^2}$$

$$B_L = \frac{S_L}{U_L^2}\sin\varphi_L = \frac{Q_L}{U_L^2}$$

从而可以作出以导纳表示的感性负荷的等值电路，如图 2-7（b）所示。

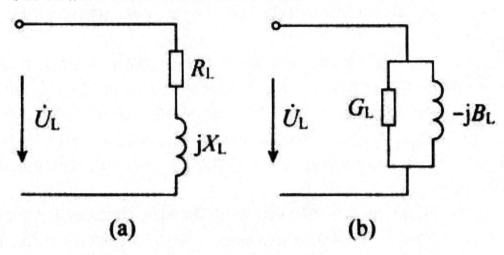

图 2-7　感性负荷的等值电路

（a）以阻抗表示；（b）以导纳表示

对于容性负荷，由于相电压滞后于相电流的相位角ϕ_L，按照类似感性负荷的推导，可得出容性负荷的阻抗和导纳的表示式为

$$Z_L = R_L - jX_L$$
$$Y_L = G_L + jB_L$$

其等值电路如图 2-8 所示。

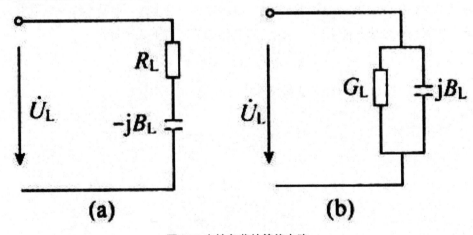

图 2-8 容性负荷的等值电路

（a）以阻抗表示；（b）以导纳表示

第四节　电力网络的等值网络

在求得电力系统中各元件参数及等值网络后，就可根据它们的联结方式或拓扑关系，建立电力网络乃至电力系统的等值网络，这时还需要解决两个问题，即标幺制的折算和电压级的归算问题。而折算和归算问题又和变压器的变比有关，因此，要先讨论变压器的变比问题。

为了调压的需要，双绕组变压器的高压绕组和三绕组变压器的高、中压绕组，除主分接头外，还有若干份接头可供使用。主分接头对应的电压即为该绕组的额定电压 U_N。例如，对于无载调压变压器容量一般为 6300 kVA 以下者，有三个分接头，分别对应电压为 $1.05U_N$，U_N，$0.95U_N$，调压范围为 ±5%UN；容量为 8000 kVA 以上的变压器有五个分接头，分别从 $1.05U_N$，$1.025U_N$，U_N，$0.975U_N$，$0.95U_N$ 处引出，调压范围为 ±2 × 2.5%U_N，而变压器低压绕组没有分接头。

所谓变压器的额定变比就是主分接头电压与低压绕组额定电压之比。变压器实际变比就是运行中变压器的高、中压绕组实际使用的分接头电压与低压绕组的额定电压之比。在电力系统计算中，有时采用平均额定电压之比，此时变压器各绕组的额定电压被看作是其所连电力线路的平均额定电压。因此，变压器的变比将为变压器两侧电力线路平均额定电压之比。这将给电力系统的计算带来很大的便利。

一、以有名制表示的等值网络

在进行电力系统计算时，采用有单位的阻抗、导纳、电压、电流、功率等进行运算的，称为有名制。在做整个电力系统的等值网络图时，必须将其不同电压等级的各元件参数阻抗、导纳以及相应的电压、电流归算至同一电压等级一基本级。而基本级一般取电力系统中最高电压级，也可取其他某一电压级。有名值归算时按下式计算：

$$R = R'(K_1 K_2 \cdots K_n)^2$$
$$X = X'(K_1 K_2 \cdots K_n)^2$$
$$G = G'\left(\frac{1}{K_1 K_2 \cdots K_n}\right)^2$$
$$B = B'\left(\frac{1}{K_1 K_2 \cdots K_n}\right)^2$$

相应的

$$U = U'\left(K_1 K_2 \cdots K_n\right)^2$$

$$I = I'\left(\frac{1}{K_1 K_2 \cdots K_n}\right)^2$$

式中 $K_1 K_2 \cdots K_N$ 为变压器的变比；R'、X'、G'、B'、U'、I'为分别为归算前的有名值；R、X、G、B、U、I 为分别为归算后的有名值。

式中的变比应取从基本级到待归算级，即变比 K 的分子为向基本级一侧的电压；分母为待归算级一侧的电压，如图 2-9 中，如需将 10 kV 的 l_3 的参数和变量归算至 220 kV 侧，则变压器 T_2，TA_{1-2} 的变比 K_2、K_{1-2} 应分别取 110/11、220/121。

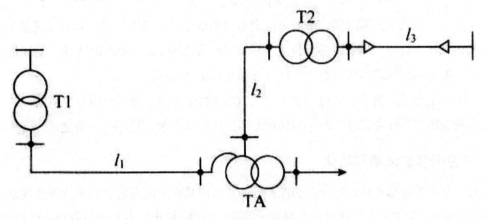

图 2-9　电力系统接线图

二、以标么制表示的等值网络

在进行电力系统计算时，采用没有单位的阻抗、导纳、电压、电流、功率等的相对值进行运算，称为标么制。标么制的定义为

标么制=有名值/相应的基准值

标么制之所以在相当宽广的范围内取代有名制，是因为标么制具有以下优点：①线电压与相电压的标么制相等；②三相功率与单相功率的标么制相等；③计算结果清晰，便于迅速判断结果的正确性，还可以简化计算。

电力系统计算中，各元件参数及变量之间的基准值有以下基本关系式为

$$S_B = \sqrt{3} U_B I_B$$
$$U_B = \sqrt{3} I_B Z_B$$
$$Z_B = \frac{1}{Y_B}$$

式中，B_B 为三相功率的基准值，U_B、I_B 为线电压的基准值，Z_B、Y_B 为相阻抗、相导纳的基准值。

下式中有五个基准值，其中两个可以任意选定，并由此可以确定其余三个基准值。通常是选定三相功率和线电压的基准值 S_B、U_B后，再依下式求出线电流、相阻抗和相导纳的基准值，其关系式如下

$$I_B = \frac{S_B}{\sqrt{3}U_B}$$

$$Z_B = \frac{U_B}{\sqrt{3}I_B} = \frac{U_B^2}{S_B}$$

$$Y_B = \frac{1}{Z_B} = \frac{\sqrt{3}S_B}{U_B} = \frac{S_B}{U_B^2}$$

上式中三相功率的基准值，一般可选定电力系统中某一发电厂总容量或系统总容量，也可以取某发电机或变压器的额定容量，而较多地选定为 100、1000MVA 等。而线电压的基准值一般选取作为基本级的额定电压或各级平均额定电压。

有了，上述基准值后，就可以求 Z、Y、U、I 的标么制。由于使用场合不同，其计算方法有按变压器实际变比计算和平均额定电压之比计算两种，就不一一赘述了。

三、等值网络的试用和简化

对于电力系统稳态运行的分析和计算，一般可用精确地以有名制表示的等值网络。对于网络较大时，较多采用精确的标么制表示的等值网络。用于电力系统故障的分析和计算，一般大多用近似的以标么制表示的等值网络。

在电力系统计算中，由于计算内容和要求不同，有时可将某些元件的参数略去从而简化等值网络。可以略去的参数有：一般可略去发电机定子绕组的电阻；变压器的电阻和导纳有时也可以略去；电力线路电导通常可以略去，当其电阻小于电抗的 1/3 时；一般可以略去其电阻，100km 以下架空电力线路的电纳也可以略去；电抗器的电阻通常都略去；有时整个元件，甚至部分系统都可能不包括在等值电路中。

1.一般线路的等值电路

所谓一般线路，指中等及中等以下长度线路。对架空线，这长度大约为 300 km；对电缆线路，大约为 100 km。线路长度不超过这些数值时，可不考虑他们的分布参数特性，而只用将参数简单地集中起来地电路表示。在一般线路中，又有短线路和中等长线之分。

所谓短线路，是指长度不超过 100km 的架空线。线路电压不高时，这种线路电纳的影响一般不大，可略去。这种线路的等值电路最简单，只有一串联的总阻抗 $Z=R+jX$，如图 2-10 所示。

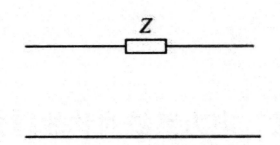

图 2-10　短线路的等值电路

所谓中等长度线路，是指长度在 100~300km 之间的架空线路和不超过 100km 的电缆线路。这种线路的电纳 B 一般不能略去。这种线路的等值电路 π 型等值电路和 T 型等值电路，如图 2-11（a）（b）所示。

在 π 型等值电路中，除串联的线路总阻抗 $Z=R+jX$ 外，还将线路的总导纳 $Y=jB$ 分为两半，分别并联在线路的始末端。在 T 形等值电路中，线路的总导纳集中在中间，而线路的总阻抗则分为两半，分别串联在它的两侧。因此，这两种电路都是近似的等值电路，而且，相互之间并不等值，即它们不能用 $\Delta - Y$ 变换公式相互变换。

2.长线路的等值模型

长线路指长度超过 300km 的架空线和超过 100km 的电缆线路。对这种线路，不能不考虑它们的分布参数特性。

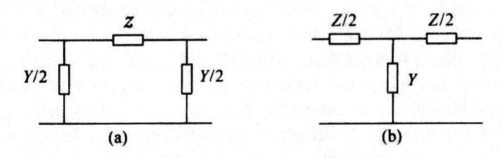

图 2-11Z　中等长度线路的等值电路

（a）π 型等值；（b）T 型等值

第三章　电力系统对称故障分析

第一节　电力系统故障概述

在电力系统的运行过程中，时常会发生故障，如短路故障、断线故障等，其中大多数是短路故障（简称短路）。

所谓短路，是指电力系统正常运行情况以外的相与相之间或相与地（或中性线）之间的连接。在正常运行时，除中性点外，相与相或相与地之间是绝缘的。电力系统的运行经验表明，单相短路接地占大多数。三相短路时三相回路依旧是对称的，故称为对称短路；其他几种短路均使三相回路不对称，故称为不对称短路。上述各种短路均是指在同一地点短路，实际上也可能是在不同地点同时发生短路，例如两相在不同地点短路。

产生短路的主要原因是电气设备载流部分的相间绝缘或相对地绝缘被损坏。例如，架空输电线的绝缘子可能由于受到过电压（例如由雷击引起）而发生闪络或由于空气的污染使绝缘子表面在正常工作电压下放电。再如其他电气设备，发电机、变压器、电缆等的载流部分的绝缘材料在运行中损坏。鸟兽跨接在裸露的导线载流部分以及大风或导线覆冰引起架空线路杆塔倒塌所造成的短路也是屡见不鲜的。此外，运行人员在线路检修后未拆除地线就加电压等误操作也会引起短路故障。电力系统的短路故障大多数发生在架空线路部分。总而言之，产生短路的原因有客观的，也有主观的，只要运行人员加强责任心，严格按规章制度办事，就可以把短路故障的发生控制在一个很低的限度内。

短路对电力系统的正常运行和电气设备有很大的危害。在发生短路时，由于电源供电回路的阻抗减小以及突然短路时的暂态过程，使短路回路中的短路电流值大大增加，可能超过该回路的额定电流许多倍。短路点距发电机的电气距离愈近（即阻抗愈小），短路电流愈大。例如，在发电机机端发生短路时，流过发电机定子回路的短路电流最大瞬时值可达发电机额定电流的10~15倍。在大容量的系统中短路电流可达几万甚至几十万安培。短路点的电弧有可能烧坏电气设备。短路电流通过电气设备中的导体时，其热效应会引起导体或其绝缘的损坏。另一方面，导体也会受到很大的电动力的冲击，致使导体变形，甚至损坏。因此，各种电气设备应有足够的热稳定度和动稳定度，使电气设备在通过最大可能的短路电流时不致损坏。

短路还会引起电网中电压降低，特别是靠近短路点处的电压下降得最多，结果可能使部分用户的供电受到破坏。图 3-1 中示出了一简单供电网在正常运行时和在不同地点（f_1 和 f_2）发生三相短路时各点电压变化的情况。折线 2 表示 f_1 点短路后的各点电压。f_1 点代表降压变电所的母线，其电压降至零。由于流过发电机和线路 L-1、L-2 的短路电流比正常电流大，而且几乎是纯感性电流，因此，发电机内电抗压降增加，发电机端电压下降。同时短路电流通过电抗器和 L-1 引起的电压降也增加，以至配电所母线电压进一步下降。折线 3 表示短路发生在 f_2 点时的情形。电网电压的降低使由各母线供电的用电设备不能正常工作，例如，作为系统中最主要的电力负荷异步电动机，它的电磁转矩与外施电压的平方成正比，电压下降时电磁转矩将显著降低，使电动机转速减慢甚至完全停转，进而造成产品报废及设备损坏等严重后果。

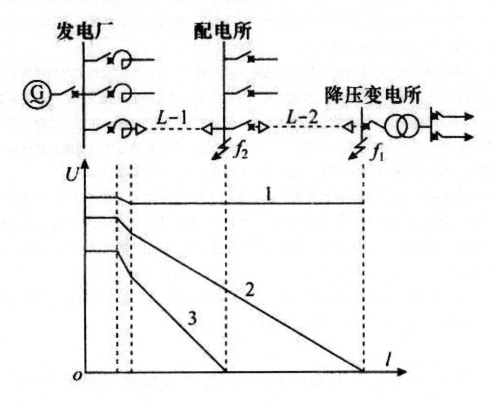

图 3-1　正常运行和短路故障时各点的电压

系统中发生短路相当于改变了电网的结构，必然引起系统中功率分布的变化，则发电机输出功率也相应地变化。如图 3-1 中，无论 f_1 和 f_2 点短路，发电机输出的有功功率都要下降。但是发电机的输入功率是由原动机的进汽量或进水量决定的，不可能立即变化，因而，发电机的输入和输出功率不平衡，发电机的转速将发生变化，这就有可能引起并列运行的发电机失去同步，破坏系统的稳定，引起大片地区停电。这是短路造成的最严重的后果。

不对称接地短路所引起的不平衡电流产生的不平衡磁通，会在临近的平行的通信线路内感应出相当大的感应电动势，造成对通信系统的干扰，甚至危及设备和人身的安全。

为了减少短路对电力系统的危害，可以采取限制短路电流的措施，例如图 3-1 中所示的在线路上装设电抗器。但是最主要的措施是迅速将发生短路的部分与系统其他部分隔离。

例如，在图 3-1 中 f_1 点短路后可立即通过继电保护装置自动将 L-2 的断路器迅速断开，这样就将短路部分与系统分离，发电机可以照常向直接供电的负荷和配电所的负荷供电。由于大部分短路不是永久性的而是短暂性的，就是说当短路处和电源隔离后，故障处不再有短路电流流过，则该处可以重新恢复正常，因此现在广泛采取重合闸的措施。所谓重合闸就是当短路发生后断路器迅速断开，使故障部分与系统隔离，经过一定时间再将断路器合上。对于短暂性故障，系统就因此恢复正常运行，如果是永久性故障，断路器合上后短路仍存在，则必须再次断开断路器。

短路问题是电力技术方面的基本问题之一。在电厂、变电所以及整个电力系统的设计和运行工作中，都必须事先进行短路计算，以此作为合理选择电气接线、选用有足够热稳定度和动稳定度的电气设备及载流导体、确定限制短路电流的措施、在电力系统中合理地配置各种继电保护并整定其参数等的重要依据。为次，掌握短路发生以后的物理过程以及计算短路时各种运行参量（电流、电压等）的计算方法是非常必要的。

电力系统的短路故障有时也称为横向故障，因为它是相对相（或相对地）的故障。还有一种称为纵向故障的情况，即断线故障，例如，一相断线使系统发生两相运行的非全相运行情况。这种情况往往发生在当一相发生短路故障后，该相的断路器断开，因而形成一相断线。

这种一相断线或两相断线故障也属于不对称故障，它们的分析计算方法与不对称短路的分析计算方法类似，在本节中将一并介绍。

第二节　无限大功率电源供电的三相短路电流分析

本节将分析图 3-2 所示的简单三相电路中发生突然对称短路的暂态过程。在此电路中假设电源电压幅值和频率均为恒定，这种电源称为无限大功率电源，这个名称从概念上是不难理解的：

1.无限大电源可以看作是由多个有限功率电源并联而成，因而其内阻抗为零，电源电压保持恒定；

2.电源功率为无限大时，外电路发生短路（一种扰动）引起的功率改变对电源来说是微不足道的，因而，电源的电压和频率（对应于同步机的转速）保持恒定。

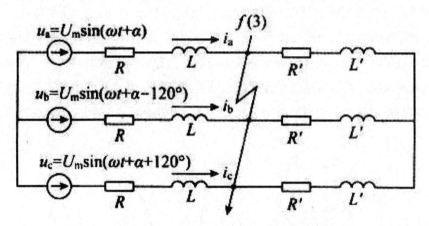

图 3-2　无限大功率电源供电的三相电路突然短路

实际上，真正的无限大功率电源是没有的，而只能是一个相对的概念，往往是以供电电源的内阻抗与短路回路总阻抗的相对大小来判断电源能否作为无限大功率电源。若供电电源的内阻抗小于短路回路总阻抗的 10%时，则可认为供电电源为无限大功率电源。在这种情况下，外电路发生短路对电源影响很小，可近似地认为电源电压幅值和频率保持恒定。

一、短路后的暂态过程分析

对于图 3-2 所示的三相电路，短路发生前，电路处于稳态，其 a 相的电流表达式为：

$$i_a = I_{m|0|} \sin\left(\omega t + \alpha - \varphi_{|0|}\right)$$

式中

$$I_{m|0|} = \frac{U_m}{\sqrt{\left(R + R'\right)^2 + \omega^2\left(L + L'\right)^2}}$$

$$\varphi_{|0|} = \arctan = \frac{\omega\left(L + L'\right)}{\left(R + R'\right)}$$

当在 f 点突然发生三相短路时，这个电路即被分成两个独立的回路。左边的回路仍与电源连接，而右边的回路则变为没有电源的回路。在右边回路中，电流将从短路发生瞬间的值不断地衰减，一直衰减到磁场中储存的能量全部变为电阻中所消耗的热能，电流即衰减为零。在与电源相连的左边回路中，每相阻抗由原来的（R+R'）+jω（L＋L'）减小为 R+ωL，其稳态电流值必将增大。短路暂态过程的分析与计算就是针对这一回路的。

当短路至稳态时，三相中的稳态短路电流为三个幅值相等、相角相差 120° 的交流电流，其幅值大小取决于电源电压幅值和短路回路的总阻抗。从短路发生到稳态之间的暂态过程中，每相电流还包含逐渐衰减的直流电流，它们出现的物理原因是电感中电流在突然短路瞬时的前后不能突变。很明显，三相的直流电流是不相等的。

图3-3示出三相电流变化的情况（在某一初始相角为α时）。由图可见，短路前三相电流和短路后三相的交流分量均为幅值相等、相角相差120°的三个正弦电流，直流分量电流使t=0时短路电流值与短路前瞬间的电流值相等。由于有了直流分量，短路电流曲线的对称轴不再是时间轴，而直流分量曲线本身就是短路电流曲线的对称轴。因此，当已知一短路电流曲线时，可以应用这个性质把直流分量从短路电流曲线中分离出来，即将短路电流曲线的两根包络线间的垂直线等分，如图3-3中 i_c 所示，得到的等分线就是直流分量曲线。

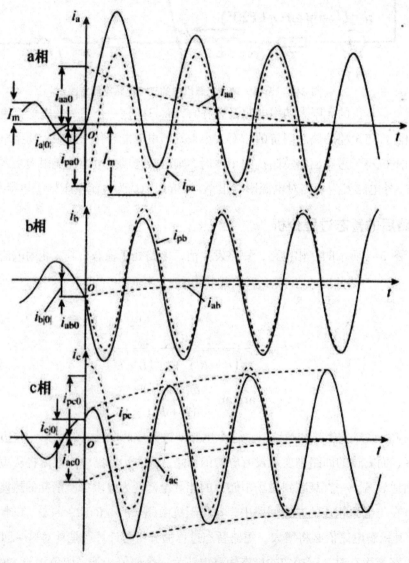

图3-3　三相短路电流波形图

由图 3-3 还可以看出，直流分量起始值越大，其短路电流瞬时值越大。在电源电压幅值和短路回路阻抗恒定的情况下，由式可知，直流分量的起始值与电源电压的初始相角 α（相应于 α 时刻发生短路）、短路前回路中的电流值 $L_{m|0|}$ 有关。由式可见，由于短路后的电流幅值 I_m 比短路前的电流幅值 $I_{m|0|}$ 大很多，直流分量起始值 $i_{\alpha ao}$ 的最大值（绝对值）出现在 $i_{a|0|}$ 的值最小、i_{pa0} 的值最大时，即 $|\alpha-\phi|=90°$，$I_{m|0|}=0$ 时。在高压电网中，感抗值要比电阻值大得多，即 $\omega L \gg R$，故 $\phi \approx 90°$，此时，$\alpha=0°$ 或 $\alpha=180°$。

如图 3-4 所示为有负载和无负载时电流相量图，不难看出，三相中直流电流起始值不可能同时最大或同时为零。在任意一个初相角下，总有一相的直流电流起始值较大，而有一相较小。由于短路瞬时是任意的，因此，必须考虑有一相的直流分量起始值为最大值。

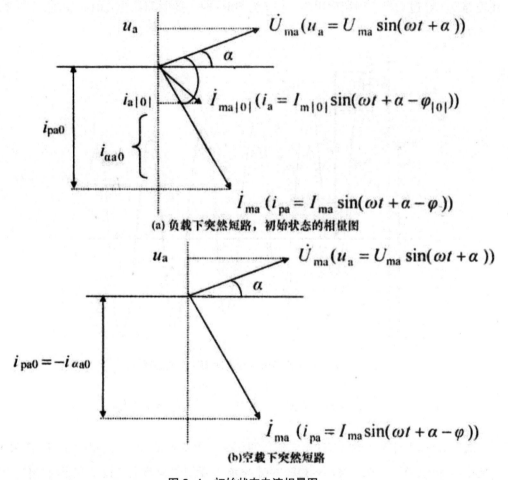

(a) 负载下突然短路，初始状态的相量图

(b) 空载下突然短路

图 3-4 初始状态电流相量图

根据前面的分析可以得出这样的结论：当短路发生在电感电路中、短路前为空载的情况下直流分量电流最大，若初始相角满足 $|\alpha-\phi|=90°$，则一相（a 相）短路电流的直流分量起始值的绝对值达到最大值，即等于稳态短路电流的幅值。

二、短路冲击电流

短路电流在前述最恶劣短路情况下的最大瞬时值，称为短路冲击电流。

根据以上分析，当短路发生在电感电路中，且短路前空载、其中一相电源电压过零点时，该相处于最严重的情况。以 a 相为例，将 $I_{m|0|}=0$、$\alpha=0°$、$\phi=90°$ 计算得 a 相全电流的算式如下：

$$i_a = -I_m \cos\omega t + I_m e^{-\frac{t}{T_a}}$$

i_a 电流波形示于图 3-5。从图中可见，短路电流的最大瞬时值，即短路冲击电流，将在短路发生经过约半个周期后出现。当 f 为 50Hz 时，此时间约为 0.01s。由此可得冲击电流值为：

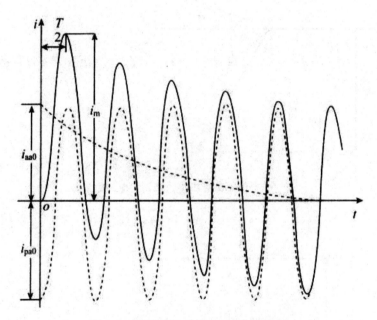

图 3-5　直流分量最大时短路电流波形

$$i_M \approx I_m + I_m e^{-\frac{0.01}{T_a}} = \left(1 + e^{-\frac{0.01}{T_a}}\right)I_m = K_M I_m$$

式中 K_M 称为冲击系数，即冲击电流值对于交流电流幅值的倍数。很明显，K_M 值为 1~2。在使用计算中，K_M 一般取为 1.8~1.9。冲击电流主要用于检验电气设备和载流导体的动稳定度。

三、短路功率

在选择电器设备时，为了校验开关的断开容量，要用到短路功率的概念。短路功率即某支路的短路电流与额定电压构成的三相功率，其数值表示式为：

$$S_f = \sqrt{3}U_N I_f$$

式中：U_N——短路处正常时的额定电压；

I_f——短路处的短路电流有效值，在实用计算中，$I_f = \dfrac{I_m}{\sqrt{2}}$

在标么值计算中，取基准功率 S_B、基准电压 $U_B=U_N$，则有

也即短路功率的标么值与短路电流的标么值相等。利用这一关系短路功率就很容易由短路电流求得。

第三节　同步电机的突然三相短路分析

一、同步发电机突然三相短路的物理过程及短路电流近似分析

（一）空载情况下三相短路电流波形

实测短路电流波形分析如下：

1.短路电流包络线中心偏离时间轴，说明短路电流中含有衰减的非周期分量。

2.交流分量的幅值是衰减的，说明电势或阻抗是变化的。

3.励磁回路电流包含衰减的交流分量和非周期分量，说明定子短路过程中有一个复杂的电枢反应过程。

（二）定子短路电流和转子回路短路电流

1.理想电机（如图 3-6 所示）

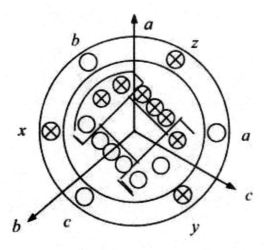

图 3-6　理想电机

（1）ax、by、cz 为定子三相绕组；

（2）ff 为励磁绕组；

（3）转子铁心中的涡流（隐极机）或闭合短路环（凸极机）为阻尼绕组。

2.基本物理概念

（1）转子以 ω_0 的转速旋转，主磁通 Φ_0 交链定子 abc 绕组，即三相绕组的磁通如式：

$$\Phi_{a0}=\Phi_0\cos(\theta_0+\omega_{0t})$$

$$\Phi_{b0}=\Phi_0\cos(\theta_0+\omega_{0t}-120°)$$

$$\Phi_{c0}=\Phi_0\cos(\theta_0+\omega_{0t}+120°)$$

（2）在 t=0（短路时刻）瞬间，各绕组的磁链初值为：

$$\Psi_{a|0|}=\Psi_0\cos\theta_0$$

$$\Psi_{b|0|}=\Psi_0\cos(\theta_0+\omega_{0t}-120°)$$

$$\Psi_{c|0|}=\Psi_0\cos(\theta_0+\omega_{0t}+120°)$$

（3）由于绕组中的磁链不突变，若忽略电阻，则磁链守恒，绕组中的磁链将保持以上值。

（三）定子短路电流分析

1.t=0（短路后），主磁通 Φ_0 继续交链定子绕组，则定子回路中须感应电流以产生磁链 Ψ_{ai}，使磁链守恒（如图 3-7 所示）。

$$\Psi_{ai}+\Psi_{a0}=\Psi_{a|0|}$$

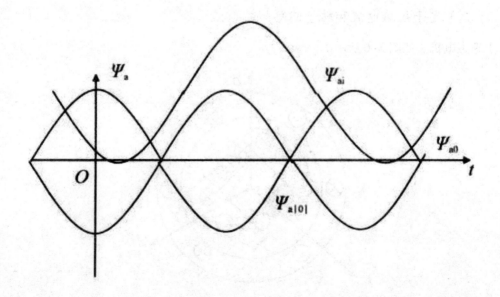

图 3-7

2.Ψ_{ai}是定子绕组中感应电流所产生的磁链，其中心轴偏离时间轴，则定子电流中包含基频交流i_ω和直流分量i_a。

3.三相绕组中的直流分量合成为一个空间静止的磁场（如图3-8所示）

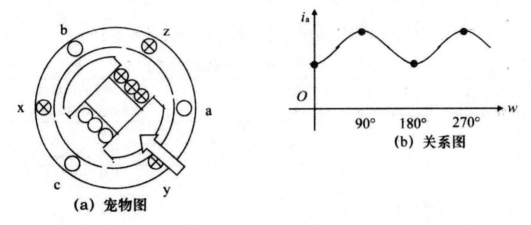

图 3-8　Ψa=Lia 是空间静止的

（1）当转子纵轴与Ψ_a重合时，气隙最小，则电感系数L大，需i_a小；

（2）当转子纵轴与Ψ_a垂直时，气隙最大，则电感系数L小，需i_a大；

（3）由于磁阻的变化周期是180°，所以非周期分量包含2倍频分量和直流分量：

$$i_a = \Delta i_{2\omega} + \Delta i_a$$

（四）阻尼回路电流分量（如图3-9所示）

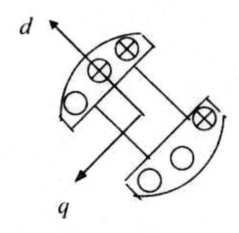

图 3-9　阻尼回路电流分量

1.磁链轴线在 d 轴方向的称为直轴阻尼绕组 D，$i_D = i_{Da} + i_{D\omega}$；

2.磁链轴线在 q 轴方向的称为交轴阻尼绕组 Q，$i_Q = i_{Q\omega}$；

二、定、转子回路电流分量的对应关系和衰减

自由电流分量：维持绕组本身磁链不突变而感生的电流，其衰减主要由该绕组的电阻所确定；强制电流分量：由电势产生的电流。

（一）定、转子回路电流分量的对应关系（如表 3-1 所示）

表 3-1 定、转子回路电流分量的对应关系

定子电流 i_{abc}	周期分量电流 I_ω		自由分量直流电流 i_a 自由分量倍频交流 $i_{2\omega}$
	强制电流 I_∞	$I'' - I_\infty$	
i_f	$i_{f\|0\|}$	自由分量直流 i_{fa}	基频交流 $i_{f\omega}$
i_D		自由分量直流 i_{Da}	基频交流 $i_{D\omega}$
i_Q		自由分量直流 $i_{Qa} \approx 0$	基频交流 $i_{Q\omega}$

（二）衰减关系

1.定子绕组自由分量电流 i_a、i_{2w} 按定子回路时间常数 T_a 衰减，所以，由静止磁场引起的转子电流 $i_{f\omega}$、$i_{D\omega}$、$i_{Q\omega}$ 也按 T_a 衰减；

2.维持转子绕组磁链不突变的自由分量电流 i_{fa}、i_{Da}。起到励磁电流的作用，其衰减变化引起定子周期分量电流由初始的 I'' 衰减到 I_∞；

3.i_{Da} 的衰减远快于 i_{fa}，则可认为 i_{Da} 衰减完毕，i_{fa} 变化甚少；

4.定子三相短路后，i_{fa} 近似不变而 i_{Da} 衰减到零的过程的衰减时间常数为 T''_d，其主要由.阻尼绕组的电阻 r_D 所确定，是 I'' 衰减到 I' 的过程；

5.i_{fa} 衰减到零的过程的衰减时间常数为 T'_d，其主要由励磁绕组的电阻 r_f 所确定，是 I' 衰减到 I_∞ 的过程。

第四章　电力系统暂态稳定

第一节　电力系统暂态稳定概述

暂态稳定就是指电力系统中在某个运行情况下突然受到大的干扰后引起断路器跳闸等一系列操作，系统能从暂态过程达到新的稳定运行状态或者恢复到原来状态的能力。在这些干扰中有一些大的干扰，比如投入或切除：一台大的发电机；甩掉大量的负荷（几万至十几万）；切除或投入自身有故障的原件如发电机变压器等。我国现行的《电力系统安全稳定导则》对 220kV 以上电压等级的系统规定了系统必须能够承受的扰动方式，例如，在任何线路上发生单相瞬时接地故障，故障后断路器跳开并重合成功，系统应能保持稳定运行和电网的正常供电。

电力系统受到大扰动，经过一段那时间后，或是逐步趋向稳定运行或是趋于失去同步。这段时间的长短与系统本身的状况和扰动大小有关，有的约 1s（例如联系紧密的系统），有的甚至需要若干分钟。

电力系统中配备的暂态稳定装置需要进一步的暂态稳定计算才能投入运行，发电机发出的功率依据负载的多少而变化，发电机要配备调速器调频器，这些器件根据发电机的变化时刻调节输出量，电力系统的有功平衡是一个动态的平衡，在制订调度计算的过程中也需要暂态稳定的计算。

一、大扰动后的暂态过程

能保持暂态稳定：扰动后，系统能达到稳态运行。当电力系统故障时，一般情况下需要 1s 左右的时间（特殊情况需要几秒钟甚至若干分钟）就能判断此系统是不是能保持暂态稳定的系统。

暂态稳定的时间段可分为以下三个阶段：

1.起始阶段：故障后约为 0~1s，系统中的保护和自动装置动作，比如，切除故障线路，重合闸操作和切除发电机等，但调节系统作用不明显。

2.中间阶段：起始阶段后约为 1~5s，AVR/PT 的变化明显，发电机的调节系统已发挥作用，必须考虑励磁、调速系统对各环节的影响。

3.后期阶段：中间阶段后约 5s~60s，各种设备的影响显著，动力设备中的过程将影响电力系统的暂态过程，描述系统的方程多，另外，系统中还将由于频率和电压的下降，发生自动装置的切除部分负荷等操作。

二、五个基本假设

1.忽略发电机定子电流的非周期分量和它相应的转子电流的周期分量。

实际中，定子非周期分量电流将在定子回路电阻中产生有功损耗，增加发电机转轴上的电磁功率。但由于定子非周期分量电流衰减时间常数（一般为 0.05s）很小，同时，定子非周期分量电流产生的磁场在空间上保持不动，它和转子绕组电流产生的磁场相互作用将产生以同步频率交变、平均值接近于零的制动转矩，转子的机械惯性较大，因而，对转子整体的相对运动影响很小，此转矩对发电机的机电暂态过程影响不大，故可忽略。

采用此假设后，发电机定、转子绕组的电流、系统的电压及发电机的电磁功率等，在大扰动的瞬间均可以突变，同时，这一假定也意味着忽略发电机定子侧的各电量的电磁暂态变化过程。如图 4-1 所示，系统暂态过程中发电机参数变化。

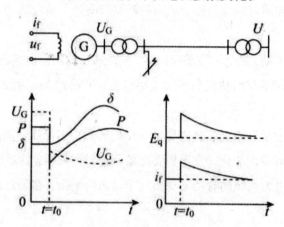

图 4-1　系统暂态过程中发电机参数变化

2.对不对称短路，不记零序及负序电流对转子的影响。零序电流出现在星型接法中，负序电流产生平均值基本为零的转矩，惯性大来不及反应。

3.认为发电机的 P_T 不变，原动机的气门不动作（因为 1s 左右原动机调速器还不能有明显变化，但在实际中气门是动作的。）

4.在短暂时间里各机组的电角度相对于同步电角速度 314rad/s 的偏离是不大的，所以不考虑频率变化对系统参数的影响（在实际暂态过程中，某种干扰下电网的频率是可以发生变化的）。

5.只考虑正序基波分量，短路故障用正序增广网络表示。

三、发电机 E 模型

发电机电磁功率表达式的复杂或简单就决定了暂态稳定性分析的复杂或简单，所以对系统主要原件的简化是很有必要的。下面以三个方面介绍简化的发电机、原动机及负荷的模型。

1.若发电机不经简化处理，应该采用派克变换之后的同步发电机方程计算，十分复杂，而简化后的等值电动势和电抗为 $\dot{E}'$ 和 x'_d 即假定故障瞬间暂态电动势 $\dot{E}'_q = \dot{E}'$，它在整个暂态过程保持不变。发电机阻尼绕组中自由电流衰减很快，不计阻尼绕组的作用。

2.不计原动机调速器的作用，一般在短过程的暂态稳定计算中，考虑到调速系统惯性较大，假定原动机功率不变。

3.负荷为恒定阻抗。

第二节　简单系统的暂态稳定分析

一、物理过程分析

1.功率特性的变化

如图 4-2 所示为一个简单电力系统，在正常运行时，发电机 G 经过变压器和双回线路向无限大系统供电，发电机的等值电动势为 $\dot{E}'$。

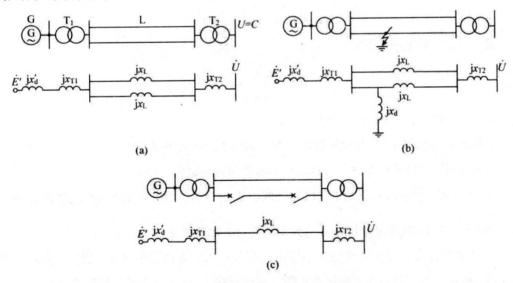

图 4-2　简单电力系统及其等值电路

（1）故障前：如图 4-2（b）所示的等值电路

电源电势节点 $\dot{E}'$ 到系统的直接电抗为：

$$x_1 = x'_d + x_{T1} + \frac{x_L}{2} + x_{T2}$$

发电机发出的电磁功率为：

$$P_I = \frac{E'U}{x_1}\sin\delta$$

（2）故障中：如果在一回输电线路始端发生不对称短路，如图 4-2（c）所示的等值电路，只需在正序网络的故障点上接一附加电抗（jx_Δ），这个正序增广网络即可用来计算不对称短路时的正序电流及相应的正序功率。附加电抗的大小可以根据不对称故障的种类，由故障点等值的负序和零序电抗计算而得，计算时将图中的星型网络转化为三角形网络。

电源电势节点 $\dot{E}'$ 到系统的直接电抗为：

$$x_\oplus = \left(x'_d + x_{T1}\right) + \left(\frac{x_L}{2} + x_{T2}\right) + \frac{\left(x'_d + x_{T1}\right)\left(\dfrac{x_L}{2} + x_{T2}\right)}{x_\Delta}$$

发电机发出的电磁功率为：

$$P_\oplus = \frac{E'U}{x_\oplus}\sin\delta$$

（3）故障切除后：如图 4-2（d）所示的等值电路。

电源电势节点 $\dot{E}'$ 到系统的直接电抗为：

$$x_\oplus = x'_d + x_{T1} + x_L + x_{T2}$$

发电机发出的电磁功率为：

$$P_\oplus = \frac{E'U}{x_\oplus}\sin\delta$$

以上三种情况，$x_{II} > x_{III} > x_I$，所以 $P_{II} < P_{III} < P_I$。

2.系统在扰动前的运行方式和扰动后发电机转子的运动情况

下面针对功角特性曲线简要分析在故障前后的各参数变化。

（1）正常运行阶段：原动机输出的机械功率 P_T 等于发电机向无限大系统输送的功率 P_0，此时电动势 $\dot{E}'$ 的功角为 δ0，a 点为发电机的正常运行点。

（2）故障阶段：发生短路后功率特性立即降为 P_{II}，在曲线中，发电机由 a 点降突变为 b 点，输出功率明显减少（故障越严重，减少越多），由于原动机的机械功率 P_T 不变，所以产生的过剩转矩将使发电机加速，转子的转速逐渐超出同步转速，相对角度δ也逐渐增大，此时运行点由b点向c点移动。若故障永久下去将会与无限大系统失去同步。

（3）故障及时切除阶段：如图4-3所示为系统及时切除故障的过程原理图。若在c点继电保护装置迅速将故障切除，则发电机的功率特性变为$P_{Ⅲ}$，发电机的运行点由c突变至e，此时发电机的输出功率比原动机的机械功率大，使转子速度逐渐减慢。但由于此时转子的速度已经大于同步转速，所以相对角度δ还要继续增大，假设转子的转速在不超过h点（就假定这个点为f点）就回到了同步转速，$δ_h$也称作最大允许摇摆角，此时相对角度δ不再增加，但在f点是不能持续运行的，因为此时的机械功率和电磁功率仍然不平衡，前者小于后者，转子将继续减速，相对角度δ开始减小，运行点沿功率特性$P_{Ⅲ}$由f点向e、k点转移。达到k点以前转子一直减速，当越过k点之后，转子开始加速，此后的运行点沿着$P_{Ⅲ}$开始第二次震荡，若系统是个理想的系统，没有任何能量损耗，它将沿着$P_{Ⅲ}$重新到达原f点，δ也将增大到f点对应的8m，以此往复不停地震荡下去，但实际中，总会有能量损耗，因而震荡逐渐衰减，最后发电机停留在一个新的运行点k上持续运行，k点即故障切除后功率特性$P_{Ⅲ}$与P_T的交点。

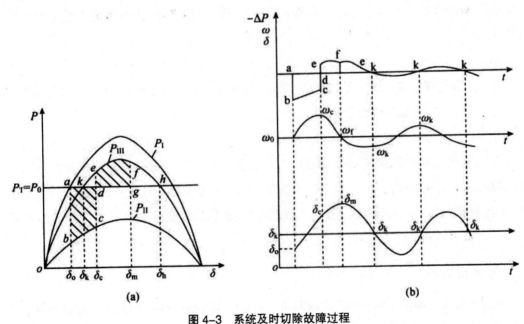

图4-3　系统及时切除故障过程

（a）功率特性曲线；（b）震荡过程

（4）故障切除过晚：如图4-4所示为系统未及时切除故障的过程原理图。当到达h点时转子的转速还未减到同步转速，这时δ就将越过h点对应的$δ_h$，由于电磁功率小于原动机的机械功率，相对角度δ将进一步增大，转子开始彻底加速，发电机与无限大系统之间最终失去同步。

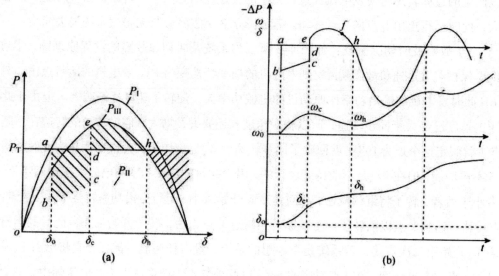

图 4-4　系统未及时切除故障过程

（a）功率特性曲线；（b）震荡过程

　　为了保持系统的稳定，必须在到达 h 点之前使转子恢复同步转速，而运行点到达 h 点刚好恢复同步速度的情况是一种极限情况，将这时的切除角度称之为极限切除角度记为 δ_{cm}。

　　结论：

　　①若最大摇摆角 $\delta_m < \delta_h$，系统可经衰减的振荡后停止于稳定平衡点 k，系统保持暂态稳定；反之，系统不能保持暂态稳定。

　　②暂态稳定分析与初始运行方式、故障点条件、故障切除时间、故障后状态有关。

　　③快速切除故障是保证暂态稳定的有效措施，电力系统暂态稳定分析是计算电力系统故障及恢复期间内各发电机组的功率角 δ_i 的变化情况（即 $\delta-t$ 曲线），然后根据 δ_i 角有无趋向恒定（稳定）数值，来判断系统能否保持稳定，求解方法是非线性微分方程的数值求解。

二、等面积定则

　　故障切除前：如图 4-4 所示，在故障中，发电机输入的机械功率 P_T 大于发电机输出的电磁功率 P_E，过剩转矩使发电机加速，过剩转矩对相对角位移所做的功等于转子在相对运动中动能的增加。转子运动方程为：

$$\frac{T_J}{\omega_0}\frac{d^2\delta}{dt^2} = P_T - P_\otimes$$

$$\because \frac{d^2\delta}{dt^2} = \frac{d}{dt}\left(\frac{d\delta}{dt}\right) = \frac{d\dot{\delta}}{dt} = \frac{d\delta}{dt}\frac{d\dot{\delta}}{d\delta} = \dot{\delta}\frac{d\dot{\delta}}{d\delta}$$

$$\therefore \frac{T_J}{\omega_0}\dot{\delta}\,d\dot{\delta} = (P_T - P_E)d\delta$$

两边积分得：

$$\frac{1}{2}\frac{T_J}{\omega_0}\left(\dot{\delta}_c^2 - \dot{\delta}_0^2\right) = \frac{1}{2}\frac{T_J}{\omega_0}\dot{\delta}_c^2 = \int_{\delta_0}^{\delta_c}(P_T - P_\blacklozenge)d\delta$$

等式左侧=转子在相对运动中动能的增量；

等式右侧=过剩转矩对相对位移所做的功，即为 P_T 线下方的阴影面积，它称为加速面积。故障切除后：如图 4-3 所示，P_T 小于 P_E，发电机减速，转子运动方程为：

$$\frac{T_J}{\omega_0}\frac{d^2\delta}{dt^2} = P_T - P_\blacklozenge$$

$$\frac{1}{2}\frac{T_J}{\omega_0}\left(\dot{\delta}_c^2 - \dot{\delta}_0^2\right) = \int_{\delta_0}^{\delta m}(P_T - P_\blacklozenge)d\delta$$

等式左侧=转子在制动过程中动能的减少量；

等式右侧=制动转矩对相对角位移所做的功（P_T 线上方的阴影面积，称为减速面积）；

可推得：

$$\int_{\delta_0}^{\delta c}(P_T - P_\blacklozenge)d\delta = \int_{\delta_0}^{\delta m}(P_T - P_\blacklozenge)d\delta$$

此式就是等面积定则。

第三节　自动调节系统对暂态稳定的影响

一、自动调节系统对暂态稳定的影响

在以上的讨论中，原先认为发电机暂态电抗 x'_d 和 E' 在整个暂态过程中保持不变，但励磁调节系统的调节可改变 E'_q（Eq），励磁调节系统的影响主要是通过强行励磁表现出来；原先认为原动机的机械功率 P_T 在整个暂态过程中保持恒定，但调速系统的调节可改变 P_T，比如，在快速关闭汽门的措施后，如图 4-5 所示，汽门的机械功率由原先的 P_T 变为 P'_T，此外调速系统还存在失灵区的影响；原先的分析方法比较简单，增加了自动调节系统之后，增加了微分方程的个数。

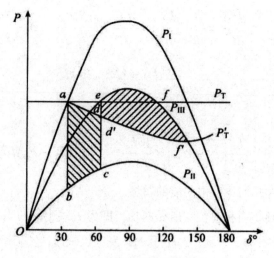

图 4-5 快速关闭汽门的影响

二、计及自动调节励磁系统作用时的暂态稳定分析

设短路后进行强励，U_{ff} 达到 U_{ffmax}，取系统如图 4-6 形式：

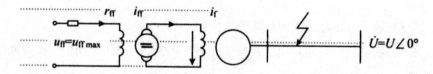

图 4-6 系统强行励磁图

励磁系统采用直流励磁机形式，且短路时副励磁机电压 u_{ff} 达强励值 u_{ffmax}；考虑故障线路在故障中、故障切除的结构变化，发电机与系统间采用网络表示。

1.全系统的 4 阶微分方程组为：

励磁机方程：

$$T_{ff}\frac{dE_{qe}}{dt} = E_{qe\max} - E_{qe}$$

励磁绕组方程：

$$T'_{d0}\frac{dE'_q}{dt} = E_{qe} - E_q$$

转子运动方程：

$$\frac{d\delta}{dt} = (\omega - 1)\omega_0$$

$$\frac{d\omega}{dt} = \frac{1}{T_J}(P_T - P_E)$$

2.确定中间变量与状态变量之间的关系（针对一般情况的凸极机）

$$P_E = \mathrm{Re}\left[\dot{U}_G \bullet I_G^*\right] = \mathrm{Re}\left[\dot{E}_Q \bullet I_G^*\right]$$

简单系统复杂网络如图 4-7 所示：

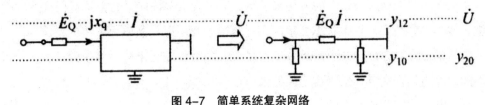

图 4-7 简单系统复杂网络

第四节 复杂电力系统的暂态稳定计算

图 4-8 表示在一简单系统中，按暂态稳定确定的极限输送功率与故障类型及故障切除时间的关系。在实际工作中，除了用输送功率来确定暂态稳定性外，也有用其他间接的量来评价其暂态稳定性能，如对一特定故障的最大允许切除时间，或者在一给定故障保证稳定所需最小切除发电机容量等。

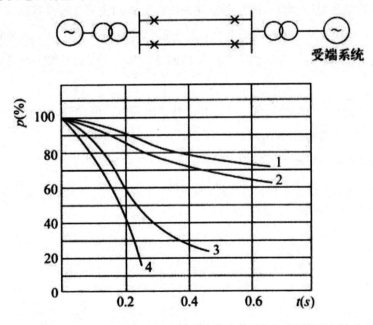

图 4-8 暂态稳定确定的极限传输功率与短路故障类型及故障断开时间的关系
1-单相短路；2-两相短路；3-两相对地短路；4-三相短路

一、复杂电力系统的暂态稳定计算方法

常用的计算方法：多机系统暂态稳定性计算-显式积分方法、多机系统暂态稳定性计算-隐式积分方法和直接法。

改善计算准确度的方法主要有：加速度法、关联不稳定平衡点法、势能界面法和扩展等面积法（EEAC 法）。

到目前为止，对电力系统暂态稳定性的实际研究主要是用计算机进行数值积分计算（常用的如四阶龙格库塔法）的方法来进行，逐时段求解描述电力系统运行状态的微分方程组，从而得到动态过程中状态变量的变化规律，并用以判断电力系统的稳定性。

数值积分计算方法的缺点是计算工作量大，同时仅能给出电力系统的动态变化过程，而不能给出明确判别电力系统稳定性的依据。

复杂电力系统暂态稳定的数值积分计算主要包括三大部分：第一部分是初始值的计算；第二部分为网络方程式的计算；第三部分是微分方程式的解算，解算转子运动方程式和电动机转子回路电磁暂态过程方程式，求取功率角，转差率，电动机次暂态电势的近似值和改进值。有了发电机组的差分方程式和网络的代数方程式，就可以考虑它们的联立求解问题。由于系统在运行情况突变的瞬间，发电机的功率角 δ_g 和次暂态电势 E''_{qg}，E''_{dg} 不突变，可运用 N–L 法等迭代计算方法求得足够精确的解。

二、应用分段计算法的计算步骤

复杂系统暂态稳定计算，围绕制定功率特性方程和应用分段计算法，计算步骤如下：

1.根据系统接线图、元件参数和代表负荷的恒定阻抗，求正常、故障和故障切除后三种运行情况下便于计算功率特性方程的等值网络。其中不对称故障，涉及负序和零序网的参数。

2.进行正情况下的潮流分布计算，并由此求出发电机电动势和它们之间的相角。

3.求故障时的发电机的功率特性方程。

4.求故障切除后的发电机的功率特性方程。

5.解发电机转子运动方程，应用分段计算法，求 $\delta-t$ 的关系曲线，假定一个切除时间，用试探法判别系统的暂态稳定性。

第五节　提高暂态稳定的措施

一、故障的快速切除和自动重合闸装置的应用

这两项措施可以较大地减少功率差额，也比较经济。

一方面，快速切除故障对于提高系统的暂态稳定性有决定性的作用，因为快速切除故障减小了加速面积，增加了减速面积，提高了发电机之间并列运行的稳定性；另一方面，快速切除故障也可以使负荷中的电动机端电压迅速回升，减小电动机失速的危险。切除故

障时间继电保护装置动作时间和断路器动作时间的总和。目前已可做到短路后 0.06s 切除故障线路，其中 0.02s 为保护装置动作时间，0.04s 为断路器动作时间。

电力系统的故障特别是输电线路的故障大多数是短路故障，而这些短路故障大多数又是暂时性的。采用自动重合闸装置，在发生故障的线路上，先切除线路，经过一定的时间再合上断路器，如果故障消失，则重合闸成功，重合闸的成功率是很高的，可达 90% 以上。这个措施可以提高供电的可靠性，对于提高暂态稳定性也有非常明显的作用。

图中 4-9 所示为在简单系统中重合闸成功使减速面积增加的情形。重合闸动作越快，对稳定越有利，但是重合闸的时间受到短路处去游离时间的限制。如果在原来短路处产生电弧的地方，气体还处于游离的状态，此时过早的重合闸，就会再度燃弧，使重合闸不成功，甚至扩大故障。去游离的时间主要取决于线路的电压等级和故障电流的大小，电压越高，故障电流越大，去游离的时间越长。

超高压输电线路的短路故障大多数是单相接地故障，因此，在这些线路上往往采用单相重合闸，这种装置在切除故障相之后经过一段时间后再将该相重合，由于切除的只是故障相，而不是三相，使得在切除故障后至重合前的一段时间里，即便是单回输电线路中，送电端和受端仍有电的联系，尽管故障电流被切断了，带电的两相仍然将通过导线之间的电容和电感耦合向故障点继续供电，因此能维持电弧的燃烧，采用重合闸时，去游离的时间比三相重合闸的时间长。

二、提高发电机输出的电磁功率

1.对发电机实施强行励磁

发电机都具备强行励磁的装置，以提高端电压，增大有功输出，保证当系统发生故障而使发电机端电压低于 85%~90% 额定电压时迅速而大幅度地增加励磁，从而提高发电机输出的电磁功率。

在用直流励磁机的励磁系统中，强行励磁多半是借助于装设在发电机端电压的低电压继电器启动一个接触器去短接副励磁机的磁场变阻器，因而称为继电式强行励磁。在晶闸管磁场中，强行励磁则是靠增大晶闸管整流器的导通角而实现的。强行励磁电压与额定运行励磁电压之比的增大而越加显著。

2.电气制动

电气制动就是当系统中发生故障后迅速地投入电阻以消耗发电机的有功功率（增大电磁功率），以减小功率差额。图 4-9 表示了两种制动电阻的串联接入方式，当电阻采用串联接入（图左）时，在正常状态下，旁路开关闭合，投入制动电阻时，打开旁路开关；当电阻采用并联接入（图右）时，在正常状态下，开关打开，投入制动电阻时，开关闭合。如果系统中有自动重合闸装置，线路重合闸时，应将这些开关调到正常状态。

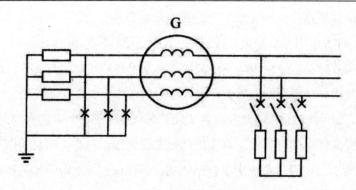

图4-9 制动电阻接入方式

电气制动的作用也可用等面积定则解释。如图4-10所示，图中假设故障发生后瞬时投入制动电阻，切除故障电路的同时，切除制动电阻。由图中可见：如果切除角δ_c不变，由于采用了电气制动减少了加速面积bb_1c_1cb。使原来不能保证的暂态稳定得到保证。

制动电阻的大小和投切时间都要选择得当，才能提高暂态稳定性；否则，制动作用过大（过制动）或者制动作用过小（欠制动）都会造成相反的效果。但在工程上，这些电阻体积大，价格比较昂贵，而且发生故障后，会发生大量的热，消耗很大的电能，一般不予采用。

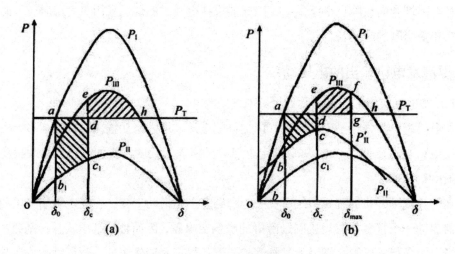

图4-10 电气制动的作用

（a）无电气制动；（b）有电气制动

3.变压器中性点经小电阻接地

变压器中性点经小电阻接地就是接地短路故障时的电气制动。如图4-11所示，变压器中性点经小电阻接地系统发生单项接地短路时的情形，因为变压器中性点接了电阻，零序网络中增加了电阻，零序电流流过电阻时引起了附加的功率损耗。这个情况对应于故障期间的功率特性P_{II}升高，因为$r_{\Sigma(0)}$反映在正序增广网络中。

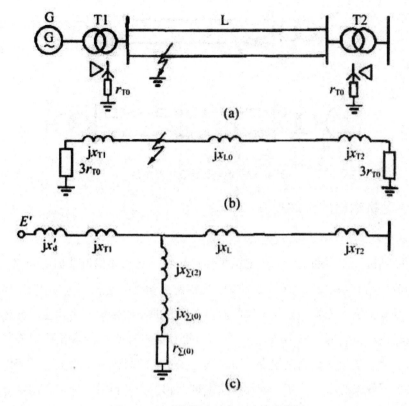

图4-11　变压器中性点经小电阻接地

（a）系统图；（b）零序网络；（c）正序增广网络

　　与电气制动类似，必须经过计算来确定电阻值。这种方式主要针对单相接地短路和两相接地短路有效，如果是三相接地短路或者两相短路不接地，这时在中性点上就不会有零序电流，所以电阻上就不会消耗功率。

　　4.输送线路采用强行串联电容补偿

　　近年来，我国已应用可控串联补偿装置——TCSC，它是由电容器和晶闸管控制的电抗器并联组成。调节晶闸管的导通角可以改变通过电抗器的电流，使补偿装置的基频等效电抗在一定的范围内连续变化，不仅可进行参数补偿，还可以向系统提供阻尼，抑制震荡，提高系统的静态稳定性和暂态稳定性。

　　5.输电线路设置开关站

　　这是在远距离输电中广泛采用的一种措施，输电线路超过300km时就要考虑这种方式，如图4-12所示，若不采用开关站，故障后保护装置将下面的线路切除，这时输电线是通过单回线路输送电能，线路的电抗是较大的，输送能力比较弱；若采用开关站，发电机向输电线路输送功率时只经过一段单回线路，这时的电抗就比较小，输送能力就有所增加。

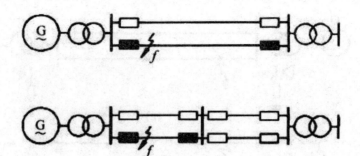

图 4-12　输电线路设置开关站

三、减少原动机输出的机械功率

1.快速的自动调速系统或者快速关闭进汽门

现有的原动机调节器都具有一定的机械惯性（特别是水轮机调节器）和存在失灵区，因而，其调节作用有一定的迟滞（要在发电机转速变化到一定值后才动作）。加之原动机本身从调节器改变输入工质的数量（如蒸汽量）到它的输出转矩发生相应的变化需要一定的时间（汽轮机用汽容时间常数表征）。所以，即使是动作较快的汽轮机调节器，它对暂态稳定的第一个摇摆周期影响也很小。加之汽门在开启的时候发出很大的噪声以及关闭水门时伴随着水锤现象的出现，使得这种方法很难达到预期的目的，所以，此种方法在不得已的情况才使用。

2.连锁切除部分发电机

如果系统备用容量足够，在切除故障线路的同时，连锁切除部分发电机，这是一种简单可行且有效提高稳定的措施。当系统输送功率水平较高时，若发生短路故障则有可能使系统失去稳定。如果在切除短路后接着从送端发电厂中切除一台发电机，则相当于减少了等效发电机组原动机功率。虽然这时等效发电机的电抗也增大了，致使功率特性有所下降，但总的来说，切除一台发电机能大大增加可能的减速面积，提高系统的暂态稳定性。

由于切除部分发电机，系统失去了部分电源，系统频率和电压将会下降，如果切除的发电机容量较大，则在暂态过程的初期阶段虽然保持了各发电机之间的同步，但因频率和电压的过分下降，可能会引起频率的崩溃和电压的崩溃。最终导致系统失去稳定，为了防止这种情况，切除部分发电机之后，可以连锁切除部分负荷或者根据频率和电压下降的情况来切除部分负荷。

目前，切除部分发电机已在我国部分电力系统中广泛采用，个别电力系统还增加了切负荷措施。应该指出切发电机措施，对水电厂来说，不会产生多大的问题，而对于火电厂来说，从切机到故障后的恢复，将带来较大的热力和燃料的损失，此外，利用现代通信及运动技术，实现远方连锁切机已得到实际的应用，进一步的研究还在进行中。

3.合理选择远距离输电系统的运行接线

远方发电厂向系统中心输电常常采用多回路输电方式，但在运行中，从提高系统暂态稳定性的角度宜选用机组单元接线或扩大单元接线方式向远方的负荷中心输电。

四、系统失去稳定后的措施

（一）适当设置解列点

如果所有其他提高稳定的措施均不能保持系统的稳定，可以有计划地手动或者靠解列装置自动断开系统某些断路器，将系统分解成几个独立部分。这些解列点是预先设置的。应该尽量做到解列后的每个独立部分的电源和负荷基本平衡，从而使各部分频率和电压接近正常值，然而，各独立部分相互间不再保持同步，这种把系统分解成几个部分的解列措施是不得已的临时措施，一旦将各部分的运行参数调整好后，要尽快地将各部分重新并列运行。

（二）短期异步运行再同步

电力系统若失去稳定，一些发电机处于不同步的运行状态，即异步运行状态。异步运行状态可能给系统（包含发电机组）带来严重的危害，但若发电机和系统能承受短时的异步运行，并有可能再次拉人同步，这样可缩短系统恢复正常运行所需的时间。

1.系统失去稳定的过程

这里仅讨论一台机与系统失去同步的过程。发电机受扰动后若功角不断增大，其同步功率随着时间震荡，平均几乎为零。而原动机机械功率的调整较慢，因此，发电机的过剩的功率继续使发电机的转子加速，但这个不能持续下去，因为发电机的转速大于同步转速而处于异步运行状态时，发电机将发出异步功率，当平均异步功率与减少了的机械功率达到平衡时，发电机即进入稳态的异步运行。

同步发电机在异步运行时发出异步功率的原理与异步发电机类似，即由于定子磁场在转子绕组和铁芯内产生感应电流，后者的磁场与定子磁场相互作用产生异步转矩，使发电机发出电磁功率即异步功率。平均异步功率与端电压的平方成正比，是转差率的函数。如图 4-13 所示为几种发电机的平均异步转矩特性曲线，其中汽轮发电机的最高。与异步机一样，在异步运行时发电机从系统吸收无功功率。

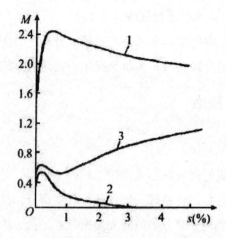

图 4-13　平均异步转矩（功率）特性曲线

如图 4-14 所示为一简单系统中的一回线路断路器突然跳开，经过一段时间又重合后，发电机进入异步运行的示意图，图中转差率 s 和异步功率 P_{as} 均为平均值。在扰动后的开始阶段发电机转子经历加速和减速过程，转差率逐渐增加，异步功率也逐渐增加。与此同时，原动机机械功率在调速器作用下逐渐减小，发电机会达到稳态的异步状态。图 4-15 所示为稳态异步运行时平均异步功率和原动机机械功率的平衡状态。

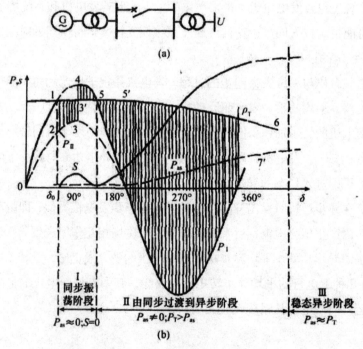

图 4-14　发电机失去同步的过程

（a）系统图（b）失步过程

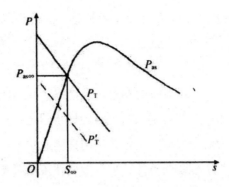

图 4-15　稳态异步运行时的平衡状态

2.异步运行时的问题

首先,对于异步运行的发电机,其机组的震动和转子的过热等均可能造成本身的损伤。此外,异步运行对系统的影响如下:

(1)异步运行的发电机从系统吸收无功功率,如果系统的无功功率储备不充分,势必降低系统的电压水平,甚至使系统陷入"电压崩溃"。

(2)异步运行时系统中有些地方电压极低,在这些地方将丧失大量的负荷。在图 4-16 (a)简单系统中,设送端发电厂电动势 E'保持不变,送端发电厂与受端无限大容量系统失去同步后,随着功角δ的不断增加,系统中一些点的电压向量如图 4-16(c)所示那样不断变化,它们的幅值则如图 4-16(d)所示,不断的波动,当δ为 180° 时某些点的电压降的很低,在距无限大母线电气距离为 $\dfrac{U}{E'+U} x\sum$ 处电压降为零,这一点称为震荡中心。靠近震荡中心的地区负荷,由于电压周期性的大幅度降低,电动机将失速、停顿,或者在低电压保护装置作用下自动脱离系统。

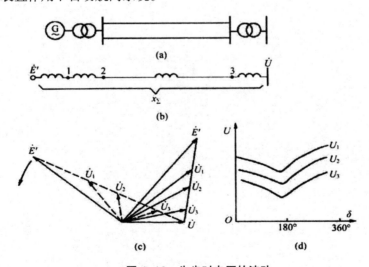

图 4-16　失步时电压的波动

(a)系统图;(b)等值电路;(c)向量图;(d)电压波动图

（3）系统异步运行时电流、电压变化情况复杂，可能引起保护装置的误动作而进一步扩大事故。

3.再同步的可能性

如果系统无功储备充分，异步运行的发电机组能提供相当的平均异步功率，而且机组和系统均能承受短期异步运行，则可利用这短时的异步状态将机组再拉入同步。

再同步的措施一般分为两个方面：一方面是调整调速器平移原动机功率特性，以减小平均转差率，造成瞬时转差率过零的条件；另一方面调节励磁增大电动势，即同步功率，以便使机组进入持续同步状态。

（三）做好系统"黑启动"方案

所谓"黑启动"，是在全电网停电的情况下对电网恢复供电。全网停电事故虽然很少发生，但也不是绝对不发生的，国内外都出现过全网停电的事故，在全网停电的情况下迅速供电是当务之急。因此，必须事先做好启动方案，一旦事故发生，就能按照负荷类型的重要程度先后以最快的速度迅速恢复全网供电，使系统因停电造成的损失降至最小。

第五章　电力安全生产常识

第一节　安全生产常识基本概念

一、安全生产常识概念

1.安全、危险、风险

安全与危险是相对的概念。

安全：字面解释，无危则安，无缺则全。就是指生产系统中人员免遭不可承受危险的伤害。

危险：就是系统中导致发生不期望后果的可能性超过人们的承受程度。

风险：当危险暴露在人类的生产活动中时就成为风险。风险不仅意味着危险的存在，同时还意味着危险发生有渠道和可能性。

2.本质安全

本质安全是指设备、设施或技术工艺含有内在的能够从根本上防止发生事故的功能。

本质安全是安全生产管理的最高境界。目前由于受技术、资金及人们对事故原因的认识等因素限制，还很难达到本质安全，本质安全是我们追求的目标。

3.事故、电力安全事故、事故隐患

事故：是指生产、工作中发生意外损失或灾祸。

电力安全事故：是指在电力生产或者电网运行过程中发生的影响电力系统安全稳定运行或者影响电力正常供应的事故（包括热电厂发生的影响热力正常供应的事故）。

安全生产事故隐患：简称"事故隐患"，是指安全风险程度较高，可能导致事故发生的作业场所、设备及设施的不安全状态、非常态的电网运行工况、人的不安全行为及安全管理方面的缺失。

事故隐患随时有可能引发事故。根据可能造成的事故后果，事故隐患分为重大事故隐患和一般事故隐患两个等级。

重大事故隐患是指可能造成人身死亡事故，重大及以上电网、设备事故，由于供电原因可能导致重要电力用户严重生产事故的事故隐患。

一般事故隐患是指可能造成人身重伤事故，一般电网和设备事故的事故隐患。

4.缺陷

缺陷：运行中的设备或设施发生异常，虽能继续使用，但影响安全运行，均称为缺陷。

根据严重程度，缺陷可分为危急、严重和一般缺陷。

危急缺陷：设备或设施发生了直接威胁安全运行并需立即处理缺陷；否则，随时可能造成设备损坏、人身伤亡、大面积停电、火灾等事故。危急缺陷处理期限不超过24小时。

严重缺陷：对人身或设备有重要威胁，这时尚能坚持运行但需尽快地处理缺陷。严重缺陷处理期限不超过7天。

一般缺陷：上述危急、严重缺陷以外的缺陷，指性质一般，情况较轻，对安全运行影响不大的缺陷。一般缺陷年度消除率应在90%以上。

电力设备缺陷和事故隐患的关系：超出设备缺陷管理制度规定的消缺周期仍未消除的设备危急缺陷和严重缺陷，即为事故隐患。根据其可能导致事故后果的评估，分别按重大或一般事故隐患治理。

5.安全生产方针

安全第一、预防为主、综合治理。

6.安全生产责任制

安全生产责任制是按照"安全第一，预防为主、综合治理"的生产方针和"谁主管、谁负责""管生产必须管安全"的原则，规定企业各级负责人、各职能部门及其工作人员和各岗位生产人员在安全生产方面应做工作和应负安全责任的一种管理制度。安全生产责任制是电力企业各项安全生产规章制度的核心，同时也是企业安全生产中最基本的安全管理制度。

多年来，电力企业始终坚持并不断地完善以行政正职为核心的安全生产责任制。公司系统各级行政正职是安全第一责任人，对本企业的安全生产工作和安全生产目标负全面责任，负责建立健全并落实本企业各级领导、各职能部门的安全生产责任制；各级行政副职是分管工作范围内的安全第一责任人，对分管工作范围内的安全生产工作负领导责任，向行政正职负责。这一制度不仅明确了各级负责人（包括公司、车间、班组）是本单位安全生产的第一责任者，而且对各岗位工作和生产人员应承担的安全职责提出了要求，把安全工作"各负其责、人人有责"从制度上固化。

通过建立健全安全生产责任制，把安全责任落实到每个环节、每个岗位、每个人，增强各级人员的责任意识，充分地调动全员工作的积极性和主动性，保障安全生产。

7.安全生产两个体系

两个体系是指电力安全生产的保证体系和监督体系。

电力企业安全生产保证体系由决策指挥、执行运作、规章制度、安全技术、设备管理、政治思想工作和职工教育等六大保证系统组成。在安全保证体系中有三大基本要素，即人员、设备、管理。人员素质的高低是安全生产的决定性因素；优良的设备和设施是安全生产的物质基础和保证；科学的管理则是保证安全生产的重要措施和手段。安全保证体系的根本任务，一是造就一支高素质的职工队伍；二是提高设备、设施的健康水平，充分地利用现代化科学技术改善和提高设备、设施的性能，最大限度地发挥现有设备、设施的潜力；三是不断地加强安全生产管理，提高管理水平。安全保证体系是电力安全生产管理的主导体系，是保证电力安全生产的关键。

电力系统实行内部安全监督制度，自上而下建立机构完善、职责明确的安全监督体系。各级企业内部设有安全国家监察委员会，它是企业安全监督管理的独立部门；主要生产性车间设有专职安全员；其他车间和班组设有专（兼）职安全员。企业安全监督人员、车间安全员、班组安全员形成的三级安全网构成了电力企业的安全监督体系。安全监督体系具有安全监督和安全管理的双重职能：一方面是运用行政和上级赋予的职权，对电力生产、建设全过程实施安全监督，这种监督职能具有一定的权威性、公正性和强制性；另一方面，它又可以协助领导抓好安全管理工作，开展各项安全活动，具有安全管理的职能。

安全保证体系的职责是完成安全生产任务，保证企业在完成生产任务的过程中实现安全、可靠。安全监督体系的职责是对生产过程实施监督检查权，直接对企业安全第一责任者或安全主管领导负责，监督安全保证体系在完成生产任务过程中的执行情况，是否严格遵守各项规章制度、落实安全技术措施和防事故技术措施，以保证企业生产的安全可靠。安全保证体系和安全监督体系都是为实现企业的安全生产目标而建立和工作的，是从属于安全生产这一系统工程中的两个子系统，且两个体系协调、有效地运作，共同保证企业生产任务的完成和安全目标的实现。

8.建设项目"三同时"

生产经营单位新建、改建、扩建工程项目（以下统称建设项目）的安全设施，必须与主体工程同时设计、同时施工、同时投入生产和使用。

9.四不伤害

不伤害自己，不伤害别人，不被别人伤害，保护他人不受伤害。

10.确保安全"三个百分之百"

确保安全"三个百分之百"要求的内容是：确保安全，必须做到人员的百分之百，全员保安全；时间的百分之百，每一时、每一刻保安全；力量的百分之百，集中精神、集中力量保安全。

11. 安全抓"三基"

安全抓"三基"指的是：抓基层、抓基础、抓基本功。

12. "全面、全员、全过程、全方位"保安全

"全面、全员、全过程、全方位"保安全的含义是：每一个环节都要贯彻安全要求；每一名员工都要落实安全责任；每一道工序都要消除安全隐患；每一项工作都要促进安全供电。

13. 安全管理"四个凡事"

"四个凡事"是指：凡事有人负责、凡事有章可循、凡事有据可查、凡事有人监督。

14. 安全"三控"

安全"三控"指的是：可控、能控、在控。

15. 作业现场"四到位"

作业现场"四到位"指的是：人员到位、措施到位、执行到位、监督到位。

16. 作业前"四清楚"

作业前"四清楚"指的是：作业任务清楚、危险点清楚、作业程序清楚、安全措施清楚。

17. 四不放过

事故调查必须做到事故原因不清楚不放过，事故责任者和应受教育者没有受到教育不放过，没有采取防范措施不放过，事故责任者没有受到处罚不放过。简称"四不放过"

18. 作业"三措"

作业"三措"是指组织措施、技术措施和安全措施。编制作业"三措"前要对施工地点及周边环境进行勘察，认真分析危险因素，合理进行人员组织，明确各专业班组（项目部）职责。作业"三措"要有针对性，能对施工全过程安全、技术起到指导作用。

作业"三措"应明确工程概况、作业单位、作业时间、地点及详细的作业任务和进度安排。其中：组织措施主要包括专业小组或人员分工，明确各级人员安全、技术责任，包括工程负责人、项目经理、工作负责人、现场安全员及施工人员、验收人员等；技术措施主要包括施工步骤及施工方法等，对复杂的作业项目应附具体施工方案及作业图；安全措施主要包括施工人员安全教育、培训和作业现场应采取的安全防范措施；同时，针对工作中的危险因素（点），制定相应的控制措施，明确专职监护人及监护范围。必要时可附图说明。除上述内容外，还包括施工特殊要求及其他需强调说明的问题。

19."两措"计划

"两措"计划是指反事故措施计划和安全技术劳动保护措施计划。供电企业每年应编制年度的反事故措施计划和安全技术劳动保护措施计划。

反事故措施计划应根据上级颁发的防事故技术措施、需要消除的重大缺陷、提高设备可靠性的技术改进措施以及本企业事故防范对策进行编制。反事故措施计划应纳入检修、技改计划。

安全技术劳动保护措施计划应根据国家，行业、国家电网公司颁发的标准，从改善作业环境和劳动条件，防止伤亡事故，预防职业病、加强安全监督管理等方面进行编制。

20.违章

违章是指在电力生产活动过程中，违反国家和行业安全生产法律法规、规程标准，违反国家电网公司安全生产规章制度、反事故措施、安全管理要求等，可能对人身、电网和设备构成危害并诱发事故的人的不安全行为、物的不安全状态和环境的不安全因素。

按照违章的性质，分为管理违章、行为违章和装置违章。管理违章是指各级领导、管理人员不履行岗位安全职责，不落实安全管理要求，不执行安全规章制度等的各种不安全作为；行为违章是指现场作业人员在电力建设、运行、检修等生产活动过程中，违反保证安全的规程、规定、制度、反事故措施等的不安全行为；装置违章是指生产设备、设施、环境和作业使用的工器具及安全防护用品不满足规程、规定、标准、反事故措施等的要求，不能保证人身、电网和设备安全的不安全状态。

按照违章可能造成的事故、伤害的风险大小，分为严重违章和一般违章。严重违章是指可能对人身、电网、设备安全构成较大危害、容易诱发事故的违章现象，其他违章现象为一般违章。

反违章工作，必须坚持以"三铁"反"三违"，即用铁的制度、铁的面孔、铁的处理反违章指挥、违章作业、违反劳动纪律。

21.两票三制

"两票"是指工作票、操作票；"三制"是指交接班制、巡回检查制和设备定期试验轮换制。

22.变电站"五防"

"五防"是指防止误入带电间隔、防止误拉合断路器、防止带负荷拉合隔离开关、防止带电挂（合）地线（接地刀闸）、防止带接地线（接地刀闸）合闸送电，其中，后三种误操作为恶性误操作。

23.三个不发生

不发生大面积停电事故，不发生人身死亡和恶性误操作事故，不发生重特大设备损坏事故。

24.特种作业

特种作业是指对操作者本人、对他人和周围设施的安全有较大危险的作业。我国划定的特种作业工种主要包括：电工、锅炉司炉工、压力容器操作工、起重工、爆破工、电焊工、煤矿井下瓦斯检验工、机动车司机、机动船舶驾驶员、建筑登高作业工。

25.电力生产的"三大规程"和"五项监督"

电力生产的"三大规程"是指电业安全工作规程、设备运行规程和检修规程。"五项监督"是指绝缘监督、仪表监督、化学监督、金属监督和环保监督，现在又增加了热工、电能质量、节能等专业技术监督。对这些规程的认真贯彻执行和做好各项技术监督是保证设备安全运行，以保证电力安全生产的重要手段。

26.安全简报、通报、快报

安全简报的内容：

（1）某一阶段安全生产情况；

（2）某一阶段主要安全工作信息，上级安全工作指示，本单位安全工作要求，交流好的安全工作经验等；

（3）某一阶段发生的事故、未遂、障碍等不安全情况；

（4）分析安全生产工作方面存在的问题；

（5）安排布置下一阶段安全工作任务；

（6）所属各单位安全情况统计等。

安全通报，一般是对某一事件作详细报道。如报道某一事故调查分析的情况；报道某一次安全生产会议情况和有关领导的讲话；报道安全生产某一个突出的先进事迹等。

安全快报，一般是在某一事故发生后，即使尚未完全调查清楚，为了尽快地将信息传递到基层各单位，及时吸取教训，采取措施，防止同类事故重复发生而采用的一种快速报道方式。

27.安全工器具

安全工器具是指防止触电、灼伤、坠落、摔跌等事故，保障工作人员人身安全的各种专用工具和器具。

安全工器具分为绝缘安全工器具和一般防护安全工器具两大类。绝缘安全工器具又分为基本绝缘安全工器具和辅助绝缘安全工器具。

基本绝缘安全工器具是指能直接操作带电设备或接触及可能接触带电体的工器具，如电容型验电器、绝缘杆、核相器、绝缘罩、绝缘隔板等，这类工器具和带电作业工器具的区别在于工作过程中为短时间接触带电体或非接触带电体。将携带型短路接地线也归入这个范畴。

辅助绝缘安全工器具是指绝缘强度不是承受设备或线路的工作电压只是用于加强基本绝缘安全工器具的保安作用，用以防止接触电压、跨步电压、泄漏电流电弧对操作人员的伤害，不能用辅助绝缘安全工器具直接接触高压设备带电部分。属于这一类的安全工器具有：绝缘手套、绝缘靴、绝缘胶垫等。

一般防护用具是指防护工作人员发生事故的工器具，如安全带、安全帽等。将导电鞋、登高用的脚扣、升降板、梯子等也归入这个范畴。

28.事故主要责任、同等责任、次要责任

主要责任：是指事故发生或扩大主要由一个主体承担责任者。

同等责任：是指事故发生或扩大由多个主体共同承担责任者。同等责任包括共同责任和重要责任。

次要责任：是指承担事故发生或扩大次要原因的责任者，包括一定责任和连带责任。

二、电力安全管理概述

（一）安全管理基本原理

从字面意义上来解释，安全生产管理是指管理者对安全生产工作进行的计划、组织、指挥、协调和控制的一系列活动，其目的是保证在生产、经营活动中的人身安全与健康，以及财产安全，促进生产的发展，保持社会的稳定。

从组成结构上来看，安全管理原理主要包括系统原理、人本原理、预防原理和强制原理，这四条原理分别都有隶属于它们的二级原则。

1.系统原理

系统原理就是运用系统理论对管理进行系统分析，以达到科学管理的优化目的。系统原理的掌握和运用对提高管理效能有着十分重要的作用。熟练掌握和运用系统原理必须把握系统科学基本理论和系统基本分析。

（1）系统科学基本理论

系统理论是指把对象视为系统进行研究的一般理论。系统是指由若干相互联系、相互作用的要素所构成的有特定功能与目的的有机整体。系统按其组成性质，分为自然系统、社会系统、思维系统、人工系统、复合系统等，按系统与环境的关系分为孤立系统、封闭系统和开放系统。具体来说，系统具有以下六方面的特性。

①整体性。任何系统与系统、子系统与子系统之间都存在制约关系，充分发挥这种制约作用，以达到系统的整体效应。

②稳定性。任何系统内部子系统或者某要素的运动，都可能会导致整个系统从某个稳态趋向另一个稳定状态。其表现是在外界相对微小的干扰下，系统的输出和输入之间的关

系，系统的状态和系统的内部秩序（即结构）保持不变，或经过调节控制保持不变的性质。

③有机联系性。系统内部各要素之间以及系统与环境之间存在着相互联系、相互作用的关系，这种关系就是有机联系性。

④目的性。在一定的环境下，系统具有达到最终状态的必然性，它贯穿于系统发展的全过程。

⑤动态性。系统内部各要素间的关系及系统与环境的关系都是时间的函数，随着时间的推移不断转变。

⑥结构决定功能性。系统的结构指系统内部各要素的排列组合方式。系统的整体功能是由各要素的组合方式决定的。要素是构成系统的基础，但一个系统的属性并不只由要素决定，它还依赖于系统的结构。

（2）系统基本分析

系统基本分析简称系统分析，也可称为系统研究，是一项就如何确定系统的各组成部分及相互关系，使系统达到最优化而对系统进行的研究。

对系统进行分析，可分为六个方面与步骤。

①了解系统的要素，分析系统是由哪些要素构成的；

②分析系统的结构，研究系统的各个要素之间相互作用的方式是什么；

③分析系统的功能：

④研究系统的联系；

⑤把握系统历史；

⑥探讨系统的改进。

系统的分析必不可少，正确的分析可以使后续工作更加可靠有效地开展。

（3）安全系统的构成

从安全系统的动态特性出发，人类的安全系统是人、社会、环境、技术、经济等因素构成的协调系统。无论从社会的局部还是整体来看，人类的安全生产与生存需要多因素的协调与组织才能实现。

安全系统的基本功能和任务是满足人类安全的生产与生存，以及保障社会经济生产发展的需要，因此，安全活动要以保障社会生产、促进社会经济发展、降低事故和灾害对人类自身生命和健康的影响为目的。为此，安全活动首先应与社会发展基础、科学技术背景和经济条件相适应、相协调。安全活动的进行需要经济和科学技术等资源的支持，安全活动既是一种消费活动（以生命与健康安全为目的），同时也是一种投资活动（以保障经济生产和社会发展为目的）。

（4）安全系统的优化

可以说，安全科学、安全工程技术学科的任务就是为了实现安全系统的优化。特别是安全管理，更是控制人、机、环境、管理四要素，以及协调人、物、能量、信息四元素的重要工具。

其中一个重要的认识是，不仅要从个别要素出发，研究和分析系统的元素，如安全教育、安全行为科学研究，以及分析人的要素，安全技术、工业卫生研究等物的要素，更要从整体出发研究安全系统的结构、关系和运行过程等，通过对安全系统工程、安全人机工程、安全科学管理等要素的研究实现安全系统的优化这一目标。

2.人本原理

（1）含义

在企业管理中，必须把人的因素放在首位，体现以人为本的指导思想，这就是人本原理。以人为本包含两层含义：一方面指一切管理活动都是以人为本展开的，人既是管理的主体，又是管理的客体，每个人都处在一定的管理层面上，一旦离开人这个因素就不存在所谓的管理；另一方面是在管理活动中，所有作为管理对象的要素和管理系统中的各环节，都是需要人来进行掌管，运作、推动和实施的。

（2）运用原则

①动力原则

人本原理是以人为本，人也是推动管理活动的基本力量，因此，在管理中必须有能够激发人的工作能力的动力，这就是所谓的动力原则。对于管理系统来说，有物质动力、精神动力和信息动力三种动力。

②能级原则

现代管理认为，单位和个人都具有一定的能量，并且可以按照能量的大小顺序排列，从而形成管理的能级，这就像是原子中电子的能级一样。在管理系统中，建立一套合理能级，根据单位和个人能量的大小安排其工作，充分地发挥不同能级的能量，保证结构的稳定性和管理的有效性，这就是能级原则。

能级原则确定了系统建立组织结构和安排使用人才的原则。稳定的管理能级结构一般分为四个层次，分别是经营决策层、管理层、执行层和操作层，四个层次能级不同，使命各异，需要清除划分，不能越级指挥。

在企业的安全管理中想要运用好能级原则，应注意以下三点：

一是能级的确定必须保证管理结构具有最大的稳定性；

二是人才的配备必须对应，人尽其才，才尽其用，做到能位相称；

三是责、权、利因做到能级对等，在赋予责任的同时授予权利和给予利益，才能使其能量得到相应能级的发挥。

③激励原则

人的工作动力来源于内在动力、外部压力和工作吸引力。管理中的激励就是利用某种外部诱因的刺激，目的是调动人的积极性和创造性。

以科学的手段，激发人的内在潜力，使其充分地发挥积极性、主动性和创造性，这就是激励原则。

3.预防原理

（1）预防原理的含义

安全生产管理工作应该做到预防为主，通过有效的管理和技术手段，减少和防止人的不安全行为以及事物的不安全状态，这就是预防原理。

预防的本质是在有可能发生意外人身伤害或健康损害的场合，采取事前的预防措施，防止伤害的发生。预防的工作方法是主动的、积极的，是安全管理中必须采取的主要方法。

安全管理以预防为主，其基本出发点源自生产过程中的事故是能够预防的前提。除了自然灾害以为，凡是由于人类自身的活动造成的危害，总是能够找出其因果关系，探索事故的原因，采取有效的对策，在原理上来说可以达到预防事故的发生。

为了使预防工作真正起到作用，一方面要重视经验的积累，对既成事故和大量的未遂事故（险肇事故）进行统计分析，从中发现规律，做到有的放矢；另一方面要采取科学的安全分析和评价技术，对生产中人和物的不安全因素及其后果作出准确的判断，从而实施有效的对策，预防事故发生。

（3）运用预防原理的原则

①偶然损失原则

事故后果以及后果的严重程度，都是随机的、难以预测的。反复发生的同类事故，并不一定产生完全相同的后果，这就是事故损失的偶然性。偶然损失原则告诉我们，无论事故损失的大小，都必须做好预防工作。

②因果关系原则

事故的发生是许多因素互为因果连续发生的最终结果，只要诱发事故的因素存在，发生事故是必然的，只是时间上的早晚而已，这就是因果关系原则。事故的因果关系决定了事故发生的必然性。

因此，掌握了事故的因果关系，及时砍断事故因素的环链，就消除了事故发生的必然性，就可能防止事故的发生。

事故的必然性中包含着规律性，必然性来自因果关系，深入调查、了解事故因素的因果关系，就可以发现事故发生的客观规律，从而为防止事故发生提供依据。从事故的因果关系中认识必然性，发现事故发生的规律性，变不安全条件为安全条件，把事故消灭在早期起因阶段。

③3E 原则

造成人的不安全行为和事物的不安全状态的原因可归结为四个方面，技术原因、教育原因、身体和态度原因以及管理原因。

技术原因包括：作业环境不良（照明、温度、湿度、通风、噪声、振动等），物料堆放杂乱，作业空间狭小，设备、工具有缺陷并缺乏保养，防护与报警装置的配备和维护存在技术缺陷。

教育原因包括：缺乏安全生产的知识和经验、作业技术、技能不熟练等。

身体和态度原因包括：生理状态或健康状态不佳，如听力、视力不良，反应迟钝，疾病、醉酒、疲劳等生理机能障碍；怠慢、反抗、不满等情绪，消极或亢奋的工作状态等。

管理原因包括：企业主要领导人对安全不重视，人员配备不完善，操作规程不合理，安全规程缺乏或执行不力等。

针对这四个方面的原因，可以采取三种应对对策，即工程技术（Engineering）对策、教育（Education）对策和法制（Enforement）对策，也就是 3E 原则。

④本质安全化原则

本质安全化原则是指在一开始就从本质上实现安全化，从根本上消除事故发生的可能性，以达到预防事故发生的目的。

所谓本质上实现安全化，即本质安全化是指设备设施或技术工艺本身含有能够从根本上防止发生事故的功能。本质安全化原则不仅可以应用于设备、设施，同时还可以应用于建设项目。

本质安全化并不表明本系统绝对不会发生安全事故，其原因为：

A.本质安全化的程度是相对的，不同的技术经济条件有不同的本质安全化水平，当代本质安全化并不是绝对本质安全化。由于经济技术的原因，系统的许多方面尚未安全化，事故隐患仍然存在，事故发生的可能性并未彻底消除，只是有了将安全事故损失控制在可接受程度上的可能。

B.生产是一个动态过程，许多情况事先难以预料。人的作业还会因为健康或心理因素引起某种失误，机具及设备也会因为日常检查时未能发现的缺陷产生临时性故障，环境条件也会由于自然的或人为的原因而发生变化，因此，人–机–环境系统的日常随机的一般性事故损失并未彻底消除。

本质安全化是安全管理预防原理的根本体现，同时也是安全管理的最高境界，实际上，目前还能难做到，但是我们应该坚持这一原则，应用本质安全化方法，可以降低事故发生概率和事故严重度。

4.强制原理

（1）强制原理的含义

采取强制管理的手段控制人的意愿和行为，使个人的活动、行为等受到安全生产管理要求的约束，从而实现有效的安全生产管理，这就是强制原理。所谓强制就是绝对服从，不必经被管理者同意便可采取控制行动。

一般来讲，管理都带有一定的强制性。管理是管理者对被管理者施加作用和影响，并要求被管理者服从其意志，满足其要求，完成其规定的任务，显然是带有强制性的。不强制便不能有效地抑制被管理者的无拘个性，将其调动到符合整体管理利益和目的的轨道上来。而安全管理基于它的特殊性和重要性，更需要具有强制性。这是因为：

①事故损失具有偶然性

由于事故的发生及其造成的损失具有偶然性，并不一定马上会产生灾害性的后果，这样会使人忽视安全工作，使得不安全行为和不安全状态继续存在直至发生事故，后悔莫及。

②人的冒险心理

这里所说的冒险是指某些人为了获得某种利益而甘愿冒受到伤害的风险。持有这种心理的人不恰当地估计了事故潜在的可能性，并且存有侥幸心理，冒险心理往往会使人产生有意识的不安全行为。

③事故损失的不可挽回性

这也是安全管理需要强制性的根本原因，事故一旦发生，会造成永久性的伤害，对于人的生命和健康，更是无法弥补。

安全强制性管理的实现，离不开严格合理的法律、法规、标准和各级规章制度，这些法规、制度构成了安全行为的规范；同时，还要与强有力的管理和监督体系，以保证被管理者始终按照行为规范进行活动，一旦其行为超出规范的约束，就要有相应的惩罚措施。

（2）运用强制原理的原则

①安全第一原则

安全第一就是要求在进行生产和其他工作时把安全工作放在一切工作的首要位置。当生产和其他工作与安全发生矛盾时，要以安全为主，生产和其他工作要服从于安全，这就是安全第一原则，同时也是安全管理的基本原则，更是我国安全生产方针的重要内容。

企业的目的是盈利，然而在提高经济效益的同时，必须服从安全第一的原则，安全第一应该成为企业的统一认识和行动准则，各级领导和全体员工在从事各项工作中都要以安全为根本，把安全生产作为衡量企业工作好坏的一项基本内容。

坚持安全第一原则，需要建立和健全各级安全生产责任制，从组织上、思想上、制度上切实做到把安全工作摆在首位，常抓不懈，做到不安全不生产。

②监督原则

监督原则是指在安全工作中，为了使安全生产法律法规得到落实，必须设立安全生产监督管理部门，以便对企业生产中的守法和执法情况进行监督。

安全管理带有较多的强制性，若只要求执行系统自动贯彻实施安全法规，而缺乏强有力的监督系统去监督执行，那么法规的强制威力是难以发挥的，因此，必须建立专门的监督机构，配备合格的监督人员，赋予必要的强制权力，保证其履行监督职责，才能保证安全管理工作落到实处。

（二）我国安全管理现状与发展

1.安全生产事故情况

我国平均每年因各类事故死亡人数都在 10 万人左右，发生各类事故 100 多万起。以 2014 年为例，全国共发生各类事故 26.9 万起，死亡 5.7 万人，其中重特大事故 37 起，死亡 685 人。

安全生产事故的总体现状是：工矿企业事故发生总数有下降趋势，事故发生次数多，事故伤亡人数多，事故发生率远高于美国、英国、日本等工业化国家，重大事故和特别重大事故多发和死亡人数多是安全生产事故的一大特点。

2.安全生产法律体系建设情况

目前，我国安全生产的监管体制正处于创新和完善时期，安全生产法制建设相对滞后，人们安全法律意识比较淡薄，在安全生产领域还存在有法不依、执法不严、违法不究的问题。因此，加快安全生产法规体系建设的任务依然非常艰巨。

中华人民共和国成立以来，我国颁布并在用的有关安全生产的主要法律法规约 300 余项，内容包括安全卫生类、三同时类、伤亡事故类、女工和未成年工保护类、职业培训考核类、特种设备类、防护用品类及检测检验类。

改革开放以来，我国安全生产法制建设有了很大进展，先后制定并颁布了《海上交通安全法》《矿山安全法》《劳动法》《煤炭法》《矿山安全法实施条例》《建筑法》《消防法》《煤矿安全监察条例》《危险化学品安全管理条例》《安全生产法》《职业病防治法》等法律、法规。有关部门也根据安全生产的法律法规先后制定了有关安全生产规程、安全技术标准、技术规范。各省、自治区、直辖市也根据有关法律的授权和本地区实际工作需要，相继制定了一些地方性的安全生产法规、规章。

安全生产法规体系建设是一项艰巨、漫长的工作，每一个法律法规和标准的制定，都需要大量的调查、实验、试验等研究工作，只有在大量研究的基础上，才能制定出适合国情的安全生产法律法规和标准。由于对安全生产法律法规和标准研究不够，尤其在市场经济初步发展的过程中暴露出来的新问题、新情况，立法工作没有跟上，有些方面法规还是空白，或者某些安全生产法律法规还停留在原劳动保护法规的计划经济模式下，不能适应时代发展的要求。

由于我国法制化建设起步较晚，在提出"有法可依"的初期，法学理论基础薄弱，以"立法宜粗不宜细、原则化、概括化"为指导思想，便于迅速立法，符合当时的实际情况。但是，从长远的观点来看，这种立法指导思想是落后的，不科学的。我国立法技术较为落后，负责法律起草的部门较多而又缺乏全局观念，导致安全生产法规体系内法律法规之间的不衔接、不协调甚至产生矛盾。

3.安全生产监督管理情况

在目前安全生产监督管理实践中，依然存在着监督管理不接地气，管理思维有误区，管理体制不健全，管理机制不完善等薄弱问题。研究分析认为，只有通过落实修订《安全生产法》，扩大基层政府属地监督管理权限，加快管理体制改革，形成长效管理机制，强化基层政府安全生产工作责任和生产经营单位主体责任，依法办事，爱护安全生产监督管理队伍等一系列举措，才能大大地提高安全生产监督管理水平，以实现提升安全生产监督管理实效的目的。

4.安全生产技术情况

随着我国经济能力的增强，国家已经规定淘汰了两批落后设备。企业按照产品升级换代的需要，也逐渐淘汰了一些落后的工艺和设备，自主开发和引进了一些先进的安全检测、监测仪器设备。

国家整体安全生产技术水平在逐年提高。但是，总体安全技术水平仍然比较低，特别是安全监测技术设备、应急救援技术装备远远落后于工业化国家。

5.安全生产管理发展方向

《安全生产法》在总结我国安全生产管理经验的基础上，将"安全第一，预防为主"规定为我国安全生产工作的基本方针。

所谓"安全第一"，就是在生产经营活动中，在处理保证安全与生产经营活动的关系上，要始终把安全放在首要位置，优先考虑从业人员的人身安全，实行"安全优先"的原则。在确保安全的前提下，努力实现生产的其他目标。

所谓"预防为主"，就是按照系统化、科学化的管理思想，按照事故发生的规律和特点，千方百计预防事故的发生，做到防患于未然，将事故消灭在萌芽状态。

（三）安全生产"五要素"及其关系

1.安全生产"五要素"内容

安全文化、安全法制、安全责任、安全科技和安全投入统称为安全生产"五要素"。安全文化即安全意识，是存在于人们头脑中，支配人们行为是否安全的思想。对公民和职工要加强宣传教育工作，普及安全常识，强化全社会的安全意识，强化公民的自我保护意识。对领导干部，要自觉按照"三个代表"重要思想要求，树立"以人为本"的执政理念，真正树立和落实科学发展观，时刻把人民生命财产安全放在首位，切实落实"安全第一、预防为主"的安全生产方针。对行业和企业，要确立具有自己特色的安全生产管理原则，落实各种事故防范预案，加强职工安全培训，确立不伤害自己、不伤害别人、不被别人伤害的安全生产理念。安全法制，是指安全生产法律法规和安全生产执法。主要内容包括：广为宣传《安全生产法》，要健全《安全生产法》的配套法规和安全标准。行业、企业要结合实际建立和完善安全生产规章制度，将已被实践证明切实可行的措施和办法上升为制度和法规。逐步建立健全全社会的安全生产法律法规体系，用法律法规来规范政府、企业、职工和公民的安全行为，真正做到有章可循、有章必循、违章必纠，体现安全监管的严肃性和权威性，使"安全第一"的思想观念真正落实到日常的生产生活中。

安全责任，主要是指搞好安全生产的责任心。主要含义有两层：企业是安全管理的责任主体，企业法定代表人、企业"一把手"是安全生产的第一责任人。第一责任人要切实负起职责，要制定和完善企业安全生产方针和制度，层层落实安全生产责任制，完善企业规章制度，治理安全生产重大隐患，保障发展规划和新项目的安全"三同时"。各级政府是安全生产的监督管理主体，要切实落实地方政府、行业主管部门及出资人机构的监管责任，科学界定各级安全生产监督管理部门的综合监管职能，建立严格而科学合理的安全生产问责制，严格执行安全生产责任追究制度，深刻吸取事故教训。

安全科技，是指安全生产科学与技术。企业要采用先进实用的生产技术，组织安全生产技术研究开发。国家要积极组织重大安全技术攻关，研究制定行业安全技术标准、规范。积极开展国际安全技术交流，努力提高我国安全生产技术水平。

安全投入，是指保证安全生产必需的经费。安全投入主要包括建立企业、地方、国家多渠道的安全投资机制。企业是安全投资主体，要按规定从成本中列支安全生产专项资金，加强财务审计，确保专款专用。国家和地方要支持企业的设备更新和技术改造，要制定源头治本的经济政策，并严格依法执行。

2.安全生产"五要素"之间的关系

安全生产"五要素"之间既相对独立，又是一个有机统一的整体，相辅相成，互为条件。安全文化是灵魂和统帅，是安全生产工作基础中的基础，是安全生产工作的精神指向，其他的各个要素都应该在安全文化的指导下开展。安全文化又是其他各个要素的目的和结晶，只有在其他要素健全成熟的前提下，才能培育出深入人心的"以人为本"的安全文化。作为安全生产的根本，安全文化的最基本内涵就是人的安全意识。建设安全生产领域的安全文化，前提是要加强安全宣传教育工作，普及安全常识，强化全社会的安全意识，强化公民的自我保护意识。安全要真正做到警钟长鸣、居安思危、言危思进、常抓不懈。

安全法制是安全生产工作进入规范化和制度化的必要条件，是开展其他各项工作的保障和约束。安全法制是保障安全生产的最有力武器，因此，保障安全生产需要建立和完善安全生产法规体系，需要强化安全生产法制建设。安全生产法规健全，安全生产法规能够落实到位，安全生产标准执行达标，这是企业生产经营的最基本的要求和前提条件。

安全责任是安全生产的灵魂，是安全法制进一步落实的手段，是安全法律法规的具体化。安全生产责任制是安全生产制度体系中最基础、最重要的制度。其实质是"安全生产，人人有责"。建立和完善安全生产责任体系，不仅要强化行政责任问责制，严格执行安全生产行政责任追究制度，同时还要依法追究安全事故罪的刑事责任，并随着市场经济体制的完善，强化和提高民事责任或经济责任的追究力度。

安全科技是保证安全生产工作现代化的工具，实现安全生产的手段。"科技兴安"是现代社会工业化生产的要求，是实现安全生产的最基本出路。安全是企业管理、科技进步的综合反映，安全需要科技的支撑，实现科技兴安是每个决策者和企业家应有的认识。安全科技水平决定安全生产的保障能力，因此，安全科技是事故预防的重要力量。只有充分地依靠科学技术的手段，生产过程的安全才有根本的保障。

安全投入是安全生产的基本保障，为其他各个要素能够开展提供物质的保障，安全生产的实现要靠投入的保障作为基础，提高安全生产的能力，需要为安全付出成本，安全的成本既是代价，更是效益。我国需要建立多元化的安全生产投入机制，但企业是安全投资的主体，要按规定从成本中列支安全生产专项资金，加强财务审计，确保专款专用。国家和地方要支持困难企业的安全设备和技术改造，困难行业和企业要有治理安全隐患的政策措施，并严格依法执行。

（四）安全生产管理十大定律

安全生产管理是企业系统管理的一部分，创造性地运用管理定律来完善安全工作理念，可降低管理纰漏给安全工作带来的各类风险，进而有效地减少伤害事故的发生次数，提升安全管理工作的绩效。在安全生产管理中，有以下十种常见定理。

1.帕累托定律

帕累托定律又称80/20法则，其原理是在投入与产出、努力与收获、原因与结果之间存在着一种不平衡的关系，往往是关键的少数决定事件的发展态势。

在安全工作中，企业应辨识和评价危险源，按ABC法分类控制来匹配相应的安全投入。

（1）强化班组长的安全意识和安全技能，每层级按80/20原则来进行重点管理与控制。

（2）对易发生事故的20%人群进行重点管理，规范其作业行为，提高其安全素质。

（3）对少数设备与环境的不安全状态进行重点治理，以提高整体设备与环境的运行状态。

（4）充分地发挥管理的能动性，运用统计规律找准事故发生的主要原因，采取相应的纠正与预防措施来改善整体安全工作状态。

在考核时应本着80/20法则来配置责权利的关系，控制关键的少数可以取得事半功倍的管理效能。

2.酒与污水定律

酒与污水定律是指一杯酒倒进一桶污水，得到的是一桶污水，而把一杯污水倒进一桶酒中，得到的还是一桶污水。

在企业安全工作中，往往存在极少数的"三违"（违章指挥、违章作业和违反劳动纪律）人员，这部分人员会起到连锁性的示范效应，进而直接影响到其他人员的作业行为，弱化了安全管理方案和措施的有效落实，具有很大的破坏力。对这部分人员实行亮牌警告（亮黄牌或亮红牌），若效果仍然不明显则应及时地将其解雇，以提高安全管理工作在各层面的执行能力；同时，企业各层级管理者应注重自身的素质培养，为员工做正面的示范作用，在潜移默化中提高安全管理工作的质量。

3.木桶定律

一只木桶能装多少水，不是取决于最长的那块木板，而是取决于最短的那块木板，这就是木桶定律。

由此而演绎出的弱项管理概念，在安全管理工作也应实施弱项管理，识别影响安全工作的主要原因或薄弱环节，集中优势资源加以改进，对企业发生的事故案例进行剖析，举一反三从中吸取经验和教训；同时，应对间接事故案例进行分析，从中找出安全工作中存在的差距和问题，及时纠正与整改。当然，在改进的过程中又会出现新的短板或弱项，对此应本着持续改进的管理思想，来使企业的安全管理水平呈现出螺旋式上升的良好态势。

4.蝴蝶效应定律

蝴蝶效应定律是指微小的起因加之相应因素的相互作用，极易产成巨大的和复杂的现象，也就是说一个微小的事件容易连锁造成极大的事故。

因此，在安全管理工作中企业应注重细节管理，建立健全动态跟踪与考核管理体系，在领导重视、全员参与的基础上真正务实地做到防微杜渐，将事故消除在萌芽状态之中，将危险源控制在能量受控状态。

安全工作无小事，有时一次人身伤亡事故在进行原因分析时，往往是由于一时的疏漏造成的事故，企业应树立安全工作无小事，安全管理应该小题大做的管理理念，从抓细节入手进而以点带面来提升企业的整体安全管理水平。

5.热炉定律

热炉定律是指当人要用手去碰烧热的火炉时，就会受到"烫手"的处罚。

每个企业在进行安全管理工作时都有相应的规程和规章制度，任何人触犯了这些条款都应受到相应的惩戒和处罚。首先，企业需要完善安全管理方面的有关文件，对所有规范原则应严格执行，对实施效果应进行全方位评价。热炉定律应先警告后立即处罚，制度条款面前人人平等、不搞特殊化的原则来保证员工现场作业规范化和标准化，减少事故的发生。

6.250 定律

250 定律是指人的影响行为是相互的，一个人的影响面大致为 250 人。

对此，在安全管理工作中，应抓好正反两面的典型，充分地运用舆论宣传工具来进行宣传与贯彻，诸如开展流血与流泪的现场安全教育，以一个人的直接经验与教训来教育更多群体，以达到以点带面的管理成效。

7.5S 活动定律

5S 是指整理、整顿、清扫、清洁和素养，5S 活动的对象是现场的环境，它是对现场作业环境进行全局、综合的考虑，并制定真心实意可行的计划与措施，以便达到规范化管理的目的。

事故致因理论认为事故的发生是由于人的不安全行为、物的不安全状态和管理因素相互作用而引发的小概率事件，现场作业环境有时也是诱发事故的主要因素。因此，企业应按照 5S 管理定律对现场作业环境进行规范管理，消除现场作业环境的危险源，以减少职业伤害，降低职业伤害损失。

8.水坝定律

筑建水坝意在阻拦和储存河川的水，因为必须保持必要的蓄水量才可以适应季节或气候的变化。

企业应建立这种调节和运行机制，确保企业长期稳定发展。企业在安全管理工作中，应营造良好的安全管理氛围，建立和完善相应的安全管理制度，并强化安全过程动态监督与考核，对危险源进行不定期的辨识和评价，以期达成控制事故的目的。安全管理应推进细节化管理，通过管理人员细致的工作来预测和预防事故；同时，企业各层级管理者应对安全工作给予足够的重视，在全员广泛参与基础上，达到人人管安全、人人学安全、人人会安全的管理环境，达到固安全之基而根繁叶茂的管理绩效。

9.骨牌定律

骨牌定律是指事故的发生都是各因素相互作用的连锁反应，若中止其中的一个骨牌，事故便能得到有效的控制。

在进行管理工作时，应预测分析危险源的危害性，确定控制危险源的方案和措施，动态地进行跟踪管理，其中控制人的不安全行为和提高人的安全意识是投入相对节省的途径。因此，企业应不定期组织各种形式的安全培训工作，开展多种形式的安全教育活动，并以取得的效果进行评价分析，以提高企业安全工作整体目标的兑现。

10.螺旋定律

螺旋定律是指企业的安全管理工作应像螺旋一样不断地提升档次和水平。

本着持续改进的管理思想，不断对存在的显在和潜在危险源进行有效控制，从人、机、料、法、环等方面不断进行事故的预知和预防工作，广泛开展全员性的安全合理化建议活动，充分利用奖惩机制对安全工作进行激励或约束，使安全管理工作呈现出螺旋式上升的良好态势，兑现企业的安全承诺，减少人身伤害事故给企业带来的不良损失。

第二节　安全管理基本知识

安全管理工作分三个阶段：事前预防、事中应急救援、事后调查处理。上升到理论体系为风险管理体系、应急管理体系、事故调查处理体系。

一、风险管理

（一）基本概念

风险管理是用科学的方法（规避、转移、控制、预防等等）处理可预见的风险，实施控制措施以减少或降低事故损失。

风险管理是基于"事前管理"思想的现代安全管理方法，其核心内容是企业安全管理要改变事后分析整改的被动模式，实施以预防、控制为核心的事前管理模式，简而言之，安全管理应由事故管理向风险管理转变。

风险管理主要包括三个方面的工作内容：

1.风险辨识：辨识生产过程中有哪些事故、隐患和危害？后果及影响是什么？原因和机理是什么？

2.风险评估：评估后果严重程度有多大？发生的可能性有多大？确定风险程度或级别？是否符合规范、标准或要求？

3.风险处理：如何预警和预防风险？用什么方法控制和消除风险？如何应急和消除危害？

在安全生产中，我们应树立这样的观点：风险始终存在（如：在带电区域工作，始终有触电的风险；有瓦斯的煤矿，都有发生瓦斯爆炸的风险），只要我们事前进行风险辨识、评估，找出危险因素，采取有效控制措施，就能避免事故，实现安全生产的可控、能控、在控。

（二）作业安全风险辨识范本

为了有效落实风险辨识，真正实现预先发现风险和控制风险，各专业班组根据自身工作实际，针对典型作业项目进行辨识，查找、列出隐患和风险因素清单，制定相应的控制措施，这个清单就是风险辨识范本。

风险辨识范本可作为日常安全风险管理教育培训的资料，同时也可作为生产班组作业前制定作业风险辨识卡的参考依据。

二、应急管理

（一）基本概念

应急管理主要包括应急组织体系、应急预案体系、应急保障体系、应急培训与演练、应急实施与评估等内容。

应急预案：是指针对可能发生的各类突发事件，为迅速、有序地开展应急行动而预先制定的行动方案。

突发事件：是指突然发生，造成或者可能造成人员伤亡、电力设备损坏、电网大面积停电、环境破坏等危及电力企业、社会公共安全稳定，需要采取应急处置措施予以应对的紧急事件。

在任何生产活动中都有可能发生事故。无应急准备状态下，事故发生后往往造成惨重的生命和财产损失。有应急准备时，利用预先的计划和实际可行的应急对策，充分地利用一切可能的力量，在事故发生后迅速控制其发展，保护现场工作人员的安全，并将事故对环境和财产造成的损失降低至最低程度。

（二）应急预案分类

电力系统的应急预案分为综合预案、专项预案和现场处置方案。

1.综合预案。综合应急预案的内容应满足以下基本要求：

符合与应急相关的法律、法规、规章和技术标准的要求；与事故风险分析和应急能力相适应；职责分工明确、责任落实到位；与相关企业和政府部门的应急预案有机衔接。

2.专项预案。专项应急预案原则上分为自然灾害、事故灾难、公共卫生事件和社会安全事件四大类。

3.现场处置方案。基层单位或班组针对特定的具体场所、设备设施、岗位等，在详细分析现场风险和危险源的基础上，针对典型的突发事件类型（如人身事故、电网事故、设备事故、火灾事故等），制定相应的现场处置方案。

（三）事故调查处理

当生产过程中发生事故后，必须按规定尽快地组织事故调查。事故调查必须按照实事求是、尊重科学的原则，及时、准确地查清事故原因，查明事故性质和责任，总结事故教训，提出整改措施，并对事故责任者提出处理意见。做到事故原因不清楚不放过，事故责任者和应受教育者没有受到教育不放过，没有采取防范措施不放过，事故责任者没有受到处罚不放过（简称"四不放过"）。

第三节　作业现场的安全要求

一、作业现场的基本条件

1.作业现场的生产条件和安全设施等应符合有关标准、规范的要求，工作人员的劳动防护用品应合格、齐备。

2.经常有人工作的场所以及施工车辆上宜配备急救箱，存放急救用品，并应指定专人经常检查、补充或更换。

3.现场使用的安全工器具应合格并符合有关要求。

4.各类作业人员应被告知其作业现场和工作岗位存在的危险因素、防范措施及事故紧急处理措施。

二、作业人员的基本条件

1.经医师鉴定，无妨碍工作的病症（体格检查每两年至少一次）。

2.具备必要的电气知识和业务技能，且按工作性质，熟悉《电力安全工作规程》的相关部分，并经考试合格。

3.具备必要的安全生产知识，学会紧急救护法，特别要学会触电急救。

4.特种作业人员必须按照国家有关规定，经专门的安全作业培训、取得特种作业操作资格证书。

三、一般安全要求

1.新参加电气工作的人员，应经过安全知识教育后，方可下现场参加指定的工作，并且不得单独工作。

2.生产现场作业人员应穿棉质工作服，不得穿化纤类服装。严禁穿拖鞋进入生产现场。

女工禁止穿裙子、高跟鞋进入现场。

3.进入生产现场，应正确佩戴安全帽。

4.工作票所列班组成员必须尽到以下安全责任

（1）熟悉工作内容、工作流程，掌握安全措施，明确工作中的危险点，并履行确认手续。

（2）严格遵守安全规章制度、技术规程和劳动纪律，对自己在工作中的行为负责，互相关心工作安全，并监督安规的执行和现场安全措施的实施。

（3）正确使用安全工器具和劳动防护用品。

5.进入带电区域，人体与带电设备的距离不得小于规定的安全距离。

6.在发生人身触电事故时，可以不经许可，即行断开有关设备的电源，但事后应立即报告调度（或设备运行管理单位）和上级部门。

7.在带电设备周围禁止使用钢卷尺、皮卷尺和线尺（夹有金属丝者）进行测量工作。

8.在户外变电站和高压室内搬动梯子、管子等长物，应两人放倒搬运，并与带电部分保持足够的安全距离。

9.在变、配电站（开关站）的带电区域内或临近带电线路处，禁止使用金属梯子。

使用单梯工作时，梯与地面的斜角度为60°。梯子不宜绑接使用。人字梯应有限制开度的措施。人在梯子上时，禁止移动梯子。

10.遇有电气设备着火时，应立即将有关设备的电源切断，然后进行救火。

11.使用金属外壳的电气工具时应戴绝缘手套。

12.电焊机的外壳必须可靠接地，接地电阻不得大于4Ω。

13.使用中的氧气瓶和乙炔气瓶应垂直放置并固定起来，氧气瓶和乙炔气瓶的距离不得小于5m，气瓶的放置地点，不准靠近热源，应距明火10m以外。

14.凡在坠落高度基准面2m及以上的高处进行的作业，都应视作高处作业。高处作业均应先搭设脚手架、使用高空作业车、升降平台或采取其他防止坠落措施，方可进行。在没有脚手架或者在没有栏杆的脚手架上工作，高度超过1.5m时，应使用安全带或采取其他可靠的安全措施。

15.安全带和专作固定安全带的绳索在使用前应进行外观检查。安全带应定期抽查检验，不合格的不准使用。安全带的挂钩或绳子应挂在结实牢固的构件上，或专为挂安全带用的钢丝绳上，并应采用高挂低用的方式。禁止挂在移动或不牢固的物件上（如隔离开关支持绝缘子、CVT绝缘子、母线支柱绝缘子、避雷器支柱绝缘子等）。

16.高处作业应一律使用工具袋。较大的工具应用绳拴在牢固的构件上，工件、边角余料应放置在牢靠的地方或用铁丝扣牢并有防止坠落的措施，不准随便乱放，以防止从高空坠落发生事故。

17.在进行高处作业时，除有关人员外，不准他人在工作地点的下面通行或逗留，工作地点下面应有围栏或装设其他保护装置，防止落物伤人。如在格栅式的平台上工作，为了防止工具和器材掉落，应采取有效隔离措施，如铺设木板等。禁止将工具及材料上下投掷，应用绳索拴牢传递，以免打伤下方工作人员或击毁脚手架。

四、变电作业安全要求

1.新参加工作的人员，没有实际工作经验，不允许担任运行值班负责人或单独值班。

2.无论高压设备是否带电，工作人员不得单独移开或越过遮栏进行工作；若有必要移开遮栏时，应有监护人在场，并保持规定的安全距离。

3.新人员未经批准不允许单独巡视高压设备。

4.雷雨天气，需要巡视室外高压设备时，应穿绝缘靴，并不得靠近避雷器和避雷针。雷雨天进入设备区，不得打雨伞，应穿雨衣。

5.火灾、地震、台风、冰雪、洪水、泥石流、沙尘暴等灾害发生时，如需要对设备进行巡视时，应制定必要的安全措施，得到设备运行单位分管领导批准，并至少两人一组，巡视人员应与派出部门之间保持通信联络。

6.高压设备发生接地时，室内不得接近故障点 4m 以内，室外不得接近故障点 8m 以内。进入上述范围人员应穿绝缘靴，接触设备的外壳和构架时，应戴绝缘手套。

7.巡视室内设备，应随手关门。

8.在高压设备上工作，至少由两人进行，并完成保证安全的组织措施和技术措施。

9.雷电时，一般不进行倒闸操作，禁止就地进行倒闸操作。

10.装卸高压熔断器，应戴护目眼镜和绝缘手套，必要时使用绝缘夹钳，并站在绝缘垫或绝缘台上。

11.工作许可手续完成后，工作负责人、专责监护人应向工作班成员交代工作内容、人员分工、带电部位和现场安全措施，进行危险点告知，并履行确认手续，工作班方可开始工作。所有工作人员（包括工作负责人）不许单独进入、滞留在高压室和室外高压设备区内。

12.在未办理工作票终结手续以前，任何人员不准将停电设备合闸送电。

13.严禁工作人员擅自移动或拆除接地线，禁止任何人越过围栏。

14.工作人员进入 SF_6 配电装置室，入口处若无 SF。气体含量显示器，应先通风 15min，并用检漏仪测量 SF_6 气体含量合格。尽量避免一人进入 SF。在配电装置室进行巡视时，不准一人进入从事检修工作。

15.在继电保护、安全自动装置及自动化监控系统屏间的通道上搬运或安放试验设备时，不能阻塞通道，要与运行设备保持一定距离，防止事故处理时通道不畅，防止误碰运行设备，造成相关运行设备继电保护误动作。清扫运行设备和二次回路时，要防止振动，防止误碰，要使用绝缘工具。

16.二次回路通电或耐压试验前，应通知运行人员和有关人员，并派人到现场看守，检查二次回路及一次设备上确无人工作后，方可加压。

17.高压试验现场应装设遮栏或围栏，遮栏或围栏与试验设备高压部分应有足够的安全距离，向外悬挂"止步，高压危险!"的标示牌，并派人看守。

高压试验工作人员在全部加压过程中，应精力集中，随时警戒异常现象发生，操作人应站在绝缘垫上。

18.变电站内外工作场所的井、坑、孔、洞或沟道，应覆以与地面齐平而坚固的盖板。在检修工作中如需将盖板取下，应设临时围栏。临时打的孔、洞，施工结束后，应恢复原状。

19.变电站内外的电缆，在进入控制室、电缆夹层、控制柜、开关柜等处的电缆孔洞，应用防火材料严密封闭。

20.高压配电室、主控室、保护室、电缆室、蓄电池室装设的防小动物挡板不得随意取下。

21.在进行下列作业时，应采取防止静电感应、电击的措施：

（1）攀登构架或设备；

（2）传递非绝缘的工具、非绝缘材料；

（3）两人以上抬、搬物件；

（4）拉临时试验线路其他导线以及拆装接头；

（5）手持非绝缘物件不应超过本人的头顶。

22.做断路器、隔离开关、有载调压装置等主设备远方传动试验时，主设备处应设专人监视，并有通信联络或就地紧急操作的措施。

23.测量二次回路的绝缘电阻时，应切断被试系统的电源，其他工作应暂停。

五、线路作业安全要求

1.单独巡线人员应考试合格并经工区（公司、所）分管生产领导批准。电缆隧道、偏僻山区和夜间巡线应由两人进行。汛期、暑天、雪天等恶劣天气巡线，必要时由两人进行。单人巡线时，禁止攀登电杆和铁1：9。

2.遇有火灾、地震、台风、冰雪、洪水、泥石流、沙尘暴等灾害发生时，如需对线路进行巡视，应制订必要的安全措施，并得到设备运行管理单位分管领导批准。巡视应至少两人一组,并与派出部门之间保持通信联络。

3.雷雨、大风天气或事故巡线,巡视人员应穿绝缘鞋或绝缘靴;汛期、暑天、雪天等恶劣天气和山区巡线应配备必要的防护用具、自救器具和药品:夜间巡线应携带足够的照明工具。

4.夜间巡线应沿线路外侧进行;大风时,巡线应沿线路上风侧前进,以免万一触及断落的导线;特殊巡视应注意选择路线,防止洪水、塌方、恶劣天气等对人的伤害。巡线时禁止泅渡。

5.事故巡线应始终认为线路带电。即使明知该线路已停电,亦可认为线路随时有恢复送电的可能。

6.巡线人员发现导线、电缆断落地面或悬挂空中,应设法防止行人靠近断线地点 8m 以内,以免跨步电压伤人,并迅速报告调度和上级,等候处理。

7.砍剪树木时,应防止马蜂等昆虫或动物伤人。上树时,不应攀抓脆弱和枯死的树枝,并使用安全带。安全带不准系在待砍剪树枝的断口附近或以上。不应攀登已经锯过或砍过的未断树木。

8.砍剪树木应有专人监护。待砍剪的树木下面和倒树范围内不准有人逗留,城区、人口密集区应设置围栏,防止砸伤行人。

9.树枝接触或接近高压带电导线时,应将高压线路停电或用绝缘工具使树枝远离带电导线至安全距离。此前禁止人体接触树木。

10.登杆塔和在杆塔上工作时,每基杆塔都应设专人监护。作业人员登杆塔前应核对停电检修线路的识别标记和双重名称无误后,方可攀登。

11.攀登杆塔作业前,应先检查根部、基础和拉线是否牢固。遇有冲刷、起土、上拔或导地线、拉线松动的杆塔,应先培土加固,打好临时拉线或支好架杆后,再行登杆。

12.上横担进行工作前,应检查横担连接是否牢固和腐蚀情况,检查时安全带(绳)应系在主杆或牢固的构件上。

13.登杆塔前,应先检查登高工具、设施,如:脚扣、升降板、安全带、梯子和脚钉、爬梯、防坠装置等是否完整牢靠。禁止携带器材登杆或在杆塔上移位。禁止利用绳索、拉线上下杆塔或顺杆下滑。攀登有覆冰、积雪的杆塔时,应采取必要的防滑措施。

14.作业人员攀登杆塔、杆塔上转位及杆塔上作业时,手扶的构件应牢固,不准失去安全保护,并防止安全带从杆顶脱出被锋利物损坏。

15.在杆塔上作业时,应使用有后备绳或速差自锁器的双控背带式安全带,当后保护绳超过三米应使用缓冲器。安全带和保护绳应分挂在杆塔不同部位的牢固构件上。后备保护绳不准对接使用。

16.在杆塔上作业,工作点下方应按坠落半径设围栏或其他保护措施。杆塔上下无法避免垂直交叉作业时,应做好防落物伤人的措施,作业时要相互照应,密切配合。

17.在杆塔上水平使用梯子时,应使用特制的专用梯子。工作前应将梯子两端与固定物可靠连接,一般应由一人在梯子上工作。

18.在相分裂导线上工作时,安全带(绳)应挂在同一根子导线上,后备保护绳应挂住整组相导线。

六、施工安全要求

1.不应将施工现场设置的各种安全设施擅自拆、挪或移作他用。如确实因施工需要,应征得该设施管理单位同意,并办理相关手续,采取相应的临时措施,事后应及时恢复原状。

2.下坑井、隧道或深沟内工作前,应先检查其内是否积聚有可燃或有毒等气体,如有异常,应认真排除,在确认可靠后,方可进入工作。

3.施工场所应保持整洁,在施工区域宜设置集中垃圾箱。垃圾或废料应及时清除,做到"工完、料尽、场地清"。在高处清扫的垃圾或废料,不得向下抛掷。

4.材料、设备应按施工总平面布置规定的地点堆放整齐,并符合搬运及消防的要求。堆放场地应平坦、不积水,地基应坚实。现场拆除的模板、脚手杆以及其他剩余材料、设备应及时清理回收,集中堆放。

5.各类脚手杆、脚手板、紧固件以及防护用具等均应存放在干燥、通风处,并符合防腐、防火等要求。新工程开工或间歇性复工前应对其进行检查,合格者方可使用。

6.易燃、易爆及有毒物品等应分别存放在与普通仓库隔离的专用库内,并按有关规定严格管理。汽油、酒精、油漆及稀释剂等挥发性易燃材料应密封存放。

7.电气设备、材料的保管与堆放应符合下列要求:

(1)瓷质材料拆箱后,应单层排列整齐,并采取防碰措施,不得堆放;

(2)绝缘材料应存放在有防火、防潮措施的库房内;

(3)电气设备应分类存放,放置稳固、整齐,不得堆放。重心较高的电气设备在存放时应有防止倾倒的措施。有防潮标志的电气设备应做好防潮措施;

(4)易漂浮材料、设备包装物应及时清理。

8.禁止与工作无关人员在起重工作区域内行走或停留。

9.起重机吊物上不许站人,禁止作业人员利用吊钩来上升或下降。

10.任何人不得在桥式起重机的轨道上站立或行走。

11.使用油压式千斤顶时,任何人不得站在安全栓的前面。

12.操作链条葫芦时,人员不得站在链条葫芦的正下方。

13.在进行高处作业时，除有关人员外，不准他人在工作地点的下面通行或逗留。

14.在超过 1.5m 深的基坑内作业时，向坑外抛掷土石应防止土石回落坑内，并做好临边防护措施。作业人员不准在坑内休息。

15.立、撤杆应设专人统一指挥。开工前，要交代施工方法、指挥信号和安全组织、技术措施，工作人员要明确分工、密切配合、服从指挥。在居民区和交通道路附近立、撤杆时，应具备相应的交通组织方案，并设警戒范围或警告标志，必要时派专人看守。

16.杆塔上有人时，不准调整或拆除拉线。

17.新立杆塔在杆基未完全牢固或做好临时拉线前，禁止攀登。

18.遇有五级（风速 8m/s）及以上阵风或暴雨、雷电、冰雹、大雪、大雾、沙尘暴等恶劣气候时，应停止露天高处作业。在特殊情况下，确需在恶劣气候中进行施工时，应组织讨论采取必要的安全措施，经本单位总工程师批准后方可进行。

19.夏季、雨汛期施工

（1）雨季前应做好防风、防雨、防洪、防滑坡等准备工作。现场排水系统应整修畅通，必要时应筑防汛堤。

（2）各种高大建筑及高架施工机具的避雷装置均应在雷雨季前进行全面检查，并进行接地电阻测定。

（3）台风和汛期到来之前，施工现场和生活区的临建设施以及高架机械均应进行修缮和加固，防汛器材应及早准备。

（4）暴雨、台风、汛期后，应对临建设施、脚手架、机电设备、电源线路等进行检查并及时修理加固。险情严重的应立即排除。

（5）机电设备及配电系统应按有关规定进行绝缘检查和接地电阻测定。

（6）夏季应做好防暑降温工作，合理安排作业时间。

20.冬季施工

（1）入冬之前，对消防设施应进行全面检查。对消防设施及施工用水外露管道，应做好保温防冻措施。

（2）对取暖及冬季混凝土保温设施应进行全面检查。使用明火时应防止一氧化碳中毒，并加强用火管理，及时清除火源周围的易燃物。使用蒸汽、电加热等应做好防止烫伤、触电等安全防护措施。

（3）现场道路及脚手架、跳板和走道等，应及时清除积水、积霜、积雪并采取防滑措施。

（4）施工机械及汽车的水箱应子保温。油箱或容器内的油料冻结时，应采用热水或蒸汽化冻，严禁用火烤化。

（5）汽车及轮胎式机械在冰雪路面上行驶时应装防滑链。

第四节　消防安全常识

俗话说，水火无情。一根燃烧的火柴，一个没有熄灭的烟头，如果我们随处乱扔，都有可能会后患无穷，甚至带来灭顶之灾。消防工作需要大家共同的关心、理解、支持和参与，只要大家群策群力，齐心协力，彻底消除火灾隐患，那么火灾就会远离我们，国家和人民的生命财产安全将会得到有力保障。

消防工作重在预防，大家应该掌握基本的防火、灭火及自救逃生常识，学会"如何防火""如何灭火""如何逃生"。防火工作做好了，火灾发生的概率就很小；火灾发生了，如果能够及时地把它扑灭，火势就不会蔓延；掌握一些基本的逃生常识，在火灾现场就能顺利逃生了。作为一个企业，在向市场要经济效益的同时，又要重视安全生产，防患于未然，这样才能实现利益和安全"双赢"。

一、企业消防安全常识

1.单位应当严格遵守消防法律、法规、规章，贯彻"预防为主、防消结合"的消防工作方针，履行消防安全职责，保障消防安全。法人单位的法定代表人或者非法人单位的主要负责人是单位的消防安全责任人，对本单位的消防安全工作全面负责。单位应当落实逐级消防安全责任制和岗位消防安全责任制，明确逐级和岗位消防安全职责，确定各级、各岗位的消防安全责任人。

2.消防安全重点单位应当设置或者确定消防工作的归口管理职能部门，并确定专职或者兼职的消防管理人员；其他单位应当确定专职或者兼职消防管理人员，可以确定消防工作的归口管理职能部门。归口管理职能部门和专兼职消防管理人员在消防安全责任人或者消防安全管理人的领导下开展消防安全管理工作。

3.单位应当建立健全各项消防安全制度，其中包括消防安全教育、培训；防火巡查、检查；安全疏散设施管理；消防（控制室）值班；消防设施、器材维护管理；火灾隐患整改；用火、用电安全管理；易燃易爆危险物品和场所防火防爆等内容。

4.火灾危险性较大的大中型企业、专用仓库以及被列为国家重点文物保护的古建筑群管理单位等应当依照国家有关规定建立专职消防队，并定期组织开展消防演练。

5.组织制定符合本单位实际的灭火和应急疏散预案，至少每半年要组织员工进行一次逃生自救和扑救初期火灾的演练。

6.定期对本单位的消防设施、灭火器材和消防安全标志进行维护保养，确保其完好有效。要时刻保持防火门、防火卷帘、消防安全疏散指示标志、应急照明、机械排烟送风、火灾事故广播等设施处于正常工作状态。

7.保证疏散通道、安全出口的畅通。不得占用疏散通道或者在疏散通道、安全出口上设置影响疏散的障碍物，不得在营业、生产、工作期间封闭安全出口，不得遮挡安全疏散指示标志。

8.禁止在具有火灾、爆炸危险的场所使用明火；因特殊情况需要电、气焊等明火作业的，动火部门和人员应当严格按照单位的用火管理制度办理审批手续，落实现场监护人，配置足够的消防器材，并清除动火区域的易燃、可燃物。

9.遵守国家有关规定，对易燃易爆危险物品的生产、使用、储存、销售、运输或者销毁实行严格的消防安全管理。禁止携带火种进入生产、储存易燃易爆危险物品的场所。

10.消防安全重点单位应当进行每日防火巡查，并确定巡查的人员、内容、部位和频次。其他单位可以根据需要组织防火巡查。防火巡查人员应当及时纠正违章行为，无法当场处置的，应当立即向有关部门报告。

11.消防值班人员、巡逻人员必须坚守岗位，不得擅离职守。

12.新员工上岗前必须进行消防安全培训，具有火灾危险性的特殊工种、重点岗位员工必须进行消防安全专业培训，培训率要达100%，并持证上岗。

13.不要在宿舍、生产车间、厂房等场所乱接乱拉临时电线和私自使用电气设备，禁止超负荷用电。严禁在仓库、车间内设置员工宿舍。

14.企业的热处理工件应堆放在安全的地方，严禁堆放在有油渍的地面和木材、纸张等易燃物品附近。

15.褐煤、湿稻草、麦草、棉花、油菜籽、豆饼和粘有动、植物油的棉纱、手套、衣服、木屑以及擦拭过设备的油布等，如果长时间堆积在一起，很容易自燃而发生火灾，应勤加处理。

16.植物堆垛应存放在干燥的地方，同时做好防潮。堆垛不宜过大，应加强通风，并设专人检测温度和湿度，防止垛内自燃或引起飞火蔓延现象。

17.企业职工要做到"三懂三会"，即懂得本岗位火灾危险性、懂得基本消防常识、懂得预防火灾的措施；会报火警、会扑救初起火灾、会组织疏散人员。

18.火灾发生后，要及时报警，不得不报、迟报、谎报火警，或者隐瞒火灾情况。拨打火警电话"119"时，要讲清起火单位、所在地区、街道、房屋门牌号码、起火部位、燃烧物质、火势大小、报警人姓名以及所使用电话的号码。报警后，应派人在路口接应，引导消防车进入火场。

19.电器或电线着火，要先切断电源，再实施灭火，否则很可能发生触电伤人事故。

20.穿过浓烟逃生时，要尽量使身体贴近地面，并用湿毛巾、手绢等捂住口鼻低姿前进，防止有毒烟气的危害。

21.发生火灾后，住在比较低的楼层被困人员可以利用结实的绳索（如果找不到绳索，可将被褥、床单或结实的窗帘布等物撕成条，拧好成绳），拴在牢固的暖气管道、窗框或床架上，然后沿绳索缓缓下滑逃生。

22.如果被困于三楼以上，千万不要急于往下跳，可以暂时转移到楼层避难间或其他比较安全的卫生间、房间、窗边或阳台上，并采取可行的自救措施。

23.在被困房间内可用打手电筒、挥舞衣物、呼叫等方式向窗外发送求救信号，以等待消防人员救援。

二、发生火灾，先报警还是先灭火

通常情况下，发生火灾后，报警与救火应同时进行。救火是分秒必争，早报警，消防车就会早到，把火灾扑灭在初起阶段；耽误了时间，小火就可能变成大火，小灾就会变成大灾。火灾的发展常常难以预料，有时似乎火势不大，认为自己能够扑救，但是往往因各种因素，火势会突然扩大，此时才报警，会耽搁灭火。据统计，火灾损失的大小与报警迟早有很大的关系。因此，发生火灾应牢记报警与救火同时进行。

发生火灾，现场只有一个人时，应一边呼救，一边进行灭火。如果认为无能力扑灭这次火灾，就应该赶快报警，并在报警的路上边喊边跑，以便取得群众帮助。

报警时应沉着、准确地讲清起火所在地区、街道、房屋门牌号码或起火单位，燃烧物是什么，火势大小，报警人姓名以及所用的电话号码。

三、常见火灾扑救方法

1.家庭电器起火。家里电视机或微波炉等电器突然冒烟起火，应迅速拔下电源插头，切断电源，防止灭火时触电伤亡；用棉被、毛毯等不透气的物品将电器包裹起来，隔绝空气；用灭火器，灭火时，灭火剂不应直接射向荧光屏等部位，防止热胀冷缩引起爆炸。

2.家用炉灶起火。可用灭火器直接向火源喷射；或将水倒在正燃烧的物品上，或盖上毯子后再浇一些水，火扑灭后，仍要多浇水，使其冷却，防止复燃。

3.厨房油锅起火。这时万不能向锅里倒水，否则冷水遇到高温油，会出现炸锅，使油火到处飞溅，导致火势加大，人员伤亡。应该：立即关掉煤气总阀，切断气源，然后用灭火器对准锅边儿或墙壁喷射灭火剂，使其反射过来灭火；或用大锅盖盖住油锅，或蒙上浸湿的毛巾，或倒入大量青菜，使油温降低，把火扑灭。

4.固定家具着火。发现固定家具起火，应迅速将旁边的可燃、易燃物品移开，如果家中备有灭火器，可即拿起灭火器，向着火家具喷射。如果没有灭火器，可用水桶，水盆，饭锅等盛水扑救，争取时间，把火消灭在萌芽状态。

5.衣服头发着火。衣服起火，千万不要惊慌，乱跑，更不要胡乱扑打，以免风助火势，使燃烧更旺，或者引燃其他可燃物品。应立即离开火场，尔后就地躺倒，手护着脸面将身体滚动或将身体贴紧墙壁将火压灭；或用厚重衣物裹在身上，压灭火苗；如果附近有水池，或者正在家里，浴缸里有水，就急跳进，依靠水的冷却熄灭身上的火焰。头发着火时，也应沉着、镇定，不要乱跑。应迅速用棉制的衣服或毛巾、书包等套在头上，然后浇水，将火熄灭。

6.窗帘织物着火。火势较小时浇水最有效，应在火焰的上方弧形泼水；或用浸湿的扫帚拍打火焰；如果用水已来不及灭火，可将窗帘撕下，用脚踩灭。

7.汽油煤气着火。迅速关掉阀门，备有灭火器，立即用灭火器灭火。如果没有灭火器时，或用沙土扑救，或把毛毯浸湿，覆盖在着火物体上，但千万不能向其浇水，否则会使浮在水面上的油继续燃烧，并随着水到处蔓延，扩大燃烧面积，危及周围安全。

8.酒精溶液着火。可用沙土扑灭，或者用浸湿的麻袋、棉被等覆盖灭火。如果有抗溶性泡沫灭火器，可用来灭火。因为普通泡沫即使喷在酒精上，也无法在酒精表面形成能隔绝空气的泡沫层。所以，对于酒精等溶液起火，应首选抗溶性泡沫灭火器来扑救。

四、火灾自救常识

逃生自救，需要技巧，时间就是生命，自救才能生存笔者现就根据平时掌握的相关方法综合提供以下几种逃生方法，供参考。

1.如果身上的衣物，由于静电的作用或吸烟不慎，引起火灾时，应迅速将衣服脱下或撕下，或就地滚翻将火压灭，但注意不要滚动太快。一定不要身穿着火衣服跑动。如果有水可迅速用水浇灭，但人体被火烧伤时，一定不能用水浇，以防感染。

2.如果寝室、教室、实验室、会堂、宾馆、饭店、食堂、浴池、超市等着火时，可采用以下方法逃生。

（1）毛巾、手帕捂鼻护嘴法

因火场烟气具有温度高、毒性大、氧气少、一氧化碳多的特点，人吸入后容易引起呼吸系统烫伤或神经中枢中毒，因此，在疏散过程中，应采用湿毛巾或手帕捂住嘴和鼻（但毛巾与手帕不要超过六层厚）。注意：不要顺风疏散，应迅速逃到上风处躲避烟火的侵害。由于着火时，烟气太多聚集在上部空间，向上蔓延快、横向蔓延慢的特点，在逃生时，不要直立行走，应弯腰或匍匐前进，但石油液化气或城市煤气火灾时，不应采用匍匐前进方式。

（2）遮盖护身法

将浸湿的棉大衣、棉被、门帘子、毛毯、麻袋等遮盖在身上，确定逃生路线后，以最快的速度直接冲出火场，到达安全地点，但必须注意，捂鼻护口，防止一氧化碳中毒。

（3）封隔法

如果走廊或对门、隔壁的火势比较大，无法疏散，可退入一个房间内，可将门缝用毛巾、毛毯、棉被、褥子或其他织物封死，防止受热，可不断往上浇水进行冷却。防止外部火焰及烟气侵入，达到抑制火势蔓延速度、延长时间的目的。

（4）卫生间避难法

发生火灾时，实在无路可逃时，可利用卫生间进行避难。因为卫生间湿度大，温度低，可用水泼在门上、地上，进行降温，水也可从门缝处向门外喷射，达到降温或控制火势蔓延的目的。

（5）多层楼着火逃生法

如果多层楼着火，因楼梯的烟气火势特别猛烈时，可利用房屋的阳台、水溜子逃生，也可采用绳索、消防水带，也可用床单撕成条连接代替，但一端紧拴在牢固采暖系统的管道或散热气片的钩子上（暖气片的钩子）及门窗或其他重物上，在顺着绳索滑下。

（6）被迫跳楼逃生法

如无条件采取上述自救办法，而时间又十分紧迫，烟火威胁严重，被迫跳楼时，低层楼可采用此方法逃生，但首先向地面上抛下一些后棉被、沙发垫子，以增加缓冲，然后手扶窗台往下滑，以缩小跳楼高度，并确保双脚首先落地。

3.火场求救方法

当发生火灾时，可在窗口、阳台、阴台、房顶、屋顶或避难层处，向外大声呼叫，敲打金属物件、投掷细软物品、夜间可电筒、打火机等物品的声响、光亮，发出求救信号。引起救援人员的注意，为逃生争得时间。

第五节　安全色、安全标志牌

一、安全色与安全标志的由来

在第二次世界大战期间，美军在向士兵作"这里有危险""禁止入内"等指示时，为了简明扼要，便出现了安全色标的最初概念。

在 1942 年，美国一家著名的颜料公司统一制定了一种安全色彩的规则，广泛地被海洋、杜邦公司和其他单位应用。

随着工业、交通的进一步发展，一些工业发达国家相继公布了本国的"安全色"和"安全标志"国家标准。

国际标准化组织也在 1952 年设立了"安全色标技术委员会"，在 1964 年和 1967 年先后公布了"安全色标准"和"安全标志的符号、尺寸和图形标准"。在 1978 年海牙会议上通过了修改稿，亦即现在的国际标准章案 3864.3 文件。

红色的注目性非常高，视认性也很好，适于用作紧急停止和禁止信号。

黄色对人能产生比红色高的明度。黄色和黑色织成的条纹是视认性最高的色彩，特别能引起人们的注意，所以用黄色作警告色。

绿色的视认性虽不太高，但绿色是年轻、青春的象征，能产生和平、久远、生长、舒适、安全等心理效应，所以用绿色提示安全信息。

蓝色只有与几何图形同时使用时，才表示指令；另外，为避免与马路两旁绿树相混淆，交通上的指标标志用蓝色（指标标志应用绿色）。

蓝色的注目性和视认性都不太好，但与白色配合使用效果不错。特别是在太阳直射的情况下较为明显。因而，适合于交通标志和厂、矿作为指令的标志。

二、安全色与安全标志含义

安全色是表达安全信息含义的颜色，用来表示禁止警告，指令，提示等。

安全色规定为红蓝黄绿四种颜色。其含义和用途见表 5-1。

表 5-1　安全色含义及用途

颜色	含义	用途举例
红色	禁止、停止、防火	禁止标志、停止信号、禁止人们触动的部位
蓝色	指令、必须遵守的规定	指令标志
黄色	警告、注意	警告标志、警戒标志、安全帽
绿色	提供信息安全同行	提示标志、启动按钮、安全标志、通行标志

对比色是使安全色更加醒目的反衬色，有黑白两种。如安全色需使用对比以时应按如下方法使用，即红与白，蓝与白，绿与白，黄与黑。

也可以使用红白相间，蓝白相间，黄黑相间条纹表示强化含义。在使用安全色标志时，不能用有色的光源照明，照度不应低于（工业企业照明设计标准）的规定。安全色应防止耀眼。

安全标志是由安全色，几何图形和图形符号构成，用以表达特定的安全信息。安全标志可以和文字说明的补充标志同时使用。

安全标志分为禁止标志、警告标志、指令标志、提示标志四类。除了这四种，还有补充标志。

1.禁止标志：禁止标志的含义是不准或制止人们的某些行动。

禁止标志的几何图形是带斜杠的圆环，其中圆环与斜杠相连，用红色，图形符号用黑色，背景用白色。

我国规定的禁止标志共有 28 个，即禁放易燃物、禁止吸烟、禁止通行、禁止烟火、禁带火种、禁止启动，修理时禁止转动，运转时禁止加油、禁止跨越、禁止乘车、禁止攀登等。

2.警告标志：警告标志的几何图形是黑色的正三角形，黑色符号和黄色背景。

我国规定的警告标志共有 30 个，即注意安全、当心触电、当心爆炸、当心火灾、当心伤手等。

3.指令标志：指令标志的几何图形是圆形，蓝色背景，白色图形符号。

指令标志共有关 15 个，即必须戴安全帽、必须穿防护鞋、必须系安全带、必须戴防护眼镜、必须戴防护手套等。

4.提示标志：示意目标的方向。提示标志的几何图形是方形、绿、红色背景，白色图形符号及文字。

提示标志共有 13 个，其中一般提示标志（绿色背景）有 6 个；安全通道、太平门等；消防设备提示标志（红色背景）有 7 个；消防警铃、火警电话、地下消火栓、灭火器等。

5.补充标志：补充标志是对前述四种标志的补充说明，以防误解。补充标志分为横写和竖写两种。横写的为长方形，写在标志的下方，可以和标志连在一起，也可以分开，竖写的写在标志上部。

补充标志颜色：竖写的，均为白底黑字；横写的，用于禁止标志的用红底白字，用于警告标志用白底黑字，用于指令标志的用蓝底白字。

用文字、图形及安全色做成的标示牌，又叫安全牌，是标志的一种重要形式，可以分为禁止、允许、警告和指令四类。

禁止类标示牌如："禁止合闸，有人工作""禁止合闸、线路有人工作"等，在停电工作场所悬挂在电源开关设备的操作手柄上，以防止发生误合闸送电事故。

允许类标示牌如："在此工作""从此上下"等，悬挂在工作场所的临时入口或上下通道处，表示安全和允许。

警告类标示牌如"止步、高压危险！""禁止攀登、高压危险！"等，悬挂在遮栏、过道等处，告诫人们不得跨越，以免发生危险。标示牌是用电安全警告方式的一种。

第六章 电力企业安全管理制度

第一节 电力企业安全管理体系

电力安全管理任务与传统做法如：

一、电力生产安全管理的任务

电力《安全生产工作规定》的要点是：明确公司系统安全生产的总体目标是防止七种事故；提出要建立以行政正职为安全第一责任者的安全责任制；实行一把手全面负责，两个体系即安全保证体系与安全监督体系的安全生产管理模式；提出目标管理与过程控制相结合、教育培训持证上岗与奖惩相结合的工作方法；强调行之有效的规章制度及安全例行工作方面的内容；推行"安全性评价"及"危险点预控"等超前控制手段；明确网厂、发承包、生产用工相关事宜中的安全职责。它是国家电力公司的安全规章，其内容体现了电力行业的特点并较好地处理了传统与改革的关系。

电力生产企业在安全方面的任务是保人身、保设备、保电网。

人身安全方面的主要职责包括：要制定符合国家规定的规章制度；提供的劳动安全设施与劳保用品必须符合国家规定并不断地改善劳动条件；劳动者应得到相关的劳动安全教育与培训。保护劳动者安全与健康的主要内容包括：安全生产责任制、编制劳动安全技术措施计划制度、劳动安全卫生教育制度、劳动安全卫生检查制度、劳动防护用品发放管理制度、职业危害作业劳动者的健康检查制度、伤亡事故和职业病统计报告处理制度等。

企业的安全职责是国有资产及投资者资产的保值增值。随着公司化改革不断深化，公司内部管理体系必将逐步趋于权责分明，并实现激励和约束相结合、科学化和规范化的管理。保证设备、设施免遭损坏，防止失效并延长使用寿命显然是资产所有者对经营者的基本要求，因执法要求不变，所以职权的总体要求也不会变。

电力生产企业与电网按统一调度、分级管理、平等互利和协商一致的原则制定并网协议，按并网协议明确权利与义务。电力作为产销同时完成的一种特殊商品，既有一般商品的特征，又具有社会服务性，电力供求关系的改变必然影响电网对电力生产企业的安全要求。但是作为电力生产企业，除了电价以外，电力安全生产直接关系产值、利润、生产成本与设备寿命损耗，加强安全生产管理，健全安全生产责任制、保证设备（设施）安全运行不仅是电力法的规定，也是自身生存、建立信誉与发展的需要。

综上所述，"保人身、保设备、保电网"构成了电力生产企业的安全基本职责与任务。

二、电力生产安全管理的传统做法

在我国电力生产安全管理工作中，"安全第一，预防为主"的方针深入人心。安全管理，贯彻了以行政正职为安全第一责任者的各级安全生产责任制，实行安全保证体系与安全监督体系的安全管理模式；采用目标管理与过程控制相结合的做法；比较重视规章制度的建设、贯彻与操作人员的培训；坚持两票三制；建立三道防线、实行三级控制与技术监督，防止重大事故；重视事故信息的反馈，在避免此类事故发生方面重视管理因素同时也重视技术措施，实行全过程管理等。具体来说，有以下几个要点：

1. 重视不安全事件的调查分析

事故调查的出发点与立脚点是吸取教训。没有采取防范措施不放过，目的是防止再犯。现代化管理不是淡化事故调查，而是从中挖掘防范对策。

对事故责任者的处理从来不是目的，而是教育包括责任者本人在内全体员工的一种手段。电力系统对事故调查处理从来不同于"办案"，不是对责任人处罚了就"结案"了，而是一定要制定"反措"，要对其贯彻实施监督，必要时要总结推广使全电力系统都从中吸取教训。事故调查的出发点与落脚点是采取防范措施。判别责任的依据是规章制度，其出发点也是为了进一步地贯彻或完善规章制度。而通过《安全情况通报》《事故快报》等形式，使全电力系统都从中吸取教训、提高警惕，从而不断地总结完善"重点反措要求"，并不断充实技术监督内容、提高电力系统设计、安装安全水平等。电力系统安全工作的这一特色，由于行业管理的削弱而相应削弱，表现为安全信息量的减少。现在有人提出事故调查与通报，违背"向事前预防转变"的提法，显然是不够正确的；相反，应当继续重视安全信息的收集与交流，特别是事故原因与对策的交流。

2. 处理好安监体系与保证体系的关系

电力系统提出安全监督与安全保证体系，是基于安全生产工作的重要性、社会性与系统性，基于许多重大事故是诸多因素集合扩大的结果，基于要纠正一些单位把安全工作的责任全部落实在安监部门的做法。

一方面，要实现企业的安全生产，做好预防工作，它的工作范围几乎涉及生产指挥系统、技术管理与监督、财务、物资、劳资等各个部门，还包括基层班组。它们都起重要的保证作用，把全部与安全相关的任务都放在安监是不可能完成的；另一方面没有安监部门实行监督检查以实行闭环控制，也难免疏漏；其三，电力系统在预防事故方面，推行三级控制，树立三道防线的思想。从组织与技术两方面着手，从防止未遂、异常做起。严防重特大事故。两个体系的形成是电力系统多年安全工作经验的总结，要处理好两者的关系。

当前，一些人不知道安监工作都应做什么，应安排什么样的人做安监工作。一些人不习惯被别人监督，一些人不了解安监体系为什么具有越级反映真实情况的权利与义务，不理解反映真实情况对人对己的好处，也还有把安全工作任务全部落实在安监部门的情况，应予纠正。

3.重视安监人员自身的培训

安监机构所从事的工作，主要包括安全信息反馈、事故统计报告、事故调查、安全考核、安全日常管理、安全培训、安全监督等工段。有个别安监人员以为安监工作专门是监督别人的，专门是从事事故调查、事故定性、查责任人的，这是不正确，至少是不全面的。

当前，电力生产企业普遍在登高、起重、电气、机械作业工器具管理方面存在问题，两票合格率很高、安规考试成绩不低而习惯性违章不少的现象，说明确实要研究改进安全管理的工作方法，研究不重形式、重实效的安全管理方法。安监部门自身的安全管理工作也要重视。

安监主管作为第一责任者的安全工作的参谋与助手，除了安全管理范围行政管理方面的业务外，主要是要定好位，不同的监督工作具有不同的职权与职责；事故调查与分析要做到真实、正确、及时完整，保存一手材料；要做好安全考核、两措计划及相关整改措施的制订、落实、检查的参谋助手工作；要检查国家、行业规章制度及上级有关文件要求的落实执行情况，特别是各级安全责任制的落实、在本企业各项规章制度的检查方面，当好第一责任者的参谋与助手。

安监人员要按规则办事，必须掌握各项规章制度，并在掌握本企业实际的基础上善于针对各自实际具体运用，要善于运用现代安全管理手段、适应深化改革的形势。安监人员自身的培训工作不容忽视。当然不应要求安监人员对专业都门门精，但对组织能力、技术业务素质应有一定的要求。第一责任者主要应清楚安全工作为何要实施监察，什么样的安全工作需要监督，配备相当的人员，并发挥其参谋、助手作用，要求各级管理人习惯于让别人依法（规章制度）监督。电力系统安监人员培训考核、持证上岗的做法已实行多年，一年一度的例会也起到交流、培训的作用，坚持下去比较有利。

4.坚持目标管理与过程控制相结合

近几年来推出的目标管理方法是对以往粗犷的口号式管理的进步，量化的指标便于检查考核。上层管理者提出一个目标便于动员、组织员工，发挥基层领导者的作用，对不同情况作出不同的处理办法。但作为公司或企业，特别是基层，不可能只管结果不问过程，关键是实现分层次分组管理。

逻辑上讲群体总目标的实现是以个体目标的完成为基础的。电力生产是多岗位、多专业协同工作的结果，因此，实现分层次分级管理，实现目标分解是完成总体目标的必然途径。

防人身事故的基础是防违章，抓不安全现象。防设备事故的基础是设备、设施的零缺陷，无异常，切实贯彻执行两票三制，实施运行分析、状态分析、检修文件包制度并做好技术监督等。

防电网事故涉及电网构架、继电保护管理、操作及一系列预防性工作的质量等。不分解、不分组不可能实现总体目标。

现在，有的单位也搞"安全目标责任状"，但签了字就束之高阁。目标管理更是从何谈起，事实早已证明什么样的办法遇上形式主义，都难以见效。目标不能没有，过程也必须控制。

5.坚持规章制度的贯彻与完善

电力生产工艺过程基本上是一个成熟的过程，近来比较大的改进只在控制技术方面。应该说，多年来形成的规章制度绝大部分是适应现在生产过程的。尤其是《电业安全工作规程》与《防止电力生产重大事故的二十五项重点要求》的内容大部分是电力系统事故教训的总结，参照国外的一些做法而提出的。

工程上大量套用标准，国内外均无例外。电力系统的标准比较齐全，而且机械、化工、建筑、运输行业的标准以及非强制性的国家标准可以参照，强调标准与规章的贯彻有较多的优点。以往电力行业组织一些专业人员编订的规程对巩固、提高电力系统的安全可靠性起到了重要的作用，在今后工作中仍需继续坚持。

三、当前电力生产企业安全管理工作的不足

1.要进一步抓好安监队伍的建设。安监工作须吃苦奉献，求真务实。光说不干，或是走形式，摆花架子，追求表面声势，不会收到实效。对安全生产工作抓而不紧等于不抓，抓而不实等于白抓。吃苦奉献的精神和求真务实的作风是安全管理人员的基本素质。业务上要学习国家、行业现行的相关法律、规章制度和现代化安全管理理念。要跟随情况的变化，与日俱进。资格上要接受培训，持证上岗。

2.要推行"安全性评价"与"危险点预控"要对照规章制度的规定进行过细的检查，发现设备隐患和深层次的管理问题。

3.要增加安全防范措施的科技含量，电力系统是技术密集性企业，在科技发展日新月异的今天，采取一定的组织措施以协调各岗位各工种的关系固然重要，但当前需要加强安全工作的科技含量，采用适当的技术手段以降低风险度。

4.要研究改进执行"两票三制""三级安全教育"等组织措施与教育培训措施的具体做法，以取得实效，并适应外委检修、热控检修工作及计算机管理的需要。

5.要抓规章制度的修订、学习与贯彻，要改变规程考试得高分、习惯性违章常常见的局面。"二十五项重点要求"早已颁发，技术措施是否业已安排、现场规程有没有作相应调整，都需要检查落实。有章不循是一些事故的重要原因，要引起重视。

6.要做好应急预案的制定与演练，避免事故扩大。过去发电厂搞防事故演习，着重于事故处理，现在控制方式变了，正确判断异常工况、实现设备安全停用、避免扩大运行人员的基本技能之一。防事故演习的方式显然也要随之调整；此外与OSHMS（职业安全健康管理体系）的要求相对照，应急预案所含范围要比原有防事故演习内容大，要注意补充。

7.要重视安全信息交流。在计划经济时期，靠红头文件办事，上级文件，靠层层批转贯彻。企业没有了主管单位，完全依照文件开展工作的做法显然不全面。当前网上、报刊上（中国安全生产报、中国电力报、电力安全技术、电力安全录像专辑等）的安全信息如何进入并成为开展安全工作的参考值得研究，如何进一步地发挥这些传播媒体的作用，以加强安全信息交流的工作也值得探讨。

当前发电企业正面临一次生产关系的变革，安全管理必须适应形势的变化。引用现代管理理念，坚持业已形成、行之有效的规章制度，不立不破、不搞形式主义，重视预防工作，使企业的人员、设备、环境处于一种可控状态。应该说，实现安全无事故目标是完全可能的。

第二节　电力企业安全生产责任制

一、电力安全生产责任制

《中华人民共和国安全生产法（草案）》总则第4条规定：生产经营单位必须建立、健全安全生产责任制度，完善安全生产条件，确保安全生产。

原电力部"关于安全工作的决定"第2条规定：全面落实以行政正职是安全第一责任者为核心的各级安全生产责任制。

《电力法》第19条规定：电力企业应当加强安全生产管理，坚持"安全第一，预防为主"的方针，建立、健全安全生产责任制。

安全生产必须依法管理。根据上述安全生产有关法律的规定，原电力部及国家电力公司，为了实现电力企业的安全生产目标，对电力生产所有岗位的员工落实安全生产责任的制度化规定，统称为"电力安全生产责任制"。

（一）电力安全生产级级有责

国务院关于安全生产管理体制重申了十六字令：企业负责，行业管理，国家监察，群众监督。这十六字令，明确了企业、行业、国家三级的安全生产责任。首先安全生产是企业负责，即企业必须对其生产全过程的安全负责。同时，还应实行行业管理和国家监察以及各级工会（代表群众利益）对生产中的人身安全和健康进行监督。

为此，国家电力公司在《安全生产工作规定》《安全生产责任书》中对公司本部及省级公司从总经理、副总经理、总工程师到每个部门，都清楚地规定了各自在电力生产中的安全责任。《安全生产工作规定》明确了"公司系统实行以各级行政正职为安全第一责任人的各级安全生产责任制，建立、健全有系统、分层次的安全生产保证体系和安全生产监督体系，并充分发挥作用"。

总的责任书强调了"公司各部门负责人对安全生产保证体系和安全生产监督体系的有效运作实行责任分担"，以"保证公司下属企业安全责任制的落实"。从这些基本制度的规定中可以看出：公司领导、部门负责人、下属企业，每一级都要落实安全生产责任。

在国电公司修改后的《安全生产工作奖惩规定》中，对国电公司系统各分公司、集团公司、省公司及其下属企业的领导、有关部门直到车间、班组和个人，都清楚地规定了一直未落实好安全生产责任制的各项要求发生了生产事故或隐瞒事故，应当受到的处罚，更体现了安全生产级级有责的安全责任制度。

（二）电力安全生产人人有责

关于安全生产人人有责的原则，《安全生产法》总则第 6 条规定："生产经营单位的从业人员有依法获得安全生产保障的权利，并应当依法履行安全生产方面的义务。"江总书记指出，"隐患险于明火，防范胜于救灾，责任重于泰山"，最充分地说明了安全生产人人有责的原则和要求。

关于安全生产人人有责的原则，原电力部领导也有论述，要求"各单位每一级的领导，各个部门，直到车间、班组和每个岗位的工人，都要落实安全生产责任；做到层层把关、分兵把守，构筑起一道安全生产的铜墙铁壁。"

这就是安全生产人人有责，同时也是安全生产保证体系的内涵。它明确了在一个单位内，安全生产保证体系的组成是全体员工；要落实安全生产责任，领导和管理人员就要做到层层把关，每个岗位的作业人员就要做到分兵把守，这样才可以构筑起保证安全生产的壁垒。

（三）电力安全生产责任应是明确的、可操作的岗位安全职责

电力安全生产责任是每位员工为实现电力安全生产目标应尽的法定责任。国电公司为了在系统内落实好级级有责和人人有责的安全生产责任，通过制定《安全生产工作规定》《安全生产监督规定》《安全生产工作奖惩规定》等一系列文件，对落实电力安全生产责任加以制度化规定。

《安全生产工作规定》第18条，明确了"各部门、各岗位应有明确的安全职责，做到责任分担，并实行下级对上级的安全生产逐级负责制"。在附则中要求分公司、集团公司、省公司，结合各自具体情况，制定省系统内电力生产、建设中安全工作的实施细则，并对各部门、各岗位的安全职责做出具体的规定。要使每个岗位的领导、管理人员、作业人员的安全生产责任成为可操作的岗位安全职责。这份工作十分重要，必须认真做好。

（四）通过"三级控制"将岗位的安全职责落到实处

《安全生产工作规定》第12条中明确了电力企业要"实行安全生产目标三级控制"，对企业、车间（含工区、工地）、班组每一级的控制责任和本级的安全生产目标做出了详细的规定，这是每一级的员工必须遵守的行为规则。

实践证明，订在纸上的岗位安全职责，只有通过"三级控制"中每一级控制工作的落实，把各项预防事故的控制工作做严、做细、做实，才能落到实处；反之，安全职责就只能是表面文章，安全工作就会有漏洞、有死角，就容易发生事故，相关责任人和领导者还会受到事故责任的追究和处罚。

（五）落实安全生产责任制的意义

1.可保证电力安全生产，由此保证实现"人民电业为人民"及对全社会连续、稳定、安全可靠供电的承诺。这也是创一流电力企业、一流电力公司的基础和必备条件。

2.不会发生因大面积停电造成社会不稳定，甚至更大的危害和灾难（不可抗力造成的危害除外）。

3.保证国电公司各分公司、集团公司、省公司完成国有电力资产保值、增值的任务和应得到的经济效益（包括员工应得的利益）。

二、落实安全生产责任制的具体做法

（一）订好安全生产责任书

安全生产责任书，就是把履行安全生产级级有责、人人有责的法定责任确定下来的保证书（或誓言）。责任书内容按"安全第一，预防为主"安全生产方针的要求，应包括以

下内容：

1.本单位或本级应实现的安全生产目标；

2.本级（或本部门、本岗位）认真履行"安全职责"的誓言；

2.严格有效执行各项规章制度的保证；

4.严、细、实做好各项安全控制工作（或称事故预防工作）的承诺；

5.严格有效执行奖惩规定的决心。

（二）认真订好并有效执行"安全生产责任书"（或保证书）

1."安全生产责任书"制订中存在的问题

在国电公司系统，安全生产责任书签订的实际情况是各省级公司与国电公司签订后，再层层往下与下属单位签订。

在省公司一级每年进行的安全工作互查时都可发现，各基层与省公司签订的安全生产责任书中的安全生产目标，虽然大部分符合或基本符合"三级控制"目标的要求，但仍然存在一些问题：

（1）企业一级，即领导层的安全职责订得不全面。该把关的工作不突出，对重大隐患的及时决策、治理不明确，采用必要的安全技术手段及老旧设备及时更换的资金保障（即保证本单位的安全生产投入）等领导行为都未列入；

（2）车间（工区、工地）一级与企业签订的安全生产责任书和班组一级与车间签订的安全生产保证（责任）书中，大多数都没有按"三级控制"的要求分级明确安全目标，而仍然是企业一级的安全生产目标；

（3）车间、班组两级订的安全职责也没有按这两级的控制责任去认真制定和落实，造成车间和班组两级的安全职责不具体、不可操作，有的甚至只是走形式应付上级。例如，班组的安全职责，连"控制异常和未遂"的字眼都见不到，反倒列有"执行'安全第一，预防为主'的方针"，"要遵章操作"等口号式的条文，这样的班组安全职责既无法落实控制异常的工作，也无法实现班组一级不发生障碍的安全目标。因此，必须认真订好，并有效执行安全责任书（或保证书）。

2.制订、执行"安全生产责任书"的要求

（1）明确每一级的安目标和控责任层层往下签订"安全生产责任书"时，一定要按照"三级控制"的原则和要求，明确每一级安全目标和控制责任。例如，班组一级的安全目标是"不发生障碍和轻伤"，控制责任是"控制异常和未遂"，这是按事故发生、发展的规律制定的，完全符合班组一级人员的知识和能力水平。因此，班组的安全职责就要围绕落实控制责任和实现本级目标来制订行动的规则，来指导各岗位做好具体的安全控制工作，即事故预防工作。

（2）把各项安全工作做严、做细、做实

在明确了本级的安全目标和控制责任后，落实安全职责的最重要的工作就是做好控制工作。这就要求把保证安全生产的每一项具体措施做严、做细、做实。做严，即严格按章程、规定的要求去实施；做细，即采取的措施没有遗漏、作业程序没有错误或颠倒、加工工艺或施工工艺精湛而不粗糙等；做实，即所做的该项安全工作是扎实的、优质的，是经得起时间考验的。

只有各级员工共同努力落实本级的控制责任，做好本级、木岗位的控制工作，级级把关、人人把守，才能实现企业和公司的安全生产目标。

（3）兑现奖惩

制定适合本单位实际情况的"奖惩规定"，并在实践"安全生产责任书"的全过程中认真执行，对好的典型进行表扬奖励，对表现差的批评处罚。奖励时，要注意宣传典型的先进性，以激励员工认真实践"安全生产责任书"，更努力地做好安全工作。批评处罚时，要注意教育和引导，使受罚人真正吸取教训，改正缺点，认真履行安全职责，后来居上。通过实践，形成一套本单位执行"奖惩规定"的有效办法。

（三）订好岗位安全职责

岗位安全职责就是把安全生产责任落到实处的具体行动规则及具体行为。

1.所有岗位都要订安全职责

不同级别、不同岗位的安全职责是不同的，这是因为"三级控制"每一级的控制责任不同。而每一级的控制责任都和其要实现的安全目标相联系和其所处的地位、所管辖的工作（设备）范围、所具有的权力紧密相连。"三级控制"工作要求各级领导、各部门、车间、班组及岗位都要制定出相应的安全职责，并使安全职责与职务、责任对应起来，以便做好电力生产全过程中与本岗位相关的安全控制工作。

2.订好岗位安全职责的原则和要求

（1）结合本职业务，制定出安全职责

结合本岗位的业务内容，制定出安全职责，明确岗位工作中应尽的安全责任，以及为了电力安全生产，本职应做的工作。例如，生产经营单位应当具备国家标准规定的安全生产条件，单位的主要负责人要保证本单位的安全生产投入，用于完善安全生产条件，配备劳动保护用品，确保安全生产。因此，安全第一责任人或主管安全的领导就有采用安全技术和及时决策更换老旧设备（设施、安全工器具等）、批准相应资金的安全职责；管财务的部门和有关岗位，就有调配安全生产资金的安全职责，绝不能以"未做计划""财政部无此具体规定"等为由拒绝调配资金。

（2）严格依照规程、规定，订好安全职责

领导者、管理人员、作业人员在决策、做计划采取安全控制措施或进行操作、作业时，虽然部门不同，岗位不同，具体工作内容不同，但都必须执行即将颁发的《安全生产法》及有关规程中规定的企业和工作人员必须遵守的行为规则。要把依法行事、严格执行相关规程、规定的责任，订入本岗位的安全职责。在工作中，要根据具体工作任务，以相关规程及规定作指导，明确为了安全生产在工作中允许做什么、不许做什么。保证做到遵章指挥、遵章操作，做到"三不伤害"。

（3）依照规律，订好预控事故的安全职责

安全生产保证体系和监督体系的每一个成员，要结合岗位的安全职责，从专业、管理、监督等各自的专业特点去观察、分析和总结本职工作的经验。通过寿命管理和实际工作体会，去掌握生产系统、设备、设施、安全工器具从投入运行到发生异常、障碍、事故的规律及其主要影响因素。把按规律办事和运用可靠经验提前做好预防事故的控制工作，订入安全职责。以此来保证电网、设备的健康，保持安全生产的可控局面。

（4）吸取事故教训，完善安全职责

要认真总结本单位和兄弟单位的事故教训，认真联系本单位的实际与本岗位工作的职责范围，明确预防同类事故（人员伤亡、电网事故、设备损坏）重复发生的责任，完善本岗位的安全职责。还要结合每项工作的实际情况，把相关的、具体的反措及时地补充到本单位或本岗位的反事故措施中去。

凡是不符合上述制订岗位安全职责的原则和要求的，都要认真修订补充，因为这是执行"安全第一，预防为主"方针、实行制度化管理的基础工作，是对每个员工进行安全业绩考核的重要依据。

3.由安监部门牵头自下而上制定安全职责

制定安全职责是一项非常重要而细致的工作。由本单位的安监部门牵头，自下而上，先班组，从岗位开始，由每一个岗位按上述原则写出或经过讨论写出第一稿，经班长、技术员补充后由车间或部门（相关专责工程师及主任）修改补充，安监部门归口并审查，最后由主管安全工作的领导或安全第一责任人批准后颁发执行。

4.加强对安全职责的监督考核

在电力生产的全过程中，电力企业的每一个员工，都必须认真履行岗位的安全职责，做好各项安全控制工作，直接对安全生产负责，对企业负责，这是安全生产保证体系和监督体系有效运作的要求和体现，也是安全生产责任制的要求和安全生产责任书所必须要做到的；只有这样做，才符合《安全生产法》规定的从业人员"应当依法履行安全生产方面的义务"。各级安监机构及安监人员，要在职责范围内加强对各级领导、管理人员、作业人员执行规章制度和履行安全职责的有效监督。对认真履行安全职责，在改善安全生产条件、防止安全生产事故、参加抢险救护等方面作出贡献者，奖；对失职造成事故者，罚，以促进岗位安全职责及各项安全控制工作的落实。

（四）"三级控制"每一级都必须认真做好本级的安全控制工作

1.班组一级的安全控制责任和目标是控制未遂和异常，不发生轻伤和障碍。做好这一级的控制工作，主要包括：

（1）弄清楚什么是异常

为落实班组的"控制责任"和各岗位的"安全职责"，班组每个岗位的工作人员，首先要弄清楚并熟悉所管的设备、设施、系统及所使用的安全工器具等，什么状况是正常，什么情况是异常，做到"异常"人人心中有数。

因为异常就是隐患、就是危险点。按事故发展规律，异常之后就是障碍和事故。从这个客观规律出发，每个作业人员要大大增强"控制未遂和异常"的迫切感和责任心，这是落实班组安全控制责任不可或缺的第一项工作，也是安全基础工作的重要组成部分。讨论清楚各种"异常"的表现是班组最基础的安全工作，因此，随着设备的更新和新技术的引进，班组还要及时地讨论可能发生的新的异常表现，并及时补充到"异常"的数据库中去，并在班组安全活动中经常复习，牢记心中。

（2）及时发现异常

班组要集体讨论怎样及时发现异常，包括人员的不正常。班长、技术员在班组安全管理工作中的重要任务之一就是使全班人员搞清及时发现异常的方法，并不断加以补充和更新。要从检查办法的有效性，从影响正常运行、施工的各种因素，包括季节、气候的变化等去考虑。发现异常后要及时消除，尤其对自动化系统和保护装置，如不能及时发现和消除异常，就可能很快转化成障碍和事故。

（3）预先掌握对不同异常的安全控制方法

班组要集体讨论、制定对每一种异常如何实现安全控制的作业方案，预先使每个作业人员都熟悉这些方案，这是一项十分重要的安全生产控制工作。因为每一种异常的安全控制方法是不同的，如果不讨论清楚，一旦发现异常并需紧急处理时，就可能出乱子。

班组对系统、设备、保护装置和安全工器具等，按相关规定或规程进行定期检测和测试，也是控制异常的重要一环。

（4）作业前必须进行"危险点分析"

处理异常的作业前，必须进行"危险点分析"，找出可能造成人身伤害或设备损坏的因素。工作负责人要按相关规程断定并宣布作业中能做什么和不能做什么。采取切实可行的安全措施，并落到实处，坚决杜绝可能造成人身危害和设备毁坏的危险作业。同班或同岗作业人员要集中精力，发现违章，一定要坚决制止，严格履行"三不伤害"的安全职责。

（5）车间对班组要指导帮助

车间（工区、工地）领导和专责人员对班组安全工作要进行指导，对班组未及时消除异常或发生了未遂事故，要及时帮助班组克服安全职责不到位，控制工作不落实的缺点。这是安全生产责任书规定的上一级"保证下属企业安全责任制的落实"的要求。

2.车间（工区、工地）一级的安全控制责任和目标是控制轻伤和障碍，不发生重伤和事故。

（1）要抓好"标准化"作业

车间领导及专责工程师和管理人员，必须对车间工作实行科学管理。首先要抓好"标准化"作业，要制定运行、检修、施工标准化作业的规定，并带领班组制定标准化安全作业方案，使班组在机组运行和设备检修中的各项工作按规范化、标准化的程序去进行。每项工作的作业方案都要有针对性、操作性强的安全措施，并监督执行，以保证安全。在安全作业方案的执行过程中，还要注意发现问题并不断地完善。实践证明制定标准化作业方案，对实现安全生产目标具有极其重要的意义。

（2）要完善设备的"寿命管理"

车间一级要抓好本级所有设备的"寿命管理"工作，要从台账、设备现状和在线监测三方面入手；要制定和完善设备、设施及系统的维护管理制度，及时地解决执行中存在和发现的问题；要使在线监测装置能正常运行，及时分析有关数据，这样就可以做到对设备的寿命心中有数，以便及时检修或更换，尽快实现由定检到状态检修的过渡。

（3）要着力解决保护装置的拒动和误动问题

随着电网增大和联网加快，自动化和保护装置在电力安全生产中的作用越来越突出；对自动化装置正常运行和保护装置正确动作的要求越来越高，但继电保护拒动和误动的问题还一直存在，因此，车间一级一定要组织全车间的力量加以解决，保证自动化装置投入率100%、保护装置正确动作率100%，确保障碍发生后能迅速、准确地切除，不扩大成事故。

（4）要承担的防止重伤和事故重复发生责任

不发生重伤和事故是车间的安全目标，如果障碍没有控制好，发生了事故，一定要按《电业生产事故调查规程》的要求，组织力量，查清发生事故的原因，采取针对性强的反措，周密预防事故，特别是防止特重大事故的重复发生。安全生产法在"法律责任"一章中，对"玩忽职守"等原因造成生产安全事故者，要根据情节追究"重大事故责任罪、重大劳动安全事故罪或其他罪名"。因此，车间一级要承担起防止重伤和事故重复发生的责任。

（5）车间一级安全职责的落实情况要定期向厂一级汇报并接受审评车间一级每季度

或每半年要向厂（局、公司）报告安全工作业绩；

厂（局、公司）主管安全工作的领导要亲自阅看或认真组织审查，并在作出评价后进行奖罚，以督促车间一级进一步落实安全职责，这要成为一项制度化的工作。

3.厂（局、公司）一级的安全控制责任和目标是控制重伤和事故，不发生人身死亡、重大设备损坏和一般电网事故。

（1）厂一级要带头依法行事

为了实现本单位的安全生产目标，厂一级领导要认真执行《劳动法》《安全生产法》《电力法》《职业病防治法》以及国务院和国家电力公司关于安全生产工作的规定和要求，做依法行事的模范。

（2）必须及时治理重大安全隐患

厂一级领导为了"控制重伤和事故，不发生死亡和重大事故"，必须及时地了解电力生产中的重大安全隐患并及时治理，任何拖延都是失职。

（3）要保证安全生产必备的资金

落实"两措"，实施"生产现场安全设施标准化"，采用安全技术，更换老旧设备，购买劳保用品等改善安全生产条件的必要资金，要得到合理的保证，列入领导者的安全职责。

（4）要执行好事故处理的"三不放过"

单位的安全生产第一责任人和主管安全工作的领导，一定要执行好国电公司关于坚持事故处理"三不放过"的规定，并全力支持安监人员执法和依规监督，支持安监机构对安全生产有功人员的奖励和事故处理的意见和建议。绝不可为了所谓的"影响创一流""评先进"，作出"统一口径"隐瞒事故的错误举动。

（5）把好重大生产任务的安全关

避免人身死亡事故重复发生，厂（局、公司）一级负有很大责任。

除加强培训和教育，提高员工的技能和安全意识外，重大的电力生产项目，包括老旧设备的更换、成熟技术的应用、重大隐患的治理决策以及重大生产任务的执行，都是落实领导者控制责任的具体体现。厂一级领导一定要用足安全工作的领导权、决策权、指挥权和审批权。

（6）加强对厂一级安全职责的监督检查

由省级公司按《安全生产工作奖惩规定》中的奖励和惩罚标准，对厂一级领导实现安全生产目标的业绩进行考核，或奖或罚。为了推动厂一级领导更好地落实安全职责，奖励或处罚都要及时，要注意时效性。

"三级控制"中每一级的目标和控制责任是不同的，因而，具体的控制工作内容也是不同的，但对电力安全生产工作尽心尽力、责任到位的要求是相同的，而且上一级要对下一级进行指导、监督和帮助，这个要求也是十分明确的。各省级电力公司，每个厂、局、施工单位和调度单位在做好商业化运营工作的同时，应严格按制度化管理的要求，履行好各级、各岗位的安全职责，努力做好本级的安全控制工作。

三、落实安全生产责任制要解决的几个问题

（一）要达成"为一线服务"的共识

从设计到运行，有许多环节，牵涉许多单位和部门，有许多工作要做，如各单位要落实安全生产责任制，履行岗位安全职责；党政工团齐抓共管，"两个体系"有效运作等，所有这些都是为电力生产和建设的一线工人的安全服务的，为实现连续、稳定和安全可靠发供电服务的。只有每个部门的负责人及管理人员，在本职工作中想到一线工人的需要，想到安全生产的需要，才能制定好并履行好部门、岗位的安全职责，并按职责要求做好相应的控制工作。只有在本职范围内尽心尽力地为安全生产、安全发供电的需要去服务，履行安全职责才算到位。有了上述认识，劳动保护用品，安全工器具，"心肺复苏"急救箱以及各类在线监测装置，红外热电视，防误闭锁装置等设备的正常购置、投入运行及更换等问题才能解决好。

（二）抓安全工作必须过问效果

在做出安全工作决策和布置任务后，紧跟着必须抓检查，实行动态安全工作管理，论功行赏，总结经验，制订新一轮更高水平的安全工作方案。

（三）要正确处理阶段性和连续性安全工作的关系

要处理好阶段性安全工作和连续性安全工作的相互关系。阶段性的安全工作包括安全大检查、安全性评价、安全设施标准化、某设备的安全技术改造、大、小修中的安全工作等，这些阶段性的安全工作要集中一定的人力、花一段时间去做，并且必须认真、保质、保量按"标准"做好，以收到应有的效果。但连续性的、每时每刻都要做好的"三级控制"工作，各级领导也必须足够重视。如果不能充分地发挥三级控制的作用，不履行各级的控制责任，则隐患就不能及时发现和消除，异常、障碍就会随时变成事故甚至重复发生事故。从某种意义上讲，认真抓好贯穿于阶段性安全工作中的连续性的"三级控制"工作，每时每刻落实好"三级控制"中每一级的控制责任，才是保证安全生产的关键。

第三节 两票三制管理制度

在一个成熟的企业中，安全是企业管理的核心，而"两票三制"则是企业保障安全的中枢系统，它不仅包含着企业对安全生产科学管理的使命感，同时还包含着员工对安全生产居安思危的责任感。没有了"两票三制"，企业的安全难以保障，员工的生命得不到保障，企业的效益更是无从谈起。据相关数据统计，在电力行业中，80%的事故都是因违反安全操作规程造成的，而在这80%的事故中均能够在执行"两票三制"的过程中找到原因。

制定两票三制的目的是保障电力系统和电气工作人员的人身和设备安全，其中"两票"分别为工作票和操作票，"三制"为交接班制、巡回检查制、设备定期试验轮换制。

一、两票的内容及重要性

工作票：规定现场作业所必须遵循的组织措施、技术措施及相关的工作程序、工作要求，是用于指导现场安全作业的文本依据。

操作票：进行电气操作的书面依据。

（一）三不、四严格

1.工作人员做到不走错间隔、不随意扩大工作范围、不擅自解锁；

2.严格遵循工作票、操作票制度，严格执行工作许可制度，严格执行工作监护制，严格执行工作间断、转移还让终结制度。

（二）四清楚、四到位

1.现场作业保证任务清楚、危险点清楚、作业程序清楚、预防措施清楚。

2.人员到位、措施到位、执行到位、监督到位。

二、三制内容及重要性

三制一般用于水电站、火力发电厂、变电站工作的制度，《电力安全工作规程》热力和机械部分也有此内容的规定。

（一）交接班

交接班由值班负责人组织，双方值班员列队在模拟图板前交接，接班在前，交班在后。交班值班负责人手持值班记录簿，高声汇报值班情况，要内容齐全、交接清楚；接班人员要精力集中，认真听取交班汇报，做到运动情况清楚、现场检查正常，双方负责人签字为交接完毕。交班前值班负责人应按照"交班责任书"项目要求，逐项检查落实，应交代的事项写在值班记录簿中。

交班必须做到"五清、四交班"。五清即讲清、看清、问清、查清、点清；四交班即站队交班、图板交班、现场交班、实物交班。

交接班的主要项目如下：

1.前两值的工作情况、当前变电所的运行方式、系统异常运行及事故处理情况、模拟图版的变动情况。

2.各项操作任务的执行情况、包括已执行操作票、待执行操作、空白操作票。

3.设备没停变更，保护方式或定值变动情况。

4.执行中的工作票情况、待执行的工作票情况，现场安全措施、接地线的数量和地点。

5.设备检修情况、缺陷情况、信号异常等。

6.各种记录簿、资料、图纸的收存保管情况。

7.上级命令或通知。

8.各种安全用具、钥匙及有关材料工具等。

9.下一值应做的工作和注意事项。

交接班的几项规定：

1.履行交接班手续后，方可交接班。

2.事故处理或执行倒闸操作时，禁止交接班。

3.接班人员不齐不交接班。

4.交接班小结内容不全、不清楚不交接班。

5.不到现场进行交接，不接班。

6.特殊情况，应向上级请示。

7.交接后值班负责人立即召开收工会，认真总结工作，人员撤离变电站。

接班后负责人立即召开开工会，内容为：

1.安排当班的工作，针对当班的实际工作情况，分析危险点，制订保障安全的措施。

2.各种学习的时间安排。

3.设备巡视检查人员的安排。

4.子计倒闸操作票的填写、审核、人员安排。

5.设备检修开工、验收等相关工作的安排。

6.定期维护工作的安排。

7.值班负责人每日十点前向调度员核对次日设备检修计划、校对时钟等工作。

8.站、队长传达上级有关文件及指示精神。

（二）设备的巡回检查制度

设备巡视检查制度是保证身边安全运行的一项重要工作，其巡查的质量是电气设备能否安全运行的依据，故运行值班人必须采用设备巡视卡并按巡视检查路线、规程规定项目及内容一次巡回检查、不得漏查、漏项。巡视检查应遵循的规定如下：

1.运行人员必须认真、按时巡视设备。对设备的异常状态要做及时发现，认真分析，正确处理、每次巡视工作结束，均应将巡视情况和结果向值班负责人或其他有关人员说明，将巡查结果做好记录并签名。

2.各级人员巡视高压设备时必须严格遵守《电业安全工作规程》的有关规定。

3.巡视变电站时，必须在变电站巡视记录本上登记出入时间，并记录设备有关运行数据，若发现设备有缺陷同时按《设备缺陷管理制度》有关规定执行。

巡视检查的基本方法：

1.巡视之前应预先考虑巡视内容，对规定的检查项目重点巡视。

2.必须灵活运用听觉、触觉、嗅觉等认真巡视和综合分析，还应该掌握设备的缺陷，对薄弱环节应重点巡视管理。

3.对二次设备可借助仪表、灯光信号、液晶显示综合分析手段；还得根据带电测量绝缘子的分布电压、电容绝缘的泄流、负荷及环境温度等分析设备运行状态。

4.变电站对继电保护及自动装置的投停，应每月全面巡视检查一次，其他变电站每季一次。重点为保护装置压板图的校对。

5.为有效地掌握各设备运行状态的变化，正常巡视必须按规定路线进行，但特巡可违反规定路线并根据规定侧重巡视检查，设备普查监督巡视时应按巡视监督卡的要求进行。

特殊巡视检查的规定：

1.过负荷设备每小时巡查一次、严重过负荷的设备应不间断地巡视。设备过负荷适应记录过负荷的时间、电流和温度。

2.发生故障的设备，抢修投运后，特巡一小时。

3.危及安全运行的重大设备缺陷，每隔半小时或一小时巡视一次。

4.新建、大修、改建后投运的设备，在有关规程规定的期限内进行特巡。

5.运行方式改变、继电保护定值更改及有关保护压板的没停切换等，除当值详细校对外，接班者必须做一次复核性校对检查。并将验收检查情况、验收检查人、验收检查时间及有关注意事项计入值班记录。

6.由各级领导提出重点设备巡视，值班员应按其要求执行。

7.设备修试专业人员、继电保护专业人员应按专业规定进行设备巡检。

（三）设备定期试验轮换制度

1.备用变压器与运行变压器应半年轮换运行一次。

2.母线上有多组无功补偿装置时，各组无功补偿装置的切投次数应尽量趋于平衡，以满足无功补偿装置的轮换运行要求。

3.因系统原因长期不投入运行的无功补偿装置，每季应在保证电压合格的情况下，投入运行一段时间，对设备状况进行试验。电容器应在负荷高峰时间段进行；电抗器应在负荷低谷时间段进行。

4.对变电站集中通风系统的备用风机与工作风机，应每季轮换运行一次。

"两票三制"包含着企业对安全生产科学管理的使命感，同时也包含着员工对安全生产居安思危的责任感，它是企业安全生产最根本的保障。在一个成熟的企业中，安全应该是重中之重，因为安全本身就是效益的理念，就是企业管理的核心，所以安全就是效益。

第七章　电力企业班组安全管理

第一节　班组安全管理细则

班组是落实安全生产中最基层的组织，只有抓好班组的安全管理，确保人身和设备的安全，才会有企业的安全生产。

1.班组安全管理重在"以人为本"

人、设备和环境是安全生产的三个重要因素，而人是这三者中最活跃、最重要的因素，是唯一能思维，并可改变其他两者的主体。人的安全素质直接关系着企业安全生产的管理水平，所以必须提高班组员工的安全意识，实现由"要我安全"到"我要安全"的转变，进而步入"我会安全"的境地。

2.坚持不懈地抓好班组反习惯性违章工作

许多事故都是由违章引起的，而班组又是习惯性违章的高发区。因此，要有效地预防事故发生，班组就必须结合工作实际认真分析本班组习惯性违章的表现及易发生习惯性违章的环节，并根据有关安全生产规程、制度制定出适合班组特点的预防习惯性违章的实施细则，使大家养成遵章守纪的良好习惯。同时，还要严格执行"两票"制度，坚决与违章、麻痹、不负责任的恶习做斗争。

3.班组长和安全员认真负责

班组长是班组的核心，负责组织班组的安全工作，是班组安全的第一责任人。在安排落实工作任务时，班组长要把安全理念贯穿于各项工作的始终，做到工作前有安全制度和组织措施，工作中有安全检查和违章纠正，工作后有安全总结和安全考评。

因此，班组长必须正确理解并严格执行上级管理部门的各项安全管理制度和安全措施，做到班组安全管理制度化、规范化，从本班人员和设备存在的具体问题中，找出关键环节，不断地调整班组安全生产工作的管理重点，及时消除存在的不安全因素。安全员是班组安全工作的直接责任者，要与时俱进，认真履行自己的安全责任。对安全管理要常抓不懈，对安全检查要认真及时，对违章行为要坚决制止、纠正。还要做好班组各种安全记录。如果一个班组有了注意安全工作的班长，再有了愿意负责的安全员，班员的安全生产意识就会增强，班组的违章和事故就会杜绝，班组的各项工作就能健康地开展并如期完成。

4.精心组织好班组安全活动

班组的安全活动是提高班组员工安全意识、安全水平的有效途径。组织安全活动必须做到四要：一要联系实际；二要目的明确；三要重点突出；四要精心组织。只有这样才能使安全活动收到事半功倍的效果。

（1）要开展好安全日活动。班长和安全员对安全日活动的内容、目的、方式要做到心中有数，早计划巧安排。班员要在活动中说看法、谈感受。要通过安全日活动找出本班组安全工作的不足，从而完善班组的安全工作制度。

（2）要坚持每天开好班前会和班后会。班前会要做到三查（查衣着、查安全用具、查精神状态）、三交（交任务、交技术、交安全）。班后会做好三评（评任务完成情况、评工作中的安全情况、评安全措施的执行情况），进行经验总结。

5.加强班组安全教育，实践班组安全文化

班组员工必须接受各种安全教育，定期参加安全知识考试，不合格者不能上岗。培养和提高员工的安全与文化素质，不是一朝一夕的事，需要在不断学习中，在浓厚的安全文化氛围的潜移默化中逐步形成。

班组应定期组织有关安全文化的专题讨论，让大家交流心得体会；应举办安全知识问答、每周安全知识一题等活动；在条件允许的情况下，还可以定期组织班组员工到其他兄弟班组进行安全文化交流。通过这些活动使班组员工进一步地认识安全文化在安全工作中的重要作用，激发大家加强安全文化建设和实践的自觉性。

6.岗位安全职责分明，作业安全措施落实

让每位班组员工熟悉各种安全规程，并把严格执行安全操作规程放在第一位。各项工作务必做到有章可循、有据可查、有人监督，同时也要让工作班成员在工作中认识到不能过分地依赖工作负责人，只有人人都能时刻保持头脑的冷静，才能防止事故的发生；认识到在生产与安全发生矛盾时，只有坚持"生产服从安全"的原则，把安全作为一切工作的前提条件，才能确保各项工作的顺利开展。

7.增强员工的主人翁责任感

每位班组员工都要回答三个问题：我是谁？我是干什么的？我怎么去干？从而明确自己的职责，增强自己的安全责任感，以主人翁精神，努力完成各项工作。工作中要做到先想后干，想清楚再干，想不清楚不干。

8.构建和谐、平安班组

要关心班组成员的工作、学习和生活情况，形成互帮互助、和睦相处的人际关系；要让每个人都积极参与班组的安全生产事务，共同营造班组的和谐氛围；要让每个人都能树立正确的安全观，养成遵章守纪的、好习惯，共同构筑牢固的安全屏障。平安既是一种期盼，也是一种责任，平安班组要靠大家一起努力构建。

9.让每位班员做快乐员工

现在电力企业班组员工的工作压力非常大。为了缓解这种压力，就要创造条件，让大家以积极、乐观的心态，快乐地干好本职工作，实现自己的人生价值，在不断进步的过程中感到自豪和快乐。有条件的班组可以每年组织员工到外地疗养，以释放压力。让每一个人都做快乐员工，让每一个人都能快乐地工作。

第二节　班组长的安全管理工作重点

一、班组与班组长安全管理工作的重要性

班组是企业的细胞，同时也是搞好安全生产的基础。因此，对安全生产来说，班组是一个至关重要的单元，是开展安全工作的主要对象。而在这一对象中，作为"兵头将尾"的班组长，所掌握的安全管理知识的多少，将对班组的安全工作好坏以及企业的安全生产产生直接影响。因此，作为班组长，必须加强安全管理知识的学习。

二、班组长的安全工作职责

安全管理工作必须紧紧围绕生产第一线来进行，才能够有效地控制事故，这也是企业实现安全生产的基础。这一重要的工作该由哪些部门具体负责进行呢？厂长要负责，安全技术部门要负责，各级部门都应负责，这是现代的全面安全管理所要求的。然而，最关键的管理部门应在班组，应有班组长进行具体的领导。班组长所具体的领导和职工的特殊地位，使其成为安全管理中的关键人物。由于他们参与安全管理，才能使安全管理紧紧围绕生产第一线，切切实实地解决问题。在安全管理工作中，班组长必须做好下列工作：

1.贯彻"安全第一，预防为主"的方针，坚持"管生产必须管安全"的原则，组织好安全生产。

贯彻执行企业和车间对安全生产的规定和要求，全面负责本班组（工段）的安全生产。作为班组长应积极开展多种形式的安全生产宣传，组织组员学习国家和上级有关的安全生产法规、指示和决定；宣传组员中涌现的遵章守纪、安全生产搞得好的先进人物；抵制各种违反安全生产的言论和行为；针对组内的各种思想状况，及时做好思想工作，使全组树立起"安全第一"的思想，认真落实班组安全生产责任制，对上级部门布置的工作，若不符合有关安全法规，则应按正常途径向有关部门汇报，加以抵制，确保安全生产方针不是

停留在口头上，而是落实在具体行动上，最终达到安全生产的目的。

2.组织组员学习安全操作技术，提高本人和全组成员的自我保护能力。

要搞好安全生产，职工的自身保护能力如何是一个很重要的问题，这个问题主要涉及两个方面：一是安全意识的强弱；二是本身的安全操作技术水平。

作为班组长来说，除本身应刻苦钻研安全操作技术外，还应组织组员学习，钻研安全操作技术。因为随着生产的现代化程度越来越高，对生产者的操作技术要求也越来越高，对安全工作也会提出更高新的要求。

安全操作技术是生产操作技能与各类安全操作规范、规程、制度的结合。班组长既要组织组员学习各种生产操作技能，更要组织他们学习各类安全操作规范、规程、制度。随着生产技术的不断发展，设备、生产工艺和技术等亦会不断变化，因此，还需要及时地制定、修改各类规章制度，以使其与生产的发展相适应。

3.认真落实班组安全生产责任制。

班组安全生产责任制是长期安全生产工作经验和教训的结晶，同时也是生产正常进行和职工安全健康的可靠保证。班组长要按安全生产责任制严格要求自己，起到表率作用。还要负责班组安全生产责任制的制定和完善，要督促组员执行安全生产责任制，检查班组执行安全生产责任制的情况作为自己的一项经常性工作。使班组做到事事有人负责，人人遵章守纪。

4.加强基础工作，积极推行标准化作业。

班组长应明确认识，紧密配合有关部门，参加标准化作业的制定和试行工作。要推行标准化作业，必须首先改变以往的习惯作业，"学"标准作业，"练"标准作业。班组长不但要带头"学"，带头"练"，还要充分地发动组员同"学"同"练"，共同贯彻执行。推行标准化作业活动必须严字当头，严格考核。实行按岗位定职责，按职责定标准，按标准进行考核。按考核结果计分，按分数计奖。班组长应积极配合有关部门做好考核工作。

5.组织并参加安全活动。

坚持班前讲安全、班中检查安全、班后总结安全。认真交接班，开好班前班后。一个班组的安全管理工作搞得好坏，班前班后会开得成功与否往往是一个标志。根据安全生产"五同时"的要求，班组长在计划、布置、检查、总结、评比生产的同时，必须计划、布置、检查、总结、评比安全。要达到这一要求，班组长首先要对每天的安全生产情况心中有数。

6.对新工人或调动岗位的工人进行安全教育。

新工人或调岗工人，由于对新工作环境、设备、生产工艺、安全操作技术等不熟悉，较易发生工伤事故，因此，对他们进行安全教育是十分重要的，不能掉以轻心。

7.参加事故分析，杜绝重复事故。

防止和消灭事故是安全生产的目的。班组长除了参加本班组的事故分析外，还应参加本车间同类型班组发生的事故的分析会，以汲取教训。

8.搞好班组安全活动日。

班长安全活动日是组员之间交流思想感情，长知识，统一认识，搞好班组团结的一个重要活动，班组长应充分认识这一点，认真搞好班组安全活动日，使之不致流于形式。

9.在生产过程中，发现有自己不能解决的不安全问题，应及时汇报。

班组长的一个重要职责，就是执法一制止违章违纪，冒险蛮干及不合职业道德的各种行为。然而，由于班组长的权力有限，对有些违反安全生产的事无法制止时，就应立即报告上一级领导，这也是班组长的职责。

10.搞好"安全生产月""安康杯"等各项活动，组织班组安全生产知识竞赛，表彰先进，总结经验。

11.负责班组建设，提高班组管理水平。保持生产作业现场整齐、清洁，实现文明生产。

三、班组长的工作方法

1.与安全员齐心协力组建安全网

班组长要很好地履行自己的安全管理职责，就必须与安全员齐心协力建立自己的"安全网"。建立健全、落实安全生产岗位责任制，是建立安全网首先要做到的工作。其次是把班组里的每一个人都发动起来，在本组工作的方面，从头至尾的全过程中，都始终坚持"安全第一"的方针，形成人人讲安全，个个不违章的好风气。

2.要关心每一个班组成员

班组长必须了解、关心、信任组员。班组成员的精神状况如何，将会直接影响到安全生产，而影响他们的精神状况的原因是很多的。班组长是否能及时地了解是哪一种原因影响了班组成员的精神状况，主要靠的是平时的工作，靠的是他对组员的了解程度及与组员关系的融洽程度。

3.要发挥每个组员的特长

班组长要注意了解组员，发挥每个组员特长，充分利用他们的长处来做好工作。班组长在分配工作时应尽量使搭档工作的人彼此满意，这样也可减少事故的发生概率。

4.要发扬民主，尊重组员，增加工作透明度

将问题交给群众，群策群力解决难题，是班组长必须掌握的一种民主的工作方法。除了这种工作上的民主外，在关于职工的荣誉、经济收益、工作安排、矛盾解决等方面，班组长都应尊重组员，发扬民主，广泛听取意见，使每个组员都切切实实地感到自己在这个班组里是占有一定地位的，感到这个组内的一切对自己来说是"透明"的。这样做的结果，

不但不会使班组长失去"权威"性；相反，会使他的指挥更具"权威"性。

四、提高班组长的安全生产管理能力

班组是企业最基层的生产组织，是企业实现安全生产的基础，是企业生产中的最小单元，是各项生产任务的直接完成者。因此，能否深入有效地开展班组安全建设，大幅度地降低企业的伤亡事故，实现企业安全生产的关键。只有将班组的安全工作扎扎实实、持之以恒地开展下去，才能预防、消除和减少各类事故的发生，才能确保企业生产经营正常有序的运行和稳定健康发展。现就如何提高班组长的安全生产管理能力和大家做一些交流。

1.班组长应具有的四种安全意识

（1）安全责任意识

安全责任意识就是要求每一位班组长具有强烈的安全责任，时刻具有保证组员安全生产的意识，对自己肩负的安全责任了然于胸。做到对自己负责、对他人负责，对公司财产安全负责。牢固树立"安全第一、预防为主、综合治理"的思想，确实把每一位组员看作是自己的亲人，利用自己的安全生产知识和技能，查找和解决会对他们造成伤害的危险隐患和危害因素，督促和检查每一位组员做好安全防护，确保他们的人身安全。

（2）安全超前意识

所谓安全超前意识是指班组长对班组安全工作要有预见性、敏感性、超前性。如果班组长没有这种超前意识，就抓不住安全工作的要害。班组长既要吃透有关安全的法律、法规的精神实质，弄清上级对安全工作的要求，把握安全工作方向；又要了解和掌握班组的安全状况，分析员工思想动态，注意情绪变化，对容易发生事故的岗位、工种心中有数。

（3）安全监督意识

安全监督意识就是要求班组长在工作期间时时刻刻关注安全。一要加强对周围环境和设备状况的安全监督，一旦发现隐患要及时处理，把事故消灭在萌芽状态之中；二要加强对员工上岗前安全防护准备工作的监督，发现忽视安全的现象及时制止；三要加强员工在生产过程中执行安全规章制度的监督；四要加强对重点人员、重点岗位的安全监督。

（4）安全总结意识

班组长抓好安全工作，一要总结成功的经验，找出成功的方法；二要总结失败的教训，找准失败的原因，认真做好事后安全总结。能更有效、快速地提高自己的安全管理能力。能够更科学地开展安全生产管理工作，正确指导今后的安全工作。

2.班组长应具备的五项基本素质

（1）思想素质要高

班组长的安全压力大，生产任务重，管理工作多，既操心又费力，工作最辛苦，如果没有较高的思想素质、高度的事业心和强烈的责任感，就很难做到敬业爱岗、乐于奉献，就很难完成班组管理的各项工作。

（2）业务技术素质要高

如果一个班组长没有较高的业务素质，不掌握安全操作规程、不熟悉生产过程、不精通业务技术，生产抓不住关键，很难想象能出色地完成班组生产任务。与此同时，班组长不仅要懂安全操作规程、抓生产，还要学会在保证安全生产的前提下，实现最少投入和最大产出，实现生产安全和生产效益的双赢。

（3）安全工作原则性要强

班组长作为班组的负责人，具有管理班组的各种权利，而要用好这个权利，就要坚持原则，不拿原则交易，严格按照安全规章制度办事，不徇私情，只有这样才能使班组成员养成自觉严格遵守各项制度的好习惯，好作风，从而减少安全隐患，降低安全风险。

（4）民主作风要好

班组的战斗力、凝聚力来自班组成员的气顺心齐、步调统一、团结一致。班组长的一个重要职能就是民主作风，班长要善解人意，善于团结班组成员，善于发现组员的智慧，乐于听取组员的好建议、好方法并调动班组员工的积极性，把分散的个人聚在一起，使之成为搞好安全工作的聚合力。

（5）善于开展思想工作

班组成员中由于年龄、文化、性格、能力等方面的差异，工作的表现也不尽相同这就要求班组长既要会管生产，又要善于做好组员的思想工作，把思想工作渗透到班组管理的各项工作中，化解职工之间的各种矛盾，调动职工积极性，把班组建成心安人安的优秀集体。

3.班组长具备的安全管理法律知识

（1）了解国家有关安全生产管理方面的规定和从事本职岗位工作所涉及的工艺，设备安全操作的国家标准和行业标准。如《安全生产违法行为行政处罚办法》《生产安全事故报告和调查处理条例》《企业职工伤亡事故分类标准》等规定和标准。

（2）熟悉国家的基本安全生产法律法规，如《安全生产法》《职业病防治法》《工伤保险条例》等国家的基本安全生产法律法规。

（3）掌握本集团、公司等系统内编制下发的各项安全管理制度，如公司编制的《安全生产责任制》《安全生产操作规程》《劳动用品发放管理制度》等安全管理制度。

4.班组长具备的安全管理方法

（1）要以岗位安全操作规程为重点抓安全教育。这是因为岗位安全操作规程十分具体、明确地规定了员工的安全作业规范，要求每一个组员不但要牢记，更应将其融入工作、指导工作。班组长要以此为目的持之以恒地抓好安全教育，针对班组的现状对症下药，克服组员的表现心态、散漫心态、侥幸心态、依赖心态、隐瞒心态，向上级部门提出要求，加大安全工作的投入，循序渐进，以达到彻底治理的目的，尤其对组员返岗与换岗的安全教育更应重视，力争做到人人遵章守法，时时处处注意安全。

（2）要在班前做好安全确认。班组长一定要顾大局，做好包括上岗人员的体力、精神状态、作业环境及事故隐患整改情况的确认，这是保证安全生产的前提条件。

（3）要有对危险因素的预知预防。班组长对班组中可能发生或导致危害安全的因索要有前瞻性和预见性。如进入有电、易燃、易爆区域等，要对组员作出明确的提醒并布置防范措施。要利用安全活动及开工前较短时间进行危险预测预防教育。此类教育是控制人为失误，提高组员安全意识和技术素质，落实安全操作规程和岗位责任制，进行岗位安全教育，真正实现"三不伤害"的重要手段。

班组安全工作的好坏，直接影响着企业的安全生产和经济效益，而班组安全建设的成效大小，取决于班组长对安全生产的认识程度及所具备的安全技术知识水平和实际的组织协调能力。班组长应立足本职工作，认真学习安全生产知识，不断地总结安全生产管理经验，为保证职工生命安全、企业财产安全，为我国的安全生产作出自己的贡献。

第三节　"5S"管理模式与班组安全管理

1.5S 的沿革

5S 起源于日本，是指在生产现场中对人员、机器、材料、方法等生产要素进行有效的管理，这是日本企业独特的一种管理办法。

1955 年，日本的 5S 的宣传口号为"安全始于整理，终于整理整顿"。当时只推行了前两个 S，其目的是确保作业空间和安全。后因生产和品质控制的需要而又逐步提出了 3S，也就是清扫、清洁、修养，从而使应用空间及适用范围进一步拓展，到了 1986 年，日本的 5S 的著作逐渐问世，从而对整个现场管理模式起到了冲击的作用，并由此掀起了 5S 的热潮。

2.5S 的发展

日本式企业将 5S 运动作为管理工作的基础，推行各种品质的管理手法，第二次世界大战后，产品品质得以迅速地提升，奠定了经济大国的地位，而在丰田公司的倡导推行下，5S 对于塑造企业的形象、降低成本、准时交货、安全生产、高度的标准化、创造令人心旷神怡的工作场所、现场改善等方面发挥了巨大的作用，逐渐被各国的管理界所认识。

随着世界经济的发展，5S 已经成为工厂"管理的一股新潮流。根据企业进一步发展的需要，有的公司在原来 5S 的基础上又增加了节约（Save）及安全（Safety）这两个要素，形成了"7S"；也有的企业加上习惯化（Shiukanka）、服务（Service）及坚持（Shikoku），形成了"10S"。但是万变不离其宗，所谓"7S""10S"都是从"5S"里衍生出来的。

3.5S 的含义

5S 是日文 SEIRI（整理）、SEITON（整顿）、SEISO（清扫）、SEIKETSU（清洁）、SHITSUKE（修养）这五个单词，因为五个单词前面发音都是"S"，所以统称为"5S"。

整理就是区分必需和非必需品，现场不放置非必需品，将混乱的状态收拾成井然有序的状态。5S 管理是为了改善企业的体质，整理也是为了改善企业的体质整顿就是能在 30 秒内找到要找的东西，将寻找必需品的时间减少为零。能迅速取出，能立即使用，处于能节约的状态。

清扫是指将岗位保持在无垃圾、无灰尘、干净整洁的状态。清扫的对象一般包括地板、天花板、墙壁、工具架、橱柜、机器、工具、测量用具等。

清洁的含义是将整理、整顿、清扫进行到底，并且制度化，管理公开化，透明化。

修养是指对于规定了的事，大家都要认真地遵守执行。

这是 5S 的基本含义，可是在实际推行的过程中，很多人却常常混淆了整理、整顿，清扫和清洁等概念，为了方便大家记忆，可以用下面几句顺口溜来描述：

整理：要与不要，一留一弃；

整顿：科学布局，取用快捷；

清扫：清除垃圾，美化环境；

清洁：洁净环境，贯彻到底；

修养：形成制度，养成习惯。

4.养成良好的 5S 管理的习惯

5S 活动不仅能改善生活环境，还可以提高生产效率，提升产品的品质、服务水准，将整理、整顿、清扫进行到底，并且给予制度化等等，这些都是为了减少浪费，提高工作效率，也是其他管理活动有效开展的基础。

在没有推行 5S 的工厂，每个岗位都有可能会出现各种各样不规范或不整洁的现象，如垃圾、油漆、铁锈等满地都是，零件、纸箱胡乱搁在地板上，人员、车辆都在狭窄的过道上穿插而行。经常会出现找不到自己要找的东西，浪费大量的时间的现象，甚至有时候会导致机器破损，如不对其进行有效的管理，即使是最先进的设备，也会很快地加入不良器械的行列而等待维修或报废。

员工在这样杂乱不洁而又无人管理的环境中工作，有可能是越干越没劲，要么得过且过，过一天算一天，要么就是另谋高就。

对于这样的工厂，如果不能从根本上进行管理，即使不断地引进很多先进优秀的管理方法，也不会有什么显著的效果，要想彻底改变这种状况就必须从简单实用的 5S 开始，从基础抓起。

5.5S 的功效

（1）减少浪费，提升利润

推动 5S 的可大大地减少浪费，人员、场地、场所、时间等各方面的浪费都减少了。

减少浪费就是降低成本，成本降低自然而然就增加了利润。

（2）提升员工的归属感

企业推动了整理、整顿、清扫、清洁，使每个员工的素质都提高了。修养提升了，他就会有尊严，他会认为待在这样的企业里，有一种优越感和成就感，必然对这个企业产生一种凝聚力。当企业出现问题，他会主动地指出问题并积极寻找问题的起因和解决办法。他还会主动、积极、自发、负责地为本企业的不断发展壮大付出自己的全部心血和精力。爱他的岗位就像爱他自己一样，他会献出他的爱心，会安心地在这个企业工作，提升了员工的归属感。

（3）安全有保障

企业在推动5S的过程中，通过整理、整顿、清扫、清洁与修养的提升，这个企业的浪费、缺陷为零，效率提高了，它的安全自然相应地也有保障。工作场所还非常宽敞、明亮，通道畅通，安全就会有保障。

（4）效率提升

一个好的工作环境，是每个员工都主动、自发地，把需要的东西留下，不需要的东西都丢掉，或者说，把它存放起来，通过整顿，每样东西都摆得井井有条，通道畅通，创造一个良好的工作环境。

一个人在良好的工作环境中工作，自然就能相应地提升工作情绪。提升了工作情绪，再加上有好的工作环境、工作气氛，有了高素质并有修养的伙伴，彼此之间的团队精神和士气自然也能相应地得到提高了，物品摆放有序了，而且拿东西不用找来找去，时间不会丝毫的浪费，所以效率必然也就提升了。

（5）品质有保障

通过这些好的工作环境、气氛，不断地养成一种习惯，这样就能使产品的品质有了保证的基础。有5S做基础，通过整理、整顿、清扫、清洁、修养，企业必然能很快地茁壮成长。而在茁壮成长的过程中，企业会去通过ISO、全面质量、全面品质等这几方面的管理，甚至是及时地管理，企业产生的效能、形象都会提升，而浪费大为减少，安全会有保证，员工的归属和生产效率自然就会提升，产品的品质就会有保障。

一个企业，只有全面地推行5S管理，才能取得显著的成效并提高企业的经营管理水平。5S的整顿、整理、清扫、清洁、修养，这五者并不是相互对立，互不相关的，它们之间是一种相辅相成，互为作用的关系，因而，这五个要素缺一不可。

第八章　电力安全教育与事故管理

第一节　电力企业安全教育制度

一、安全教育的重要性

安全生产教育是安全生产管理的基本要求。离开了安全教育的安全管理就像一座没有打好根基的房子一样不牢靠。

作为安全管理工作的基础，安全教育主要包括：安全思想的宣传教育；安全技术知识的宣传教育；工业卫生技术知识的宣传教育；安全管理知识的宣传教育；安全生产经验教训的宣传教育等。既有针对安全的技术知识的教育，也有安全思想和法律，法规的宣传教育，涉及内容非常广泛。

随着现代科学技术的进步和新技术、新材料、新设备、新工艺的不断推广和使用，安全教育在各行各业的安全生产中的重要性就显得更加突出了。其重要性主要表现在如下几方面：

（一）安全教育是掌握各种安全知识、避免职业危害的主要途径

只有通过安全教育才能使企业经营者和员工明白：只有真正做到"安全第一，预防为主"，真正掌握基本的职业安全健康知识，遵章守纪，才能确保员工的安全与健康，对避免安全事故的发生有积极的作用。

（二）安全教育是企业发展经济的需要

在现代生产条件下，生产的发展带来了新的安全问题，这就要求相应的安全技术同时应满足生产和安全的需要，而安全技术及相应知识的普及则必须要进行安全教育。

（三）安全教育是适应企业人员结构变化的需要

随着企业用工制度的改革，企业员工的构成日趋多样化、年轻化。合同工、临时工、

农民工并存，特别是临时工和农民工文化素质较低，缺乏必要的安全知识，安全意识淡薄，冒险蛮干现象严重；青年人思维方式、人生观、价值观等与老一辈员工有较大差异，他们思想活跃，兴趣广泛且不稳定，自我保护意识和应变能力较差，技术素质和安全素质有所下降。因此，在企业加强安全教育是一项长期而繁重的工作。

（四）安全教育是搞好安全管理的基础性工作

安全教育是其他五大基础性工作的基础和先决条件。因此，安全教育是安全管理工作的主要内容和基础性工作。

（五）安全教育是发展、弘扬企业安全文化的需要

安全管理主要是人的管理，人的管理的最好方法是运用安全文化的潜移默化的影响。要使安全文化成为员工安全生产的思维框架、价值体系和行为准则，使人们在自觉自律中舒畅地按正确的方式行事，规范人们在生产中的安全行为。安全文化的发展主要依靠宣传教育。

（六）安全教育是安全生产向广度和深度发展的需要

安全教育是一项社会化、群众性的工作，仅靠安技部门单一的培训、教育是远远不够的，必须多层次、多形式，利用各种新闻媒体、多种宣传工具和教育手段，进一步的加大安全生产的宣传教育力度，提高安全文化水平，强化安全意识。

二、电力企业安全教育

随着电力企业竞争环境日趋激烈，电力企业安全生产形势愈加严峻。企业职工的安全素质直接决定工作安全和质量，是安全生产的基础。电力企业安全教育是提高职工全员安全意识和安全素质的有效方法，为实现电力安全生产及职工掌握安全生产规律、提高安全防范意识能力提供必要的思想和知识保障。因此，它已成为当前电力企业安全管理工作最重要的课题之一。

电力工程的建设是关系到国计民生的大事，安全生产非常重要；同时，电力工程建设与其他工程建设比较又有其自身的特点和专业性。

（一）电力企业的特点与专业

1.电力工程的建设投资一般较为庞大，建设工期长，涉及的工序多，从"三通一平"到最后的正式投产，工序的繁多是令人难以想象的，而当中的任何一道工序都有发生安全事故的可能。随着科学的进步和国民经济的发展，电力工程的建设投资呈现越来越庞大的趋势。

安全生产工作也更加重要。如何有效地避免安全事故的发生，安全宣传教育自然是基础和前提了。

2.电力工程建设是一项专业性非常强的工程建设。前面已经提到电力工程建设的工序繁多，土建工程、电气安装工程、水工工程、设备调试工程等许多专业都要用到。很多专业的关联性不是很大，有的甚至根本沾边。而要把这些专业标合在一起，安全管理的难度是相当大的。在肇庆换流站的工程建设中，曾经发生过这样一件事。

由于电容器厂的电容器质量不过关，在安装充电后发生了爆炸，电容器拆卸后放在地面上，出于好奇，土建工人也去看看爆炸后是什么样子。其中，有一个工人禁不住正要动手去摸，被现场管理人员及时制止才避免了事故的发生。原来电容器虽然已经拆卸了，但里面仍带有余电，需要一定时间释放完成。这就是典型的由于不同的专业有不同的安全要求。如果安全管理不到位就会发生安全事故的例子。像这样的例子在电力工程建设中是非常多的。如何避免这类安全事故的发生？

显然，在参建工人中加强必要的安全教育和电力工程建设安全常识教育是有效避免这类事故发生的非常重要的手段。并能达到事倍功半的效果。

3.电力工程一旦发生安全事故，将会发生严重的后果。电力工程关系到国计民生，一个小的失误和事故，就有可能造成很大的损失，甚至危及整个电网的安全。最近发生的美国大停电事故，莫斯科大停电事故，都是由小的安全事故而造成。造成的损失之大是可想而知的。所以，电力行业对供电的安全性的重视程度非常高，任何一项操作都要考虑是否安全可靠。

"三票两制"就是典型的例子。电力工程建设也同样如此，尤其在设备调试阶段，在调试之前，一定要对参与设备调试的人员进行培训就是这个道理。一旦在调试中出现一个误操作，不仅影响到安装设备的安全，甚至危及与之相连的电网安全。所以在调试之前，反复要求调试人员熟悉调试手册，也就是安全教育中的技能和技术教育。只有先熟悉调试程序，才能进行正确的调试，也才能避免调试中发生安全事故。

这就需要我们加强安全教育和技能培训。为了确保电力工程建设的安全，在工程建设的各个阶段都需要进行包括管理人员在内的安全教育和技能培训；否则，很难管理好工程建设的安全工作，避免工程事故的发生。

4.电力工程建设同其他工程建设一样存在着合同工、临时工、农民工并存局面。尤其是"三通一平"工程和土建工程阶段更加突出。这些工种的存在无形中就降低了企业的安全素质，而提高他们的安全素质的最主要手段是对他们进行频繁的安全教育和技术培训。使他们从思想上重视安全；从技术上掌握安全操作规程；从行动上自觉遵守安全规章制度。

只有这样才能为电力工程建设提供良好的人员素质保证，才能在工程建设中更好地加强安全管理。为电力工程建设的安全奠定坚实的基础。

5.电力企业的企业文化要求要对职工加强安全教育，电力企业一般是大型国有企业，非常注重企业的文化建设；同时，电力行业性质决定了提高供电质量的首要任务就是要避免发生安全事故影响正常的供电。从这两点来说，安全教育对电力企业的重要程度就可想而知了。

（二）目前电力企业安全教育常见的一些问题

1.少数员工安全素质不高，思想认识不够。主要是安全意识和安全技能方面存在一定薄弱环节，缺乏经常性安全思想教育，对安全生产重视不够，安全危害评估不足，凭着侥幸的心理处理故障和设备缺陷，存在习惯性违章；对生产安全事故分析不够彻底，不够认真，没有从事故本身所带来的严重后果中及时总结和吸取教训。

2.少数员工对安全生产有关规程、法律、法规认识不够，学习不够深入。目前，各电力企业大都制定了一系列安全生产制度，明确了安全生产职责，但个别单位对安全生产责任落实不到位，只停留在开会讲话，一般原则性的动员和要求水平上。对于生产工作，没有深入地开展调查研究，较少分析安全生产工作存在的主要问题，制定相应的整改措施；对一些事故通报内容不详，语言含糊，没有把事故的直接原因、根源、事故责任及需要吸取的教训等介绍清楚；在转发事故通报时一转了之，不认真分析原因，提出整改防范措施；专业人员对电力安全生产没有真正做到心中有数，没有熟练掌握必要的规程制度，不能很好地指导班组的工作；班组学习安全文件、安全条例等形如流水作业，对于每年的安全规程考试多偏重于书面形式化；班组安全活动和培训内容的有关记录，没有具体地落实和执行，仅仅是为了应付上级部门检查而写记录，结果是习惯性违章屡禁不止。

3.少数电力企业安全生产教育部门对员工的安全技术教育做得不具体，缺乏长期有效的教育计划。对生产技术、一般安全技术的教育和专业安全技术的训练缺乏针对性。一些企业的安全教育基本是以文件等形式命令所属部门组织统一学习，没有针对所在班组的工作性质、危险地点和设备安全防护制订切实可行的教育计划。

4.少数电力企业安全生产教育管理机构对安全教育的施教缺乏灵活性、多样性，如企业、车间、班组的"三级教育"、特种工作的"特殊工种教育"及企业全体员工"经常性的安全宣传教育"等，缺乏巩固员工安全意识的多样化教育方式。在安全管理上，我们一般采用的是长期沿袭下来的约束手段，即通过一系列的规章制度、条例和安全生产责任制等来规范限制人的行为，强制而生硬，这样做的结果是长期地压制和沉默，让人口服心不服。况且很多规章制度本身存在不完善、不健全漏洞，只强调"要我安全"的权威性，不可避免地造成一种不和谐的负面影响，很大程度上降低了员工的工作积极性。

（三）加强电力企业安全教育的对策及建议

1.建立以人为本、合理、高效的安全教育培训系统

坚持以人为本是创建安全教育培训系统的前提。树立以人为本，促进社会和人的全面发展，安全教育管理首先要求充分地发挥每个人的主观能动性，使员工自身的潜能得到充分发挥。我们都知道，安全教育的根本目的是人的安全。因而，在安全教育管理过程中，要始终坚持以人为本的原则，以实现人的价值、保护人的生命安全与健康为宗旨。安全教育的作用是让"要我安全"转变为"我要安全"，使"我要安全"的意识深入到每个人心中，充分体现"我要安全"的自觉性、主动性，逐步使每个人时时处处事事都把安全记在心上，落实在行动上，做到人人都能"自主管理""不伤害别人""不伤害自己""不被别人伤害"。在社会和企业内创造一种"安全第一"的思想氛围，形成一个互相监督、互相制约、互相指导的安全教育管理体系。

只有建立了与企业相适应的安全教育培训系统，才能够实现企业的安全教育目的，确保安全教育的有效运行，制订出安全教育目标加以具体计划实施，根据不同部门不同班组的特点落实计划，并在安全机构管理人员的检查督促下，定期对教育计划进行考察和评估，然后反馈给各部门，要求制订出整改计划，加以落实执行，再依据安全教育培训系统实行再循环的安全教育。

2.安全教育的对象

在安全教育管理过程中，教育对象是人为因素。其涵盖的范围较为广泛，一般应包括以下几点：一是对企业各级领导的安全教育，尤其是新任领导干部必须进行岗前安全学习；二是班组长的安全教育，因为班组长是生产第一线最直接的组织者和管理者，其安全素质的高低直接影响班组工作安全和质量；三是新入厂人员（包括企业参观人员、外包队伍及本厂新员工）的安全教育，他们对厂规厂纪、生产现场、危险源点及不安全因素极不熟悉，易触发不安全因素，继而转化为事故；四是调岗、复工人员及"节后收心"的安全教育；五是在采用新工艺、新材料、新设备、新产品等"五新"前，因员工对作业的危险因素预知能力低，缺乏经验则易发生事故，因此，应进行新操作方法和新工作岗位的上岗安全教育；六是特种作业安全教育，执行《特种作业人员安全技术考核管理规则》，严格持证上岗；七是安全继续再教育，随着科技更新、时间及环境的变化，学习安全管理知识，借鉴安全先进经验和现代安全管理技术，促使安全管理工作上台阶。

3.安全教育的时间

安全教育时间的选择是否恰当直接影响教育效果具，因此在教育时间上我们应慎重选择，一般在以下几种情形下应进行教育：岗前、发生事故、未遂事故后现场、"五新"投用前、检查发现有不安全因素时的安全教育，以及强化每月安全生产例会、每周安全日活

动、两级安委会会议、每日早晚例会、定期班组活动等；另外，安全教育时间的长短也是影响教育效果的因素之一，如进行三级安全教育时，新员工厂级、车间、班组级安全培训教育时间各不少于24学时等。

4.安全教育的内容

安全教育应包括劳动安全卫生法律、法规，安全技术、劳动卫生和安全文化的知识、技能及本企业、本班组和一些岗位的危险危害因素、安全注意事项，本岗位安全生产职责，典型事故案例及事故抢救与应急处理措施等项内容。安全教育的内容可概括为安全态度教育、安全知识教育和安全技能培训四个方面。

（1）安全态度教育

安全态度教育主要包括思想政治方面的教育和具体的安全态度教育两方面内容。思想政治教育，包括劳动保护方针政策教育和法纪教育。通过劳动保护方针政策的教育，使员工对安全生产意义提高认识，深刻理解生产与安全的辩证关系，纠正各种错误认识和错误观点，从而提高员工安全生产的责任感和自觉性。法纪教育的内容包括安全生产法规、安全规章制度、劳动纪律等。通过法纪教育，使员工认识到自觉遵章守法，是确保安全生产的保障条件。具体的安全态度教育是一项经常的、细致的、耐心的教育工作，应该建立在对员工的安全心理学分析的基础上，有针对性地、联系实际地进行。如：要研究人的心理、个性特点，对个别容易出事的人要从心理上、个性上分析他的不安全行为产生的原因，有针对性地进行个别的教育和引导。

（2）安全知识教育

安全知识教育包括安全管理知识教育和安全技术知识教育。安全管理知识教育，包括劳动保护方针政策法规、组织结构、管理体制、基本安全管理方法等知识。安全管理知识教育主要针对领导和安全管理人员，目的是使之能够更好地做好安全管理工作。安全技术知识教育，包括基本的安全技术知识和专业安全技术知识。基本的安全技术知识是企业内所有员工都应该具有的。专业性的安全技术知识指进行各具体工种操作时所需要的专门安全技术知识。

（3）安全技能培训

仅有了安全技术知识，并不等于就能够安全地进行作业操作，还必须把安全技术知识变成安全操作的本领，才能取得预期的安全效果。有的新员工有安全操作的愿望，同时，学习了公司基本的安全技术知识，但在实际操作时却出现了事故，就是因为缺乏安全技能，力不从心的缘故。要实现从"知道"到"会做"的过程，就要借助于安全技能培训。安全技能培训包括正常作业的安全技能培训和异常情况的处理技能培训。进行安全技能培训应预先制定作业标准或异常情况时的处理标准（作业程序、作业方法等），有计划有步骤地进行培训。要掌握安全操作的技能，就是要多次重复同样的符合安全要求的动作，使员工形成条件反射。但要达到标准要求的程度，通过一两次集体知识讲授是无法实现的。

（4）事故与应急处理教育培训

在这里，之所以把事故与应急处理教育培训这方面的内容特别提出来强调，是因为在安全教育培训内容中，这方面的内容至关重要，但它恰恰在平常时为我们所疏忽，从而造成不少令人遗憾、无可挽回的后果。

①事故教育培训

典型事故案例涉及面广，对员工有极大地震撼力。前事不忘，后事之师。我们应从这些事故警示中及时吸取教训，引以为戒，避免今后重蹈覆局。

典型事故教育应包括以下内容：

A.把外单位事故当作本单位事故一样进行宣传教育。例如，把兄弟单位发生的触电伤亡事故、高空坠落事故、设备事故和交通事故等，作为班组安全活动的重要内容，组织员工深入学习，吸取教训。

B.把未遂事故当作真正的事故一样对待。对已发生的未遂事故，立即组织人员查原因、论危害，及时制定班组控制未遂与异常措施，对未遂事故所涉及的人和事，按规定认真处理。

C.把过去的事故当作现在的事故一样落实整改。召开事故回顾会，让当事人讲事故发生的经过、事故处理过程中的失误、事故造成的严重后果以及应吸取的教训。针对曾经发生的诸如触电伤亡事故、设备事故、送电事故、小动物事故等，以此为安全教育内容，制定工作危险点预控措施，开展灵活多样的班组活动。

②应急处理培训

为了提高突发事件应急处理效果，加强事故应急管理工作，一般我们因地制宜地采取模拟演练、实战演练、单项演练、组合演练以及面向班组基层等演练方式，认真开展各类突发事故应急预案演练活动，进一步检验各类应急预案的可操作性、实用性，验证应急保障能力的合格性，使员工在发生各类事故后能够熟练地掌握所应采取的措施及要领。与此同时，组织生产人员集中学习《事故案例汇编》《突发事件应急管理规定》等相关知识，全面提高员工的应急处理能力。在工厂，安监部门组织员工编制了台风、触电急救等20多个应急预案，并定期举行预案演练活动，起到较好的效果。

（5）安全教育的方法

安全教育的方法是否恰当也是影响教育效果的一大因素。生动活泼的安全教育形式能有效地提高员工的安全意识和安全技能，使安全教育免于枯燥说教，真正起到预期效果。结合事故案例进行教育，使人触目惊心、印象深刻；模拟性的安全训练能使人迅速牢固地掌握安全操作的技能；竞赛性质的教育方法能激励人进取，生动有趣。总之，要根据各个单位的实际情况，有所发展，有所创新，才能取得好的教育效果。

现在国内一些著名的电力企业如中国南方电网公司、国家电网公司、华电集团公司、华能电力等企业的企业文化都非常出名，也有各自的特色。而安全文化是其中的重要组成部分。他们通过发展、弘扬企业安全文化，通过常态化地对职工进行企业的安全理念和安全目标、安全技能、安全规章制度的教育。通过运用企业安全文化的潜移默化的影响，使安全文化自觉成为员工安全生产的思维框架、价值体系和行为准则，使他们自觉自律地遵守企业制定的各项安全纪律和安全规章制度，自觉地按正确的方式行事，形成独特的安全文化和企业文化，在社会上树立起良好的企业形象，提高企业的竞争力。三级安全教育是员工能否进入施工现场进行安全施工的前提，是工程进行有效安全管理的基础。只有有针对性地对员工进行三级安全教育和岗前培训，并通过严格的安全考试才能掌握员工的安全素质，制定相应的安全管理措施。同时，通过严格的考试合格准入制度组建一支安全素质相对较高的施工队伍是确保工程建设安全顺利的前提。

专职安全员是工程建设安全保证体系正常运行的实施者和执行者，安全员素质的高低和工作责任心的大小，对工程能否安全顺利建设有不可替代的作用。因此，加强专职安全员的安全教育十分必要。而安全员的教育主要是进行安全法规和政策的教育，最新安全知识和安全理念的教育、前沿安全成果的教育，让他们掌握最新的安全管理知识和管理方法，并通过他们的贯彻实施和宣传，使新的安全知识和安全理念能快速地在工程建设得到推广与应用。

由于电力工程建设不像其他产品的生产，有生产流水线，有固定操作规程，而是随着工程建设进展到不同的阶段，安全工作的重点和注意事项有所不同。

因此，在职工中，开展经常性安全就显得十分必要，通过开展经常性的安全教育活动适时地提醒他们警惕应该注意的安全事项，对于加强工程建设的安全管理，避免工程安全事故无疑是必要的。

总之，安全教育工作对于电力工程的建设安全是非常重要，是电力工程建设安全的前提和基础。离开了安全教育，无论是工程建设和职工个人的安全都不可能得到保障，企业也不可能在社会上树立良好形象，也不可能在市场中具有强大的竞争力。因此，重视和加强安全教育是十分必要的。我们要坚持不懈地抓各个环节的安全教育，不断地探索安全教育的新途径，不断地加强现代管理和安全保障的培训，其中包括理念、知识、实际操作等诸多方面的培训，在电力企业内部营造一种以人为本、"人人树立安全意识、人人掌握安全知识、人人取得安全考试的好成绩、人人学会使用消防器材、人人学会现场急救、人人都有自我保护的能力"的全员、全过程、全方位的安全管理氛围。

第二节　创新电力企业安全教育制度

电力安全教育为电力企业实现安全生产及电力职工掌握安全生产规律、提高安全防范意识和能力提供了必要的思想和知识保障，是电力企业安全生产管理不可或缺的重要组成部分。随着电力工业的发展，电力科技水平不断提高，时代赋予电力企业安全教育崭新的内涵；电力企业改革的不断深化，电力企业竞争环境日趋激烈，对电力企业安全生产提出更严峻的挑战。因此，电力企业安全教育机制创新，已成为当前电力企业安全管理工作最重要的议题之一。

一、电力企业安全教育机制现状

随着我国电力工业的不断完善和发展，我国电力企业已基本形成一套较为完善的教育体系，其中包括中层以上干部教育、班组长教育、新人厂人员的三级教育，采用"五新"的教育、员工教育、变换岗位教育、特种作业人员教育、复训教育和全员经常性教育等九种形式。逐步完善的安全教育机制为电力企业安全生产提供了有力保障。然而，安全教育自身也还存在许多不足。

（一）培训内容苍白，手段陈旧

大多数电力企业安全教育的内容和形式主要是针对法律、法规的宣传，相关电力法规和电力知识及技能的培训以及事故通报的学习。由于企业自身对教育内容的更新、传播手段更换与提高缺乏更大投入，导致安全教育效果不断下降。电力安全教育多年一贯制的形式、内容，造成施教者与学习人员的感觉迟钝，未能起到应有的教育和警示作用。

（二）资源不足导致变革难度加大

在电力企业内部，各级领导、工程技术人员、安监及教育人员成为企业安全教育的当然施教者，其中部分角色与相关生产任务的冲突，导致企业安全教育的表面化。企业内部安全教育智力资源的投入很难得到保障，一定程度上限制了企业安全教育工作的拓展空间。电力企业间安全教育经验交流与教育培训资源共享机制尚未形成，导致企业各自发展，低水平重复浪费资源的现象十分普遍，造成电力企业安全教育效能无法根本改善。

（三）激励约束不足

电力企业安全教育施教人员从事的安全教育工作具有阶段性的特点，同时，对教育工作者缺乏必要的激励与效果检测手段，导致安全教育未能形成系统性、针对性的有效特征，各种教育形式和手段不能形成相互交叉、相互促进的作用。

二、电力安全教育机制创新途径

（一）建立安全教育新模式

1.针对安全教育广泛性的特点，采取分层次教育方式。

根据不同岗位特征采用有针对性的安全教育手段及内容。对技术、管理人员通过传播安全教育新思路，宣传相关政策法规新动向，理顺安全生产与企业发展相互促进、相互提高的新思路；对一线生产职工以贴近工作实践的内容开展经常性的安全教育座谈活动，结合各时期安全动态与企业内部安全活动特点，开展相关专题安全讲座讨论，加强生产员工安全防范的意识和能力，同时，以浓烈的安全宣传氛围深入职工的生活和工作，构筑一个企业内部职工相互学习、相互促进的安全协作环境。

2.充分运用现代科技开展企业安全教育。

积极开发和传播多媒体安全教材，以生动逼真的形式加强安全教育效果。大力开发具有各种岗位、工种特点的计算机事故预想与处理仿真系统，开展事故演练培训，提高职工防范事故的能力。

3.建立健全安全教育架构。

合理实行企业内部资源配置，通过设立安全教育专职，开展安全教育题材策划与组织传播，明确企业内部各层次安全教育成员职责，建立相关安全教育激励与约束机制，促使安全教育走向规范化。

（二）拓展安全教育资源开发与共享

1.电力企业内部有计划、有步骤地采取专题教育培训及座谈形式，充分地利用各种事故通报开展安全教育，以有效缓解安全教育资源不足的矛盾；相对集中资源优势，开展安全教育课题的开发与应用推广，同时通过电力企业间安全教育资源的优势互补与有偿共享等协作途径，促进企业间的交流与合作，实现电力安全教育资源的开发与使用效能的最大化。

2.以区域性电力企业为主要服务对象，构筑产业化安全教育实体，有效缓解企业自身资源不足的矛盾。通过独立经济实体营造的区域内设施，包括各类仿真培训设备和基地，以及研究开发的各种新型培训教育内容，对区域内电力企业实行有偿服务，一方面避免了各电力企业研究与设施重复投入造成的浪费；另一方面通过专业化研究成果实施电力职工安全教育工作，也可收到更为显著的效果。

（三）构筑企业多层次安全教育人才体系

1.企业安全教育的人才结构应有利于企业策划和开展各项安全教育工作，并通过侧重继续教育，不断地提高相关人员在社会科学与管理科学方面的知识水平，促进企业安全教育工作不断创新发展。

2.生产第一线职工安全防范意识与能力的提高是企业安全教育工作的核心。为确保企业安全教育工作真正落到实处，必须在生产第一线职工中积极挖掘和培养安全教育人选，努力利用班组教育中的人缘和地缘优势，根据不同班组的生产作业特点，及时调整教育内容和形式，在生产第一线建设一个有效的安全教育阵地。

（四）确立安全教育激励与约束机制

1.建立有效激励与约束机制的基础，必须立足于对安全教育工作的综合测试与考核评价。测试与评价既要考虑安全教育的实际工作量，更需要根据职工接受安全教育的效果加以评判。建立企业安全教育资料库，汇总相关培训及教育资料，用于评判安全教育工作的成效。

2.实施企业全员安全教育考评，避免安全教育工作走过场。一方面要激发全体安全教育工作者积极创新，提高安全教育工作效能；另一方面要调动职工参与安全教育的热情，保障安全教育工作顺利开展。

3.推行岗位绩效奖励与岗位竞争机制，以市场机制促进企业安全教育工作水平的提高，扭转安全教育工作干好干坏一个样的不良局面，完善企业内部安全教育工作的激励与约束机制。

第三节　电力生产安全事故概述

电力生产事故是电力企业的灾害，就事故发生所造成的后果和波及的程度来说，会给家庭、社会乃至国家造成极大的损失和影响。时刻谨记事故给我们带来的教训，举一反三，落实事故的防范措施和采取有效的对策来控制事故，真正做到"预防为主"，以达到"保人身、保电网、保设备"的目的。

一、事故的分类

（一）电力生产事故三大类

1.电力生产人身伤亡事故

按国务院颁发的《企业职工伤亡事故报告和处理规定》及劳动部现行的有关规定，电力生产人身伤亡事故是指在电力生产中构成的人身死亡、重伤、轻伤事故，一般表现在电力生产过程中发生的触电、高空坠落、机械伤害、急性中毒、爆炸、火灾、建（构）筑物倒塌、交通肇事等。

2.电力生产设备事故

电力生产设备事故是指电力生产设备发生异常、故障或发生损坏而被迫停运，一定时间内造成对用户的少送（供）电，或少送（供）热，或者被迫中断送（供）电、送（供）热。对电力施工企业来说，发生施工机械的损坏或报废，同样属于电力生产设备事故。

3.电网瓦解事故

电网瓦解事故是指因各种原因造成系统非正常解列成几个独立的系统。

（二）根据事故的性质又可分为一般事故、重大事故、特大事故三种

1.特别重大事故（简称特大事故）

（1）人身伤亡一次达 50 人及以上者。

（2）事故造成直接经济损失 1000 万元及以上者。

（3）大面积停电造成下表 8-1 所列后果之一者。

表 8-1　电力系统减供负荷（重大事故）值

全网负荷	减供负荷
10000MW 及以上	30%
5000~10000MW 以下	40%或 3000MW
1000~5000MW 以下	50%或 2000MW
中央直辖市全市减供负荷 50%及以上，省会城市全市停电	

（4）其他性质特别严重事故，经电力工业部认定为特大事故者。

2.重大事故

（1）人身死亡事故一次达 3 人及以上，或人身伤亡事故一次死亡与重伤达 10 人以上者。

（2）大面积停电造成表 8-2 所列后果之一者。

表 8-2　电力系统减供负荷（特大事故）值

全网负荷	减供负荷
10000MW 及以上	10%
5000~10000MW 以下	25%或 1000MW
1000~5000MW 以下	20%或 750MW
1000MW 以下	40%或 200MW
中央直辖市全市减供负荷 30%及以上；省会或重要城市（名单由电管局、省电局确定）减供负荷 50%及以上	

（3）装机容量 200MW 及以上的发电厂或电网容量在 3000MW 以下、装机容量达 100MW 及以上的发电厂（包括电管局、省电力局自行指定的电厂），一次事故使两台及以上机组停止运行，并造成全厂对外停电。

（4）下列是变电所之一发生全所停电：

①电压等级为 330kV 及以上的变电所；

②枢纽变电所（名单由电管局、省电力局确定）；

③一次事故中有三个 220kV 变电所全所停电。

（5）发供电设备、施工机械严重损坏，直接经济损坏达 150 万元。

（6）25MW 及以上机组的锅炉、汽（水、燃气）轮机、发电机、调相机、水工设备和建筑，31.5MVA 及以上主变压器，220kV 及以上输电线路和断路器，主要施工机械严重损坏，30 天内不能修复或原设备修复后不能达到原来铭牌出力和安全水平。

（7）其他性质严重事故，经电管局、省电力局（或企业主管）认定为重大事故的。

3.一般事故

特大事故、重大事故以外的事故，均属于一般事故。一般事故按电力企业的性质可分为发电事故、供电事故、基建事故和电网事故四大类。按直接经济损失分为：生产（基建）设备或机械损坏等造成直接经济损失达 5 万元—150 万元的；生产用油、酸、碱、树脂等泄漏，生产车辆和运输工具损坏等造成直接经济损失达 2 万元的；生产区域失火，直接经济损失超过 1 万元的等。

二、事故调查的组织

事故就其发生的概率来看，除偶发性外，都有其发生的规律。只有真正把事故发生的原因调查和分析清楚，研究和掌握事故发生的规律，并通过对事故的信息反馈作用，才能为开展防事故应急，积极预防事故，促进电力生产全过程安全管理提供科学的依据。一旦发生事故后，应立即按照事故的性质、事故发生单位的隶属关系和电力部《电业生产事故调查规程》（简称《调规》）的规定，成立事故调查组织进行调查分析。它是"三不放过"的组织保证，亦是一项积极、严肃的组织管理工作。

1.特大事故的调查按照国务院 1989 年第 34 号令《特别重大事故调查程序暂行规定》，由省、自治区、直辖市人民政府或者电力部组织成立特大事故调查组，负责事故的调查工作。

2.重大人身伤亡事故的调查，按照国务院 1991 年第 75 号令（《企业职工伤亡事故报告和处理规定》）的规定由主管电局、省电力局（或企业主管单位）会同同级劳动部门、公安部门、监察部门、工会组成事故调查组，负责对事故的调查工作。

3.重大设备事故的调查一般由发生事故的单位组织调查组进行调查。对特别严重的事故或涉及两个及以上发供电单位、施工单位的重大设备事故，主管电管局、省电力局（或企业主管单位）的领导人应亲自或授权有关部门组织事故的调查工作。

4.人身死亡事故和重伤事故的调查按照国务院 1991 年第 75 号令的规定，死亡事故由企业主管部门会同企业所在地设区的市（或相当于设区的市一级）劳动部门、公安部门、工会组成调在组进行事故的调查工作。调查组包括安监部门、生技（基建）部门、劳资、工会、监察等有关专业部门，调查组还应邀请地方人民检察机关派员参加事故调查，由企业主管部门的领导人组成。重伤事故由企业领导检察等有关人员参加事故的调查工作。

5.一般设备事故的调查由发生事故的单位领导组织调查，安监、生技（基建）部门和有关车间（工地、工区、分场）领导以及专业人员参加。对只涉及一个车间（工区、工地、分场）且情节比较简单的一般设备事故，也可以指定发生事故的车间（工区、工地、分场）领导组织调查。对性质严重和涉及两个及以上的发供电单位、施工单位的一般设备事故，上级主管单位应派人参加调查或组织调查。

6.一般电力系统事故根据事故涉及的范围，分别由主管该电力系统的电管局、省电力局或供电局的领导组织调查，安监部门、调度部门、生技（基建）部门和有关发供电单位的领导和专业人员参加。

7.配电事故由事故发生部门的领导组织调查，必要时安监人员和有关专业人员参加。对性质严重的配电事故，供电局领导应亲自组织调查。

8.轻伤事故的调查由事故发生部门的领导组织有关人员进行调查。性质严重时，安监、生技（基建）、劳资等有关人员以及工会成员应参加调查。

9.一类障碍的调查由一类障碍车间（工区、工地、分场）的领导组织调查。必要时，上级安监人员和有关专业人员参加调查。性质严重的，发供电单位、施工单位的领导应亲自参加调查。

10.二类障碍、异常、未遂事故的调查一般由发生班组的班组长负责调查。对性质较为严重的，可由车间（工区、工地、分场）领导组织调查。

三、事故的调查

查清事故原因是采取防事故对策、落实防范措施、分清和落实事故责任的关键工作。一定要严肃认真、科学谨慎，切忌敷衍了事或掩盖事故真相，大事化小、小事化了，致使同类事故得不到真正的控制和预防，在这方面，我们曾有过许多沉痛的教训，根据《调规》的要求和有关专家的经验，事故的调查一般应做好以下工作。

（一）调查掌握事故现场的第一手材料

为了掌握真实的第一手材料，按部《调规》规定，发生事故的单位首先要保护好事故的现场，若因抢险或抢救伤员需要，事故单位要组织好录像、拍照、设置标记、绘制草图、划定警戒线等工作，只有经过安监部门的确认和企业主要领导人的许可后方可变动现场。

（二）调查收集事故现场的实况及设备损坏的情况

事故调查组成立后，一般应收集以下资料：

1.事故现场和设备损坏的情况；

2.损坏设备的零部件和残留物在现场分布的情况及尺寸图；

3.各种自动记录或事故前 CRT 画面的拷贝；

4.各种电气工关、热力设备系统的位置，阀门和挡板状态；

5.故障设备、破口碎片和管道、导线的断面的断口；

6.人身事故还应调查事故现场环境、气象和人员的防护等。

（三）调查收集事故发生的"黑匣子"

原始记录及有关参数的情况一般应收集以下资料：

1.SOE 记录；

2.故障录波器动作记录；

3.继电保护动作记录；

4.自动装置动作记录；

5.运行记录簿；

6.运行参数记录表；

7.事故发生前的有关工作票、操作票。

（四）调查收集事故当时现场人员活动情况的材料

事故的发生往往和现场人员的行为、动作有密切的关系，弄清楚当时人员的位置和动作情况对事故调查极为重要。

首先要了解当时有几个人在场？各人所站的位置在哪里？什么时间在做什么动作？这些情况事故之后或当值人员下班前，由安监部门负责组织有关人员立即各自写出书面材料。要求把事故当时所听到、看到的、自己在什么位置、在做什么动作或在进行什么工作如产地写出来，并当场交给安监人员。任何人不得拒绝，也不得拖延时间，以确保情况的真实性。

在做这项工作时，要特别注意防止事故过后一段时间才找当时人写材料，这样的材料一般真实性较差，会给事故的调查和分析带来许多困难，或被假象所迷惑，使事故的真正原因无法调配、分析出来。

四、事故原因的分析

事故原因分析是在事故调查基础上进行的一项十分重要的工作。只有在事故调查掌握真实的全部材料后，通过调查组成员的技术论证、科学计算、模拟试验等，才能找出事故发生的真正原因。事故原因的分析一般应做好以下工作。

（一）综合分析

根据继电保护或热工保护的动作情况、各种自动记录、事故发生时的 CRT 画面拷贝曲线、SOE 或故障录波图，结合运行人员的事故记录，列出一张以秒级为单位的事故发生与发展过程的时间表，再根据各运行岗位人员书面写出的事故经过材料及当事人活动情况，对照运行参数和记录进行仔细的核对分析，取其共同合理点写出一张比较确切、真实的时序表。以分析中的矛盾作为问题，列出调查提纲，并做进一步调查和分析，即可写出事故发生、发展的经过。

（二）查证

查阅有关图纸、资料和有关规程规范，分析掌握材料中的有关参数和曲线，揭示事故发生的起因。在事故调查的基础上，事故分析一般应查阅以下有关图纸、资料、规程和规章制度。

1.与事故有关的部颁规程和现场运行规程，分析是否有由于违反规定制度而造成的事故，同时也可以审查规程和制度本身是否在漏洞。

2.查阅设备厂家的设备说明书和图纸，研究分析设备本身在结构上有什么先天的缺陷和问题，或者检查运行或检修中是否有不符合厂家技术要求的问题。

3.查阅检修记录和设备缺陷登记簿，检查分析运行参数、检修质量等有无问题。

4.查阅事故发生前的有关工作票、操作票情况，检查分析是否存在工作过程中的违章而造成事故的可能性。

5.查阅运行参数记录和各种运行记录，检查分析运行工况、参数有无很大的变化和问题，设备的正常运行维护及试验工作中有无存在问题。

6.查阅职工的考试记录以及培训情况，分析事故处理中有无人员判断失误、处理失误而扩大事故的问题。

7.查阅事故设备的历次试验和检修记录，分析设备事故是否存在潜伏性缺陷发展所造成的问题。

8.查阅与事故相关的有关资料和文件，检查分析是否存在设备在选型、设计、制造、安装、调试中存在的问题等。

（三）进行必要的计算和模拟试验

除经过对事故现场及设备的有关开断表详细观察分析外，为了确定事故的原因，可以采用模拟试验、化验和计算等手段来取得必要的证据。一般比较重大的设备事故往往采用这样一些办法取证，且具有比较高的权力。

（四）召开有关人员座谈会

对有些事故原因不明，又没有办法进行试验或论证的事故，通过集思广益获取有关人员对事故掌握的信息和分析意见，往往会取得意外的收获，能对事故调查和分析起到柳暗花明的作用。在召开这方面座谈会的时候，应注意吸收有关方面有专长的人员参加。

（五）耐心细致做好当事人的思想工作

事故发生后，当事人往往心事重重，背上沉重的思想包袱。有的当事人为开脱事故的责任和减轻对自己的处理，不把真实的情况讲出为，就会给事故调查带来困难。这就要求事故调查者要有做耐心细致思想工作的能力，使事故当事人提高思想认识、打消顾虑、道出真情，这样会使事故的调查少走许多弯路或误入歧途而作出错误的结论。

五、事故的报告和统计报表

（一）事故报告的分类

事故报告分即报、月报和结案报告三类。

发生特大、重大、人身死亡、两人及以上的人身重伤事故和性质严重的设备损坏事故，事故单位必须在 24h 内用电话或传真、电报快速向省电力局（或企业主管单位）和地方有关部门报告，省电力局应立即向电管局和电力部转报。电力部直属的省电力局、水电、火电施工企业应立即向电力部报告。此外，按照国务院 1989 年第 34 号令的规定，当发生特大事故后，事故单位应立即向上级归口单位和所在地人民政府报告，并同时报告所在地省、自治区、直辖市人民政府和国务院归口管理部门，在 24h 内写出事故报告报送上述主管和政府部门。事故报告的内容如下：

1.事故发生的时间、地点、单位；

2.事故简要经过、伤亡人数、直接经济损失的初步估计；

3.事故发生原因的初步判断；

4.事故发生后采取的措施及事故控制情况；

5.事故报告单位及时间。

对人身死亡、重伤事故，重特大事故和对社会造成严重影响的事故，由事故调查组在事故调查结束后，写出《事故调查报告书》报有关主管和政府部门。特大事故应在 60d 内、重大事故的人身伤亡事故应在 45d 内由事故调查组报送出《事故调查报告书》遇有特殊情况的，向上级主管部门申述理由并经同意后，可分别延长到 90d 和 60d；特大事故的结案最迟不得超过 150d。按国务院 1991 年 75 号令的规定，伤亡事故处理结案后，应公开宣布处理的结果。结案工作由事故单位所在地劳动部门负责。

（二）事故的统计报表

电力生产企业的事故统计报表分为《事故报告》《事故调查报告书》《事故综合月（年）报表》和《年度考核项目报表》四大类。

《事故报告》分为《人身伤亡事故报告》《设备事故报告》《设备一类障碍报告》三种。

《事故调查报告书》分为《人身伤亡事故调查报告》《设备事故调查报告书》两种。

《事故综合月（年）报表》分为《人身伤亡事故综合月（年）报表》Ⅰ、Ⅱ、Ⅲ，《发电设备（一类障碍）综合月（年）报表》Ⅰ、Ⅱ和《供电设备事故（一类障碍）》《综合月（年）报表》Ⅰ、Ⅱ共七种。

《年度安全考核项目报表》分为《年度发电安全考核项目报表》Ⅰ、Ⅱ和《年度供电安全考核项目报表》Ⅰ、Ⅱ共四种。

电力部《调规》中对以上报表的填写和报送，均有一套规定程序来实现报表的统一性和规范性。

六、事故处理

在事故调查、查清事故发生原因的基础上，根据国家、行业的有关规定进行事故处理。

（一）事故责任

在事故处理中，先要落实事故的责任，要按照事故的大小和性质进行处理。根据事故调查所确认的事实，通过对直接原因和间接原因的分析，确定事故中的直接责任者和领导责任者。在直接责任和领导责任者中，根据其在事故发生过程中的作用，确定主要责任者、次要责任者和扩大责任者，并确定各级领导对事故的责任。

凡因下列情况造成事故的，根据有关法规，要追究有关领导者的责任。

1.违反安全职责，或企业安全生产责任制不落实的；

2.对贯彻上级和本单位提出的安全工作要求和反事故措施不力的；

3.对频发的重复性事故不能有力制止的；

4.对职工培训不力、考核不严，造成职工不能安全操作的；

5.现场规程制度不健全的；

6.现场安全防护装置、安全工器具和个人劳保用品不全或不合格的；

7.重大设备缺陷未及时组织排除的；

8.违章指挥，强令职工冒险作业的；

9.上级已有事故通报，防范措施不落实而发生同类事故的；

10.对职工违章行为不制止或视而不见而发生事故的。

（二）事故处理

事故责任确定后，按照人事管理的权限对事故的责任者提出处理意见，经主管部门审核批准后，公开事故处理的结果。

对下列情况应从严处理：

1.因忽视安全生产，违章指挥、违章作业，玩忽职守或者发现事故隐患，危害情况不采取有效措施，造成严重后果的，对责任人员要依法追究刑事责任；

2.在事故调查中采取弄虚作假、隐瞒真相或以各种方式进行阻挠者；

3.在事故发生后隐瞒不报、谎报或故意迟延不报、故意破坏现场或无正当理由拒绝接受调查，以及拒绝提供有关情况和资料者。

对在事故处理中积极恢复设备运行、救护和安置伤亡人员，并主动反映事故真相，使事故调查顺利进行的有关事故责任者，可酌情从宽处理。

七、事故隐患的管理

许多事故往往是由于我们对事故的隐患没有正确地认识和对待，或者对隐患没有采取有效的对策和措施而发生的，这方面有许多血的教训。

我们要以"隐患险于明火，防范胜于救灾，责任重于泰山"的精神，认真对待事故隐患，采取有效的措施事故隐患、控制事故发生。这是我们责无旁贷的责任，同时也是落实"安全第一、预防为主"方针的主要工作任务。

（一）事故隐患的分级

按照劳动部颁发的《重大事故隐患管理规定》，重大事故隐患是指可能导致重大人身伤亡或者重大经济损失的事故隐患。按可能导致事故损失的程序可分为两级，即特别重大事故隐患（指可能造成死亡 50 人以上，或直接经济损失 1000 万元以上）和重大事故隐患（指可能造成死亡 10 人以上，或直接经济损失 500 万元以上）。按类型可分为人身重大事故隐患和设备重大事故隐患两大类。

（二）事故隐患的报告

特别重大的事故隐患报告书应报送国务劳动行政部门和有关部门，并同时报送当地人民政府和劳动行政部；重大事故隐患报告书应报送省级劳动行政部门和主管部门，并应同时报送当地人民政府和劳动行政部门。

事故隐患报告书一般要求有下列内容：

1.事故隐患的类别；

2.事故隐患的等级；

3.可能影响的范围和影响的程度；

4.整改的措施和目标。

（三）事故隐患的组织管理

1.存在事故隐患的单位，应成立由法定代表人或法定代表人的代理人为组长的事故隐患领导小组，负责对事故隐患的组织管理工作，制订具体的整改计划和整改目标。对一时尚不能整改的隐患，应提出应急的方案，随时掌握其发展动态并及时进行处置和报告，做到思想到位、责任到位、措施到位、检查考核到位。

2.对人身事故隐患方面，诸如作业环境、安全装置、劳动保护和劳动条件、人员技术素质等可能造成事故的，法定代表人要按职能的分工，责成有关部门限期整改和解决，工会监察、劳动人事部门实施监督。

3.对设备事故隐患方面，诸如设备超周期、超出力、超极限运行，一时无法停下来的，要组织好有关工程技术人员进行研讨，提出解决的办法和改造方案，特别要认真贯彻好电力部《二十项重点反事故措施》要求，责成有关部门攻关，限期解决。

4.对火灾、自然灾害等，应做好一切思想准备、物质准备，做好紧急处置的方案，力争把事故的损失降到最低程度。牢固树立保人身、保电网、保设备和对人民生命、国家财产高度负责的思想，必要时应该采取果断应急措施，做到该停就停，确保安全。

第四节　电力事故预防与应急管理

电力安全生产事关国家安全和社会稳定大局，安全可靠的电力供应对于保持社会稳定和促进经济发展具有十分重要的意义。各电力企业要认真贯彻落实党中央、国务院关于加强安全生产工作的各项方针政策，切实做好电力安全生产工作。

一、电力事故应急系统现状

目前国内外电力行业安全事故预防正趋于研究电力系统安全问题，完善应急处理机制，确保电力生产和输配的安全。抓紧建立电力系统应急处理机制，做到未雨绸缪，防患于未然。

加强以节电和提高用电效率为核心的需求侧管理；加强技术改造和管理措施；加强调度管理；加强运行维护；加强预警机制建设。电力行业安全事故预防关系到国家安全、社会稳定和生产、生活秩序，必须高度重视，同时进行全面、系统、周密的研究，提出相应对策。

尽管电力工业快速发展，但一些制约和影响电力安全发展的因素依然存在。

首先，电力安全发展受到资源和环境的制约。我国煤电比重较高，多年来火力发电电量一直占我国总发电量的 80%，电力供应对电煤依赖性高。

我国煤炭资源主要集中在西部、北部地区，负荷中心则主要集中在东部地区，电煤、天然气等资源的供给和有限的运力，特别是在遭遇恶劣天气等自然灾害的情况下，对电力系统安全稳定运行将造成一定影响。同时，环境保护的压力也对电力安全发展形成一定的制约。

其次，电力科技水平还不能满足电力安全发展需要。随着我国大容量、超高压、交直流混合、长距离输电工程的不断投入运行，互联电网规模不断扩大，电力系统的复杂性明显增加，电网安全稳定问题更加突出，电力系统安全稳定基础研究工作亟待加强。

同时，我国电力工业总体技术装备水平与发达国家仍存在较大差距，自主创新能力弱。在风电、核电技术，清洁煤发电技术，大型超（超）临界机组以及高压直流输电设备等技术（装备）方面的国产化水平较低，有些尚不能实现自我开发和设计。

此外，电力应急体系尚不能完全适应电力安全发展要求。近年来，频发的自然灾害给电力系统造成了不同程度的影响。

电力应急体系建设有待进一步完善，电力系统应急预案制定、应急队伍和物资保障、应急演练等方面工作尚需进一步加强。在坚持安全发展，建设和谐电力的过程中，要坚持以科学发展观指导电力工业持续健康发展。

具体措施是：加强优化调整电力产业结构，促进电力工业与国民经济的协调发展。合理规划和优化电源结构。以大型高效机组为重点优化发展煤电，在保护生态基础上有序开发水电，积极发展核电，加快发展风能、太阳能、生物质能等可再生能源。继续推进西电东送、南北互供、全国联网，实现更大范围的资源优化配置。做到有电输得出、落得下、用得上。

要依靠科技进步提高电力工业整体效率，降低成本，发挥资源潜力。推广先进技术，提高发电机组效率；加强需求侧管理，提高电能使用效率。加快发展清洁煤发电项目，加强对已运行的燃煤电厂二氧化硫治理，以减少对大气污染。更加重视大电网安全问题，从电网规划、调度、技术、管理等方面形成与之相适应的体制和机制。

此外，还要加快完善电力应急体系，努力提高电力系统抵御自然灾害的能力。继续完善电力应急管理机制和应急管理体系，加快专业应急平台建设，积极开展对应急队伍的专业培训，形成指挥有力、运转高效的电力应急管理长效机制。

二、电力安全事故防范应急

企业防范事故责任重于泰山。防范多几分努力，事故就少几分可能，长时间搞安全的经验，防范恶性事故必须防线前移。防范事故，责任重于泰山。

（一）未亡羊，先补牢，三不放过

中华人民共和国电力行业标准《电业生产事故调查规程》规定"调查分析事故必须实事求是，尊重科学，严肃认真，要做到事故原因不清楚不放过，事故责任者和应受教育者没有受到教育不放过，没有采取防范措施不放过（简称"三不放过"）"。调查处理事故的"三不放过"，是亡羊补牢，意在防范，意在不再亡羊。

如果未亡羊先补牢，对存在的严重问题，"原因和责任不清楚不放过，责任人受不到教育不放过，问题得不到解决不放过"，居安思危，防患于未然。但是，想到这一点还比较容易，真正做起来却很难。在实施"严重问题三不放过的追究前移"时，规定哪些问题三不放过，非常关键，规定严了，难以实行，规定宽了，形同虚设，需要因地制宜，宽严适度，循序渐进。

不同行业、不同场合的问题不同。我们规定哪些问题三不放过？主要根据自己和别人曾经发生过的事故教训、国家法规的要求和集思广益的经验等，具体有：危急缺陷、严重违章、重大隐患、未遂重大和特大事故。危及人身、设备的危急缺陷以及严重违章，虽然电力行业在《电业安全工作规程》等规程和有关的运行规程中有规定，但是，比较笼统且不易操作，按照管理范围和事故教训，法规要求以及集思广益的经验，我们具体地定出哪些危急缺陷和哪些严重违章三不放过。

采取的具体措施和主要做法是：哪些问题才三不放过，明文规定在先，对事不对人。

开展"三项活动（百次工作无违章、千项操作无差错、百次调度无误令）"，抓典型，奖工作、奖无误。

以内部（相对）追究为主、外部监督为辅，领导班子成员，谁主抓的工作谁负责追究，侧重自我教育。一视同仁，始终如一，一把尺子量到底。

（二）上岗前，验"三强"，拒绝勉强

安全生产三要素中的人、设备、制度，设备健康是基础，制度的健全并落实是保障，人是关键。电力建设、电力生产、电网运行以及安全生产的组织建设、责任划分、制度制定、制度落实、设备维护，等等，确保安全生产，人是决定性因素。安全生产中工作人员的业务素质、责任心、安全意识都必须增强（简称素质、责任、意识"三强"）。业务素质强是前提，责任心强、安全意识强是保障。现在一些特殊岗位、危险工种，国家法规规定必须在上岗前经过培训，考核合格才能上岗。岗前培训，侧重于提高业务素质，决不可流于形式。

客观上业务素质水平没有极限，不可能一步到位，所以，还需要不断地培训、自学，绝不能一劳永逸。

多年的安全管理告诉我们，更为重要的是，业务素质、安全责任心、安全意识的"三强"工作要融入日常工作中，要在每次上岗前、上班前、工作前检验，拒绝一些"凑合""勉强"上岗、上班、工作。电力工作，危险性很大，一步之差、一言之差、举手之差，都可能造成恶性事故。

（三）未工作，先模拟，析险释疑

电力设备的操作，规程规定必须先在模拟板上模拟操作，审核无误后，才能实际操作。模拟操作对于防范误操作、防范事故，举足轻重。"模拟现场工作法"的要点是：两清楚、五明确、一释疑、两完善。

1.两清楚

工作现场清楚，工作负责人能徒手划出现场草图，工作人员对地形、设备、相关、相邻等情况清楚。

工作危险点清楚，危险点有几个，分别在谁的工作范围，应该采取什么措施，应注意那些事项等，都必须事先搞清。

2.五明确

各自的工作任务、工作目标明确；

各自的工作范围、工作位置明确；

工作人员对本次工作采取的安全措施、作业措施明确；

各自工作中的危险点及应注意事项明确；

协作、配合的单位和人员要明确。

3.一释疑：工作人员对不清楚、有疑问的要在模拟现场工作时提出来，彻底搞清楚。

4.两完善：对在"五明确""一释疑"中发现的遗漏或隐患，要完善《工作票》中的安全措施，要完善《作业措施票》中的作业措施。

（四）安全生产系统工程

安全生产是一个系统工程，在组织建设、制度建设、责任落实、设备管理、现场管理、应急措施等方面，需要群策群力，做大量的工作，还需要集思广益，不断创新，高效低代价。事故既有偶然性，也有规律，既有必然性，又可能突发，防范事故要争取主动，防线前移很有必要。

少一分麻痹，一切事故是完全可以避免的，在电力生产中，发生的事故何其的多，一件件、一桩桩这些大多数都是人的因素造成的，我们应该从中吸取经验教训，前人用血与泪留下经验教训，含泪写下的规章、规程、制度。

安全与生命，息息相关爱心与平安，我们深深地知道安全是我们永恒的主题，高高兴兴上班来，平平安安回家去是每位职工共同的心声。

关注安全的和谐氛围，爱企业、爱工作、爱生活是我们每一个职工的心声企业的兴旺发达，离不开每位职工的奉献和努力，保证安全生产，防患于未然是为了我们的明天更美好让我们都行动起来，为了平安这个共同的目标，将安全工作时时抓、事事抓、长期抓，永不放松时刻铭记安全在我心中，安全在你心中，安全在我们大家心中。

第五节　电力事故调查与案例分析

一、电力企业生产事故调查的程序

（一）保护事故现场

1.事故发生后，事故单位必须迅速抢救伤员并派专人严格保护事故现场。未经调查和记录的事故现场，不得任意变动。

发生国务院《特别重大事故调查程序暂行规定》所规定的特大事故，事故单位应立即通知当地政府和公安部门，并派人保护现场。

2.事故发生后，事故单位应立即对事故现场和损坏的设备进行照相，录像，绘制草图，收集资料。

3.因紧急抢修、防止事故扩大以及疏导交通等，需要变动现场，必须经企业有关领导和安监部门同意，并作出标志、绘制现场简图、写出书面记录，保存必要的痕迹、物证。

（二）收集原始资料

1.事故发生后，企业安监部门或其指定的部门应立即组织当值值班人员、现场作业人员和其他有关人员在下班离开事故现场前分别如实提供现场情况并写出事故的原始材料。

安监部门要及时收集有关资料，并妥善保管。

2.事故调查组成立后，安监部门及时将有关材料移交事故调查组。

事故调查组应根据事故情况查阅有关运行、检修、试验、验收的记录文件和事故发生时的录音、故障录波图、计算机打印记录等，及时整理出说明事故情况的图表和分析事故所必需的各种资料和数据。

3.事故调查组在收集原始资料时应对事故现场搜集到的所有物件（如破损部件、碎片、残留物等）保持原样，并贴上标签，注明地点、时间、物件管理人。

4.事故调查组有权向事故发生单位、有关部门及有关人员了解事故的有关情况并索取有关资料，任何单位和个人不得拒绝。

（三）调查事故情况

1.人身事故应查明伤亡人员和有关人员的单位、姓名、性别、年龄、文化程度、工种、技术等级、工龄、本工种工龄等。

电网或设备事故应查明发生的时间、地点、气象情况；查明事故发生前设备和系统的运行情况。

2.查明电网或设备事故发生经过、扩大及处理情况。

人身事故应查明事故发生前工作内容、开始时间、许可情况、作业程序、作业时的行为及位置.事故发生的经过、现场救护情况。

3.查明与电网或设备事故有关的仪表、自动装置、断路器、保护、故障录波器、调整装置、遥控、录音装置和计算机等记录和动作情况。

人身事故应查明事故发生前伤亡人员和相关人员的技术水平、安全教育记录，特殊工种持证情况和健康状况，过去的事故记录，违章违纪情况等。

4.调查设备资料（包括订货合同、大小修记录等）情况以及规划、设计、制造、施工安装、调试、运行、检修等质量方面存在的问题。

人身事故应查明事故场所周围的环境情况（包括照明、湿度、温度、通风、声响、色彩度、道路、工作面状况以及工作环境中有毒、有害物质和易燃易爆物取样分析记录）、安全防护设施和个人防护用品的使用情况（了解其有效性、质量及使用时是否符合规定）。

5.查明电网事故造成的损失，主要包括波及范围、减供负荷、损失电量、用户性质；查明事故造成的设备损坏程度、经济损失。

6.了解现场规程制度是否健全，规程制度本身及其执行中暴露的问题；了解企业管理、安全生产责任制和技术培训等方面存在的问题；事故涉及两个及以上单位时，应了解相关合同或协议。

（四）分析原因责任

1.事故调查组在事故调查的基础上，分析并明确事故发生、扩大的直接原因和间接原因。必要时，事故调查组可委托专业技术部门进行相关计算、试验、分析。

2.事故调查组在确认事实的基础上，分析是否存在人员违章、过失、违反劳动纪律、失职、渎职；安全措施是否得当；事故处理是否正确等。

3.根据事故调查的事实，通过对直接原因和间接原因的分析，确定事故的直接责任者和领导责任者；根据其在事故发生过程中的作用，确定事故发生的主要责任者、次要责任者、事故扩大的责任者。

4.凡事故原因分析中存在下列与事故有关的问题，确定为领导责任：

（1）企业安全生产责任制不落实；

（2）规程制度不健全；

（3）对职工教育培训不力；

（4）现场安全防护装置、个人防护用品、安全工器具不全或不合格；

（5）反事故措施和安全技术劳动保护措施计划不落实；

（6）同类事故重复发生；

（7）违章指挥。

（五）提出防范措施

事故调查组应根据事故发生、扩大的原因和责任分析，提出防止同类事故发生、扩大的组织措施和技术措施。

（六）提出人员处理意见

1.事故调查组在事故责任确定后，要根据有关规定提出对事故责任人员的处理意见。由有关单位和部门按照人事管理权限进行处理。

2.对下列情况应从严处理：

（1）违章指挥、违章作业、违反劳动纪律造成事故的；

（2）事故发生后隐瞒不报、谎报或在调查中弄虚作假、隐瞒真相的；

（3）阻挠或无正当理由拒绝事故调查；拒绝或阻挠提供有关情况和资料的。

3.在事故处理中积极恢复设备运行和抢救，安置伤员在事故调查中主动反映事故真相，使事故调查顺利进行的有关事故责任人员，可酌情从宽处理。

二、电力事故案例分析

大唐洛阳热电公司"1·23"人身死亡事故案例分析 2007 年 1 月 23 日 7：45 分，大唐洛阳热电公司发生一起煤垛坍塌、推煤机从煤垛上翻落，造成操作人员死亡的事故。有关情况通报如下：

（一）事故经过

23 日 7：45 分，燃料管理部职工王某某（男，52 岁），到车库将#2 推煤机开出，准备到煤垛上对汽车煤进行整形工作。

7：55 分左右，在推煤机即将行驶到煤垛顶部时，道路右侧（斗轮机侧）煤垛坍塌，致使推煤机倾斜翻入煤堆下面，落差约六米，推煤机翻倒后，坍塌下来的煤将推煤机埋在下面。正在煤垛下面捡石头的卸煤人员发现情况，立即组织人员进行抢救，由于严重外伤和窒息，经医院抢救无效死亡。

（二）事故暴露出的问题

目前，事故调查工作正在进行中。虽然事故经过比较简单，但暴露出该厂"安全生产管理许多深层次的问题。

1.厂领导班子没有牢固树立"安全第一"的思想，在组织、布置工作时，没有同时组织、布置安全工作。

2006年底该厂进行了全员竞争上岗，但对"三定"过程中人员思想波动、管理和工作岗位有序过渡等可能对安全生产带来的负面影响认识不足，在工作安排上没有统筹兼顾，缺乏确保安全生产有序进行的相关措施。

2.管理松懈。死者王某某系2006年12月24日从计量班轨道衡值班员竞聘煤场管理及推煤机司机。在未经新岗位安全教育培训、考试，在尚未取得特种作业操作合格证的情况下，能够从车库中将车开出，并单独驾驶作业，这是一起严重违反劳动纪律的行为，表明该厂管理松懈，规章制度对员工缺乏约束力，员工遵章守纪意识淡薄。

3.生产组织工作不细、不实。由于斗轮机的取煤方式存在问题，至23日早晨，汽车煤垛斗轮机侧已经形成了10米高、几十米长、近九十度的边坡，严重违反安全工作规程关于"避免形成陡坡，以防坍塌伤人"的要求，随时可能出现煤垛坍塌，为事故的发生留下隐患。这种现象暴露出生产组织上考虑不细致，没有针对煤场的具体情况安排作业方式，存在随意性。

4.安全教育培训工作需要加强。该厂对已经发生的事故教训麻木不仁，没有认真吸取"12·9"人身重伤事故（集团公司安全情况通报2006年第五期）教训，对通报中强调要严肃转岗人员的安全教育培训、考试工作，在该厂的全员竞争上岗工作中，没有落实。对车间、部门内部岗位变动人员的新岗位安全教育培训和考试工作没有做统一安排和部署，导致这些人员对新岗位安全生产风险辨识能力不足。

第九章　电力安全监察管理

第一节　电力安全监察体系

一、电力安全监察的必要性

电力企业安全监察体系的建立，是电力生产特殊性的必然要求。安全监察体系的作用能否充分发挥，对确保电力安全生产具有重要意义。同时，安全监察体系和安全保证体系构成了电力企业安全管理的有机整体，两个体系的协调配合是电力企业搞好安全生产的关键。

由于两个体系在安全工作中的职能和作用不同，在生产实践中，一些企业安全监察部门总感到工作不顺利，与安全保证体系的关系不够协调，如果不能正确地处理好两者的关系，就会制约安全监察体系功能的实现。因此，要充分地发挥安全监察体系作用，安全监察体系的工作方法就显得十分重要。

电力工业的安全生产有其突出的重要性，这是电力在国民经济中所处的地位和作用，以及电力生产本身的客观规律所决定的。因为，电力工业不仅仅是单纯的生产性企业，而且是具有产、供、销同时进行，同时完成这一特点的商业和服务性行业；是集生产、分配、销售于一体的工商联合体。电力工业的安全，不仅是自身发挥和提高经济效益的基础，而且更重要的是关系到全社会的经济效益，关系到社会稳定和改革开放的顺利进行。因此，安全生产是电力工业永恒的主题，在任何情况下，均必须坚持"安全第一、预防为主"的方针，不能有丝毫的动摇。

二、电力安全监察体系的发展

中华人民共和国成立以来，电力工业的安全工作，一直受到国家的高度重视。早在50年代初期，就提出了"安全第一"的口号。当时，根据苏联专家的建议，燃料工业部和电业管理总局就设立了技术安全监察机构。1951年4月6日，燃料工业部发布"关于建立各级技术保安专职机构"的指示，电业管理总局随即提出了"技术保安机构的建立及工作方案"，同年 11 月 10 日，燃料工业又颁发了"电业技术安全监察机构组织大纲"，明确机构设置、组织领导、职责任务和各项权限，用以指导全国电业的安全监察工作。各大区管理局、各电业局、发电厂、线路管理所等都根据部的要求，相继成立了技术保安科或配备了保安工程师，协助局、厂领导监督检查发供电设备安全和人身安全工作。

在这期间，约在 1950 年 4 月，燃料工业部就制订了《事故处理暂行规程》，要求各电业生产单位进行事故的统计和报告。试行一年后，于 1951 年 3 月，在第二次全国电业会议上，重新做了修改和补充后，正式颁发了《电业事故报告统计规程》。

随着国民经济的不断发展，电力工业在国民经济中的地位和作用日趋突出，对安全发供电的要求也越来越严格。第一个五年计划初期，在燃料工业部党组向中央汇报工作提到电力事故问题时，中央领导同志明确指出"电力事故是国民经济一大灾害"。从 1953 年起，开始引起苏联的《电力工业技术管理法规》《电业安全工作规程》、各种典型规程和服务规程以及其他安全技术规程等。鉴于当时人身伤亡事故严重，燃料工业部于 1953 年 3 月，由陈郁部长签字向全国电业部分发布了[53]燃监字第 1684 号命令，要求从组织措施和技术措施上坚决消灭人身死亡和重伤事故。这个命令，在全国得到了认真贯彻，做到了家喻户晓，发挥了巨大的作用，这充分说明了国家对电力安全生产的重视。

1955 年，电力工业部成立技术监察司，进一步强化了安全监察职能，着重加强运行监察。1956 年 1 月 26 日，电力工业部曾以[56]电劳组程字第 046 号文发布了中华人民共和国电力工业部"关于发电厂和线路管理所运行监察工程师职责条例"的命令，赋予了运行监察工程师很大的权限，接着召开了全国安全监察工作会议予以贯彻，全国电业部门从上到下都建立了较完善的安全监察系统。运行监察工程师着重抓设备安全；技术保安工程师着重抓人身安全，均直接由总工程师领导，并第一次阐明了是总工程师的有力助手，迅速推进了企业的安全生产工作。

电力工业部成立技术监察司后，发布了一系列加强安全生产的命令。1955 年 10 月，颁发了"反事故措施计划的编制、执行与监督暂行办法"，接着又发布了"执行反事故技术措施""消灭电业生产中 20 种事故"及"在基本建设中消灭六种恶性事故"的命令。所有这些措施和命令，在当时对保证安全生产均起到了积极作用。

1955 年 12 月，电力工业部修订了原《电业事故报告统计规程》，正式颁发了《电业事故调查规程》，从 1956 年 1 月起在全国执行。以后通过不断实践，在 1958、1959、1961、1962 年又多次做了相应的补充和修改。

电力工业的安全监察工作和安全监察体系，就是这样随着电力事故的发展而不断加强完善。

三、安全监察的重要性

安全监察是一种运用国家权力，对生产企业和生产管理部门履行安全职责，执行有关安全生产法规、政策的情况，依法进行监察、纠正和惩罚的工作。

电力安全监察是指电力安全监察部门和安全监察人员，依据国家法律和行业有关规定，对行业内部各企业或企业内部各生产管理和有关部门，贯彻国家、行业安全生产规定和生产安全情况进行的监督检查活动。

电力行业和企业内部自上而下、各个层次的安全监察部门和人员构成了电力行业和企业的安全监察体系。它具有双重职能：一方面是运用行政和上级赋予的职权，对电力生产和建设全过程的人身与设备的安全进行监察，这种监察职能具有一定的权威性、公正性和带有强制性的特征；另一方面，作为安全管理的综合部门，协助领导抓好安全管理工作，开展各项安全活动，具有安全管理的职能。

安全监察是在安全管理的基础上发展起来的。电力安全监察体系的建立，经历了一个由初步认识发展到深刻认识、由不完善发展到完善的过程。必须认识到电力系统设置安全监察机构、建立安全监察体系、实行安全监察制度，绝不是一项任意的政策，而是被电力安全生产的历史经验教训所证明了的，也是数十年来在安全生产中积累的一条重要经验。实践表明，它不仅有利于促进安全保证体系的建立和完善，同时有利于健全电力企业的自我约束机制，通过与安全保证体系共同发挥作用和协同配合能够有效地保证安全生产目标的实现。

第二节　电力安全监察职责

一、电力安全监察职责

1.电力安全工作具有以下几个特点：

（1）安全生产水平是电力生产企业各项工作的综合体现，贯彻"安全第一，预防为主"的方针是企业的首要任务，需要企业领导重视，全体职工共同努力才能搞好，关键是企业主要领导对安全重视程度和安全指导思想是否明确，对安全监察工作是否重视、支持。没有领导的重视和支持，没有安全保证体系作用的充分发挥，没有全体职工的共同努力，安监工作的难度将是很大的。

（2）安全监察的工作的主要职责是监督电业生产事故的调查规程、安全工作规程、上级颁发有关安全的规程制度、反事故技术措施以及企业现场规程制度的贯彻执行。

具体来说，一是对违章作业、违章指挥、设备缺陷隐患，检修维护质量以及人员素质等进行监督监察；二是对发生的各种不安全问题进行调查分析、追查责任、统计报告；三是包括企业领导在内的各级领导和全体职工都在监察范围之内。归结起来，监督监察都属于挑毛病、找缺点、追责任的范畴。

因此，在履行监督监察职责中，可能和企业的每个人打交道，如果遇到安全思想不端正的，很容易把正常的监督监察工作同个人恩怨混淆起来，错误地认为跟谁过不去，形成个人成见。

（3）安全指标是硬指标，是具有否决权的指标。事故一经认定，就不可更改、调整，按指标考核，一是打断安全记录影响企业荣誉；二是同经济考核挂钩，影响企业经济效益和职工切身利益；三是对事故责任者进行处理，关系到个人利害。因此，在履行职责时，必须坚持原则，慎重从事，做到调查分析准确，严格按照事故调查规程秉公办事，一碗水端平。

（4）电力生产过程涉及各个设备系统，运用了多种专业技术，是高度机械化、自动化的技术密集型的设备系统，而且发、供、用联成电网，息息相关，生产中哪个环节、哪个部件，哪个岗位人员发生不安全问题，都要进行严格的调查分析。要查明原因、分清责任，就需要涉及各方面的专业技术知识，而作为安监人员不可能全面掌握各方面的专业技术知识，一般多是擅长一两个专业，对其他专业有所了解。因此，对各专业深度不足的问题，只能靠实践中学习、积累，并同有关专业技术人员密切配合来解决。

（5）安监机构既有监督监察职能，又有安全管理职责，而且人员数量较少（约占企业总人数的千分之三左右），不可能对分散在各个班组、各个现场从事生产活动的众多人员和各个设备系统进行全面地、连续地监督监察，只能靠各级领导和广大职工履行安全责任，充分发挥安全保证体系的作用，认真执行安全规程制度和各项安全措施，同时依靠安全网和广大职工充分发挥安全监察体系的作用和群众性的监督作用。

以上特点充分说明安全监督工作的难度较大，因此，安全监察人员不仅应具备各项基本条件，即必要的学历、职称；作风正派、责任心强、坚持原则，秉公办事；熟悉本专业技术和有关专业技术知识并有一定的现场工作经验，等等，还需要在工作中注意讲求必要的工作方法，才能更好地、有创造性地搞好安全监察工作。

2.电力安全监察机构和人员，除了负有安全监察的职责外，还具有部分安全管理方面的职责。归纳起来，有以下方面。

（1）代表上级行使安全监察职能，定期向行政正职和分管副职报告本单位安全情况。

（2）负责监督本单位各级人员安全生产责任制的落实，监督各项安全生产规章制度、反事故技术措施和上级有关安全生产指标的贯彻执行，对违章作业、违章指挥进行监察。

（3）负责监督涉及设备（设施）安全的技术状况、涉及人身安全的防护设施状况，负责重点监督安全工器具、起重机具、登高用具以及厂内运输设备的管理和定期试验工作。

（4）协助领导组织安全检查；监督整改措施的落实。

（5）参加或协助领导组织事故调查，监督"三不放过"原则的贯彻落实。

（6）负责组织安全技术措施计划的制订；监督安全技术措施费用的提取；监督安全技术措施计划和反事故措施计划的落实。

（7）监督检查中发现的重大问题和隐患，应及时提出整改要求（具体整改方案由有关单位技术部门提出，经安监部门认可），做好记录，并向领导报告；必要时应向有关单位部门发出《安全监察通知书》，限期解决。

（8）监督现场培训计划的执行，配合有关部门进行《安规》的学习考试和反事故演习。

（9）组织安监网活动，充分地发挥各安监人员的监督作用。

（10）监督劳动保护用品和安全工器具、安全防护用品的购置发放和使用。

（11）及时准确地用快报、通报、录像等手段对职工进行安全教育，并向有关单位、部门反馈事故信息。

（12）考核。对所属单位安全指标的完成情况进行考核。

（13）参与旨在完善安全的新技术手段的开发、鉴定和应用。参加安全科研成果和有关涉及安全的新技术、新工艺、新材料、新软件、新装备的开发和鉴定，并建议在电力生产中积极采用新技术、新方法，增加和完善保证安全的技术手段。

（14）负责事故统计报告管理工作。归口管理事故统计报告工作，做到及时、准确、完整，并按规定审查上报，其中，安监部门应监督有关职能部门填报设备事故的《事故（调查）报告》，并收集汇总统一上报。

3.为了使安监机构（人员）的上述职责能真正落实，还应赋予安监人员一定的职权：

（1）参加新建、改建、扩建、更改工程和技术革新项目的设计审查和竣工验收。

（2）进入生产区域、施工现场、控制室、调度室检查了解安全情况。

（3）发生事故后，有权要求保护好事故现场；调查和了解事故有关情况，并向有关单位和人员索取事故原始资料；对事故现场进行丈量、录音、摄像以及收集损坏设备的残骸、碎片等。

（4）对事故的认定、调查分析结论和处理等，有权提出自己的意见。当这些意见未被采纳而认为需要坚持己见时，有权向上级安全监察机构反映。对违反调试规程的规定，隐瞒事故或阻碍事故调查的行为，有权越级反映。

（5）有权对为安全生产作出贡献者提出表扬和奖励的建议；有权对事故过失人员和有关领导根据情况提出处理意见。对已有明确结论、符合已有奖罚办法的奖罚条件者，有权按规定直接实施奖罚。

二、强化安全监察职能

电力生产的安全监察具有双重职能。一方面是运用行政及，上级赋予的职权，对电力生产和建设全过程的人身和设备安全进行监察，并具有一定的权威性、公正性和带有强制性的特征；另一方面，协助领导抓好安全管理工作，开展各项安全活动，具有安全管理的职能。

从总体来看，全国电力生产的安全监察体系已逐步完善，已经形成了自上而下的安全监察网络。电力工业部颁发的《电力安全工作决定》中明确提出，电力的安全监察工作只能加强，不能削弱；明确了电力部对电力行业实行安全监察，各网、省公司对所属企业行使安全监察职能，企业的安全监察人员属生产人员，承担安全监察的责任。各级领导要各级支持安监工作，不得任意干预，使安全监察人员真正有职有权。

当然，安全监察体系与安全保证体系要密切配合，共同搞好安全工作，保证企业安全生产目标的实现。但是这两个体系又是独立存在的，各自的任务是不同的。

安全保证体系强调要有各级各类人员的安全生产责任制，在从事生产活动中，每道工序、每个岗位、每个人员都要考虑本身和相关的安全问题，认真执行各项规章制度，加强培训，严格安全考核和奖惩，采取相应的组织措施和技术措施，增加必要的安全设施，确保人身和设备安全，是要每个职工都负起安全责任来，全方位地做好安全工作。而安全监察体系的主要职能是"监察"，即对有关安全生产问题进行事先和事后的监督、检查，当然也包括做好自己职责范围内的安全管理工作，如安全统计、分析，安全目标管理，等等。

有些单位把所有有关安全的工作都交给安监部门去办，应该说是一种误解，混淆了保证和监察两个体系的不同作用，是不利于安全保证体系作用的发挥，并且保证体系中的很多工作也是安全监察体系无法代替的。必须认识到，设置安全监察机构，建立安全监察体系，对人身和设备安全进行监察，绝不是一项任意的政策，这是被电力生产的历史经验教训所证明了的，也是根据社会主义中国的国情，数十年来在安全生产中积累的一条重要经验。在当前建立社会主义市场经济的条件下，健全安全监察体系尤其必要。

在政府转变职能过程中，行业管理部门要做好"规划、监督、协调和服务"等几方面的工作，其中"监督"包括监督国家产业政策、行业政策和行业的经济、技术标准，包括规程制度的执行。"安全监察"无疑是上述"监督"职能的重要组成部分。

企业转换经营机制，要实现"自主经营，自负盈亏，自我发展，自我约束"的目标。其中，"自我约束"包括企业要有遵守国家法律和法规的机制，以便自觉规范企业行为，正确处理国家与企业、企业与职工的关系，兼顾全局利益和局部利益，当前利益和长远利益，确保国家财产的保值、增值。

在电力行业中，安全监察体系的存在，不仅同企业建立"自我约束"机制并行不悖，而且电业安全生产对电力财产的保值、增值具有不同于其他一些行业的特殊重要意义。因此，"安全监察"实际上是"自我约束"机制的重要内涵。

但是，我们的监察，是属于行业管理内部专业监察，不同于国家公安、法院、检察院等的司法机关的监察，我们要执行国家和劳动部门有关安全监察的规定。虽然我们在电力系统内部建立了一个安全监察的系统，我们要接受劳动部门在劳动安全方面的监督，执行劳动部门有关安全方面的规定；在消防方面，我们也要执行公安部门提出的标准和规定。这样做，就能使我们这个安全监督系统更为有效，而不至于产生其他的误解，造成其他方面的干扰，影响我们有效实施安全监察的职能。

第三节　电力安全监察工作现状

目前，虽然有很多电力企业提出电力安全监察的理念，可行业之间尚未提出明确的安全监察理念，尚未形成被统一认可的电力安全监察理念。我国虽然已经有部分行业对安全监察理念进行了广泛的研究，例如，煤矿的安全监察系统，作出了行业间的安全监察理念探究，并且将其指导实践，可依旧未形成行业统一的安全监察理念。那么，电力行业有必要对安全监察理念进行研究吗？

一、电力企业存在的安全隐患

不可否认，目前电力企业存在着一些安全缺陷。如：

1.安全装置存在一定的缺陷；

2.设备工具存在一定的缺陷；

3.安全防护用品质量不够完美；

4.施工周围环境存在安全隐患；

5.工作人员的安全技措水平有待提高；

6.劳动组织的不合理性；

7.指导检查的缺乏；

8.设计制造的不合理；

9.工作人员的技术知识欠缺；

10.工作人员存在违章违纪的行为；

11.没有统一的安全操作规程；

12.管理层决策的失误、工作人员超负荷工作等。

电力行业的安全管理通常是由安全生产保证体系以及安全生产监督体系组成的，两个体系在电力安全监察理念构建当中各司其职、各自负，起责任、两者密切配合；电力安全理念作为两大体系的指导思想，两大体系必须坚持遵循安全管理理念。

但是安全生产监督体系具有自身的业务特点，如何更好地落实电力安全监察理念？如何进一步把电力安全生产管理工作的指导方针落实至电力安全监察工作当中？电力安全监察管理应着力解决的矛盾是什么？需采取哪种科学方法？这些问题都影响着电力安全监察理念的发展，只有解决这些问题才能够更好地进一步发展电力安全监察理念，才能够统一规划电力安全监察管理的总体思想。

二、电力安全监督管理的特点

现阶段，电力管理上的问题集中体现在电力安全管理问题上，要解决电力安全监督管理问题，就要根据电力安全监督管理主要特点，找出相对应的解决办法。电力安全监督管理的主要特点有以下几点：

1.电力工程施工过程复杂

电力工程不具备固定性，也就是说它具有较强的流动性，在电力工程施工过程中，它的施工环境比较恶劣，人员的流动性也是比较大的，这些因素都可能导致电力安全事故的发生。从这一方面来看，在电力工程安全监督管理上就比较困难。

2.电力工程施工人员的专业性强

电力工程是需要主业性极强的施工人员，具备较强的专业素质和综合素质。

目前，在我国实际电力工程施工过程中，施工人员的专业素质和综合素质都不高。这主要是由于电力工程具备高强度作业的特性，所以专业技能相对来说就比较弱。电力工程是涉及多方面的，它甚至要求施工人员掌握水工和土建工程技术，但是，就目前的现状来看，施工人员掌握的专业技术比较单一，不能满足电力工程技术多样化和专业化的要求。这些专业技术上的缺陷也是极容易诱发电力安全事故。例如，施工人员在实际施工过程中，缺乏土建工程技术，就会造成施工过程中人员伤亡、财产损失，严重的甚至会导致整个电力工程的瘫痪。

3.监督管理难点多

在电力工程中，任何一个细节出现问题，都会导致很严重的电力安全事故发生，而且电力工程不像其他工程，电力工程的安全事故能带来很大的毁灭性。但是，要做好每一个细节的监督管理是比较困难的。这些难以管理的难点主要包括施工人员多、在施工过程中用电多和危险系数大的机械使用多，这些都很容易导致安全事故的发生。例如，一些特殊器械的使用，在电力工程施工中经常会使用到机械，使用这些机械主要考虑它的稳定性，如果机械不稳定，施工人员的安全就会受到威胁。因此，在使用特殊机械的时候，要注意对特殊机械材料的选取，因为材料质量对特殊机械的稳定性有很大的影响。在电力工程施工前，要对特殊机械进行检查，在使用过程中，发现机械异常或者突遇强风、暴雨天气，要停止作业，避免造成电力安全事故。在电力工程施工过程中使用机械进行操作时要注意对机械的质量进行安全监测，同时，也要做好机械的维修保养工作，认真做好每一个细节，确保机械在使用过程中不会造成安全事故。在装配机械时也要保证正确性，由专业人员进行机械的装配和维修工作，这样才能有效地避免机械在使用过程中发生漏电或者质量问题引起的其他安全事故。

4.使用范围广

电力在社会发展和人们生活中应用的都是比较广泛的。在社会发展中，电力在生产活动中应用的最多，生产促进发展，电力又是生产活动顺利进行的基础。很多生产单位在进行生产活动中，对电力的使用都超过了限定标准，造成用电压力，甚至会造成电力安全事故。在生产活动中，也很少会对电力工程进行检查，或者检查电力工程人员不具备很强的专业性，这就给电力安全事故的发生遗留下了安全隐患；在人们生活中，电力的应用广且比较分散，难以进行电力安全监督管理，人们并不具备专业性，会疏松对电力工程的安全检查，所以，也有可能会出现电力安全事故。

综合以上电力安全监督管理的特点，即施工过程复杂、电力工程施工人员的专业性强、监督管理难点多、使用范围广。可以看出电力在安全监督和实现电力高效发展的过程中存在的问题也是由电力安全监督管理特点决定的。为了解决这些问题，就必须采取科学的办法，从根本上解决电力安全监督管理问题，从而实现电力管理高效发展。

第四节　强化电力安全监督

近几年来，人们在受益于电力工程的同时，也在认真思考电力工程的安全问题，电力工程应用范围很广，而且相较于传统电力工程的应用更为复杂，所以一些简单的、传统的电力工程安全管理方法已经不适用于现代电力工程安全管理的需求。因此，为了强化电力安全监督和实现电力管理的高效发展，对电力工程安全管理方法的创新势在必行的。只有将电力安全监督真正做好，人们的利益和社会安全问题才不会受到破坏，也只有这样才能实现电力工程行业的良性经营运行和社会的快速发展。

强化电力安全监督，实现电力管理高效发展要从科学的角度出发，注重细节的监督管理，让电力安全问题不再是困扰社会发展和人们社会生活的问题。

一、如何强化电力安全监督，实现电力管理高效

1.提升电力安全监督管理的意识

电力安全监督管理从提升安全监督管理意识出发，只有每个人都有这种意识了，才能

进一步加强电力安全管理。所以，在建设电力安全监督管理工作的时候，要加强防范电力安全事故出现的意识的宣传。安全意识的宣传工作，要求监督人员自身必须提高电力安全认识，只有这样施工人员和群众才能接受电力安全的监督。只有所有人都意识到加强电力安全监督管理工作的重要性，电力安全监督工作才能付诸实践。参与电力工程的施工人员严格按照规章制度工作，做好每一个细节的检查工作，保障电力工程的安全。在社会生产活动和社会生活中，具备电力安全意识，尽力做好电力工程检查、严格用电量，从细节上尽可能地减少电力安全事故的发生，造成不必要的损失和人身伤害。

2.严格规章制度的执行

将"强化电力安全监督，实现电力管理高效发展写进有关规章制度，在有法可依、有法必依的情况下，做好电力安全管理工作。电力部门要完善电力安全管理系统，在分配工作的时候，根据专业性不同分配具体工作，总工程师作为电力工程的总负责任人必须承担整个电力工程项目的安全和质量问题。电力工程单位其他人则负责相应的工作，每个人各司其守，做好电力安全监督管理工作。电力工程单位按时对相关人员进行安全知识培训，并将安全知识作为员工考核的内容之一，以此促进电力安全人员提高自身的安全意识。有效提高安全意识，避免安全事故的出现，以实现电力管理的高效发展，促进电力行业的发展和社会的进步。

3.提高电力安全防范技术水平

目前，要更好地实现电力安全监督和发展，最重要的是完善电力防范安全技术，更好的防范工作才能避免事故的发生。根据现有的电力安全防范技术结合国外先进的技术和电力工程在施工过程中的实际情况，完善电力安全技术。为克服安全技术中存在的缺陷，在电力工程施工之前，要做好技术交流工作，电力工程主要负责人要进行电力工程各个方面的介绍，主要包括施工图纸的详细解说，施工过程中安全问题解决方案的探讨和突发情况的解决措施。细化每个步骤，提高电力安全防范技术水平，强化电力安全监督，实现电力管理的高效发展。

4.做好电力工程的管理

对完工电力工程的管理对电力安全监督具有积极作用。电力工程在施工过程中做好安全防范工作，在施工完成后，要定期对电力工程进行检查，因为电力工程在长时间使用过程中受到外界多重因素的影响都会造成破坏，例如，零件老化和部分零件长期使用过程中造成的磨损都有可能出现电力安全事故。为了避免这些因素对电力工程的破坏造成事故的发生，就要做好定期检查和长期管理的工作。

二、电力对社会发展的重要意义

电力工业是促进社会经济发展的动力，同时也是生产行业的生产经营的重要组成部分，只有电力行业为生产行业提供动力，生产行业才能继续生产，从而为社会发展提供物质基础，国家才能够蓬勃发展。当今社会相比传统社会更加依赖电力，因此，电力行业在社会的发展中占据着不可撼动的地位。电力行业为人们的社会生活提供能源，人们才能展开社会活动，为社会发展提供人力。社会的发展需要人力、财力，而这些都是电力行业提供的。电力行业作为公用事业，已经成为发展中国家和发达能源建设的核心，所以很多国家都把电力行业的经营和发展放在突出的位置。强化电力安全监督和实现电力管理高效发展，也成为国家经济发展的重要目标之一。

综上所述，在电力行业的快速发展中，电力安全问题依然是突出问题，如何解决问题，实现电力安全监督管理高效发展是很重要的问题，只有这个问题得到解决，电力安全问题得到保障，生产经营活动才能顺利进行，社会生活才不会受到影响，有充足的人力和物质的作为支撑，社会才能进一步发展，国家经济也能够更好的发展，国家的综合实力才能够得到提升，我国才能在世界的发展中立足不败之地。

第十章 电气工程概述

第一节 电气工程的地位和作用

一、电气工程在国民经济中的地位

电能是最清洁的能源，它是由蕴藏于自然界中的煤、石油、天然气、水力、核燃料、风能和太阳能等一次能源转换而来的。同时，电能可以很方便地转换成其他形式的能量，如光能热能、机械能和化学能等供人们使用。由于电（或磁、电磁）本身具有极强的可控性，大多数的能量转换过程都以电（或磁、电磁）作为中间能量形态进行调控，信息表达的交换也越来越多地采用电（或磁）这种特殊介质来实施。电能的生产、输送、分配、使用过程易于控制，电能也易于实现远距离传输。电作为一种特殊的能量存在形态，在物质、能量、信息的相互转化过程，以及能量之间的相互转化中起着非常重要的作用。因此，当代高新技术都与电能密切相关，并依赖于电能。电能为工农业生产过程和大范围的金融流通提供了保证；电能使当代先进的通信技术成为现实；电能使现代化运输手段得以实现；电能是计算机、机器人的能源。因此，电能已成为工业、农业、交通运输、国防科技及人们生活等人类现代社会最主要的能源形式。

电气工程（EE，Electrical Engineering）是与电能生产和应用相关的技术，主要包括发电工程、输配电工程和用电工程。发电工程根据一次能源的不同可以分为火力发电工程、水力发电工程、核电工程、可再生能源工程等。输配电工程可以分为输变电工程和配电工程两类。用电工程可分为船舶电气工程、交通电气工程、建筑电气工程等。电气工程还可分为电机工程、电力电子技术、电力系统工程、高电压工程等。

电气工程是为国民经济发展提供电力能源及其装备的战略性产业，是国家工业化和国防现代化的重要技术支撑，是国家在世界经济发展中保持自主地位的关键产业之一。电气工程在现代科技体系中具有特殊的地位，它既是国民经济的一些基础工业（电力、电工制造等）所依靠的技术科学，同时又是另一些基础工业（能源、电信、交通、铁路、冶金、化工和机械等）必不可少的支持技术，更是一些高新技术的主要科技的组成部分。在与生物、环保、自动化、光学、半导体等民用和军工技术的交叉发展中，又是能形成尖端技术和新技术分支的促进因素，在一些综合性高科技成果（如卫星、飞船、导弹、空间站、航天飞机等）中，也必须有电气工程的新技术和新产品。可见，电气工程的产业关联度高，对原材料工业、机械制造业、装备工业，以及电子、信息等一系列产业的发展均具有推动和带动作用，对于提高整个国民经济效益，促进经济社会可持续发展，提高人民生活质量有显著的影响。电气工程与土木工程、机械工程、化学工程及管理工程并称为现代社会五大工程。

20世纪后半叶以来，电气科学的进步使电气工程得到了突飞猛进的发展。例如，在电力系统方面，20世纪80年代以来，我国电力需求连续20多年实现快速增长，年均增长率接近8%，预计在未来的20年电力需求仍需要保持5.5%~6%的增长率增长。在电能的产生、传输、分配和使用过程中，无论就其系统（网络），还是相关的设备，其规模和质量，检测、监视、保护和控制水平都获得了极大的提高。经过改革开放40多年的发展，我国电气工程已经形成了较完整的科研、设计、制造、建设和运行体系，成为世界电力工业大国之一。至2013年底，我国发电装机容量首次超越美国位居世界第一，达12.5亿kW，目前拥有三峡水电及输变电工程，百万千瓦级超临界火电工程、百万千瓦级核电工程，以及全长645 km的交流1000kV晋东南–南阳–荆门特高压输电线路工程、世界第一条直流±800kV云广特高压输变电工程等举世瞩目的电气工程项目。大电网安全稳定控制技术、新型输电技术的推广，大容量电力电子技术的研究和应用，风力发电、太阳能光伏发电等可再生能源发电技术的产业化及规模化应用，超导电工技术、脉冲功率技术、各类电工新材料的探索与应用取得重要进展。电子技术、计算机技术、通信技术、自动化技术等方面也得到了空前的发展，相继建立了各自的独立学科和专业，电气应用领域超过以往任何时代。例如，建筑电气与智能化在建筑行业中的比重越来越大，现代化建筑物、建筑小区乃至乡镇和城市对电气照明、楼宇自动控制、计算机网络通信，以及防火、防盗和停车场管理等安全防范系统的要求越来越迫切，也越来越高；在交通运输行业，过去采用蒸汽机或内燃机直接牵引的列车几乎全部都被电力牵引或电传动机车取代磁悬浮列车的驱动、电动汽车的驱动、舰船的推进，甚至飞机的推进都将大量使用电力；机械制造行业中机电一体化技术的实现和各种自动化生产线的建设，国防领域的全电化军舰、战车、电磁武器等也都离不开电。特别是进入21世纪以来，电气工程领域全面贯彻科学发展观，新原理、新技术、新产品、新工艺获得广泛应用，拥有了一批具有自主知识产权的科技成果和产品，自主创新已成为行业的主旋律。我国的电气工程技术和产品，在满足国内市场需求的基础上已经开始走向世界。电气工程技术的飞速发展，迫切需要从事电气工程的大量高级专业技术人才。

二、电气工程的发展

人类最初是从自然界的雷电现象和天然磁石中开始注意电磁现象的。古希腊和中国文献都记载了琥珀摩擦后吸引细微物体和天然磁石吸铁的现象。1600 年，英国的威廉·吉尔伯特用拉丁文出版了《磁石论》一书，系统地讨论了地球的磁性，开创了近代电磁学的研究。

1660 年，奥托·冯·库克丁发明了摩擦起电机；1729 年，斯蒂芬·格雷发现了导体；1733 年，杜斐描述了电的两种力——吸引力和排斥力。1745 年，荷兰莱顿大学的克里斯特和马森·布洛克发现电可以存储在装有铜丝或水银的玻璃瓶里，格鲁斯拉根据这一发现，制成莱顿瓶，也就是电容器的前身。

1752 年，美国人本杰明·富兰克林通过著名的风筝实验得出闪电等同于电的结论，并首次将正、负号用于电学中。随后，普里斯特里发现了电荷间的平方反比律；泊松把数学理论应用于电场计算。1777 年，库伦发明了能够测量电荷量的扭力天平，利用扭力天平，库伦发现电荷引力或斥力的大小与两个小球所带电荷电量的乘积成正比，而与两小球球心之间的距离平方成反比的规律，这就是著名的库仑定律。

1800 年，意大利科学家伏特发明了伏打电池，从而使化学能可以转化为源源不断输出的电能。伏打电池是电学发展过程中的一个重要里程碑。

1820 年，丹麦科学家奥斯特在实验中发现了电可以转化为磁的现象。同年，法国科学家安培发现了两根通电导线之间会发生吸引或排斥。安培在此基础上提出的载流导线之间的相互作用力定律，后来被称为安培定律，成为电动力学的基础。

1827 年，德国科学家欧姆用公式描述了电流、电压、电阻之间的关系，创立了电学中最基本的定律—欧姆定律。

1831 年 8 月 29 日，英国科学家法拉第成功地进行了"电磁感应"实验，发现了磁可以转化为电的现象。在此基础上，法拉第创立了研究暂态电路的基本定律——电磁感应定律。至此，电与磁之间的统一关系被人类所认识，并从此诞生了电磁学。法拉第还发现了载流体的自感与互感现象，并提出电力线与磁力线概念。

1831 年 10 月，法拉第创制了世界上第一部感应发电机模型——法拉第盘。

1832 年，法国科学家皮克斯在法拉第的影响下发明了世界上第一台实用的直流发电机。

1834 年，德籍俄国物理学家雅可比发明了第一台实用的电动机，该电动机是功率为 15W 的棒状铁芯电动机。1839 年，雅可比在涅瓦河上做了用电动机驱动船舶的实验。

1836 年，美国的机械工程师达文波特用电动机驱动木工车床，1840 年又用电动机驱动印报机。

1845 年，英国物理学家惠斯通通过外加伏打电池电源给线圈励磁，用电磁铁取代永久磁铁，取得了成功，随后又改进了电枢绕组，制成了第一台电磁铁发电机。

1864 年，英国物理学家麦克斯韦在《电磁场的动力学理论》中，利用数学进行分析与综合，进一步把光与电磁的关系统一起来，建立了麦克斯韦方程，最终用数理科学方法使电磁学理论体系建立起来。

1866 年，德国科学家西门子制成第一台自激式发电机，西门子发电机的成功标志着制造大容量发电机技术的突破。

1873 年，麦克斯韦完成了划时代的科学理论著作——《电磁通论》。麦克斯韦方程是现代电磁学最重要的理论基础。

1881 年，在巴黎博览会上，电气科学家与工程师统一了电学单位，一致同意采用早期为电气科学与工程作出贡献的科学家的姓作为电学单位名称，从而电气工程成为在全世界范围内传播的一门新兴学科。

1885 年，意大利物理学家加利莱奥·费拉里斯提出了旋转磁场原理，并研制出二相异步电动机模型，1886 年，美国的尼古拉·特斯拉也独立地研制出二相异步电动机。1888 年，俄国工程师多利沃·多勃罗沃利斯基研制成功第一台实用的三相交流单鼠笼异步电动机。

19 世纪末期，电动机的使用已经相当普遍。电锯、车床、起重机、压缩机、磨面机和凿岩钻等都已由电动机驱动，牙钻、吸尘器等也都用上了电动机。电动机驱动的电力机车、有轨电车、电动汽车也在这一时期得到了快速发展。1873 年，英国人罗伯特·戴维森研制成第一辆用蓄电池驱动的电动汽车。1879 年 5 月，德国科学家西门子设计制造了一台能乘坐 18 人的三节敞开式车厢小型电力机车，这是世界上电力机车首次成功的试验。1883 年，世界上最早的电气化铁路在英国开始营业。

1809 年，英国化学家戴维用 2000 个伏打电池供电，通过调整木炭电极间的距离使之产生放电而发出强光，这是电能首次应用于照明。1862 年，用两根有间隙的炭精棒通电产生电弧发光的电弧灯首次应用于英国肯特郡海岸的灯塔，后来很快用于街道照明。1840 年，英国科学家格罗夫对密封玻璃罩内的铂丝通以电流，达到炽热而发光，但由于寿命短、代价太大不切实用。1879 年 2 月，英国的斯万发明了真空玻璃泡碳丝的电灯，但是由于碳的电阻率很低，要求电流非常大或碳丝极细才能发光，制造困难，所以仅仅停留在实验室阶段，1879 年 10 月，美国发明家爱迪生试验成功了真空玻璃泡中碳化竹丝通电发光的灯泡，由于其灯泡不仅能长时间通电稳定发光，而且工艺简单、制造成本低廉，这种灯泡很快成为商品。1910 年，灯泡的灯丝由 W·D·库甲奇改用钨丝。

1875 年，法国巴黎建成了世界上第一座火力发电厂，标志着世界电力时代的到来。1882 年，"爱迪生电气照明公司"在纽约建成了商业化的电厂和直流电力网系统，发电功率为

660 kW，供应 7 200 个灯泡的用电。同年，美国兴建了第一座水力发电站，之后水力发电逐步发展起来。1883 年，美国纽约和英国伦敦等大城市先后建成中心发电厂。到 1898 年，纽约又建立了容量为 3 万千瓦的火力发电站，用 87 台锅炉推动 12 台大型蒸汽机为发电机提供动力。

早期的发电厂采用直流发电机，在输电方面，很自然地采用直流输电。第一条直流输电线路出现于 1873 年，长度仅有 2km。1882 年，法国物理学家和电气工程师德普勒在慕尼黑博览会上展示了世界上第一条远距离直流输电试验线路，把一台容量为 3 马力（1 马力=735.49875W）的水轮发电机发出的电能，从米斯巴赫输送到相距 57km 的慕尼黑，驱动博览会上的一台喷泉水泵。

1882 年，法国人高兰德和英国人约翰·吉布斯研制成功了第一台具有实用价值的变压器，1888 年，由英国工程师费朗蒂设计，建设在泰晤士河畔的伦敦大型交流发电站开始输电，其输电电压高达 10 kV。1894 年，俄罗斯建成功率为 800 kW 的单相交流发电站。

1887–1891 年，德国电机制造公司成功开发了三相交流电技术。1891 年，德国劳芬电厂安装并投产了世界上第一台三相交流发电机，并通过第一条 13.8 kV 输电线路将电力输送到远方用电地区，既用于照明，也又用于电力拖动。从此，高压交流输电得到迅速的发展。

电力的应用和输电技术的发展，促使一大批新的工业部门相继产生。首先是与电力生产有关的行业，如电机、变压器、绝缘材料、电线电缆、电气仪表等电力设备的制造厂和电力安装、维修和运行等部门；其次是以电作为动力和能源的行业，如照明、电镀、电解、电车、电报等企业和部门，而新的日用电器生产部门也应运而生。这种发展的结果，又反过来促进了发电和高压输电技术的提高。1903 年，输电电压达到 60kV，1908 年，美国建成第一条 110kV 输电线路，1923 年建成投运第一条 230kV 线路。从 20 世纪 50 年代开始，世界上经济发达的国家进入经济快速发展时期，用电负荷保持快速增长，年均增长率在 6% 左右，并一直持续到 20 世纪 70 年代中期，这带动了发电机制造技术向大型、特大型机组发展，美国第一台 300 MW、500 MW、1 000 MW、1 150 MW 和 1300 MW 汽轮发电机组分别于 1955 年、1960 年、1965 年、1970 年和 1973 年投入运行。同时，大容量远距离输电的需求，使电网电压等级迅速向超高压发展，第一条 330 kV、345 kV、400 kV、500 kV、735 kV、750 kV 和 765 kV 线路分别于 1952 年、1954 年、1956 年、1964 年、1965 年、1967 年和 1969 年建成，1985 年，建成第一条 1150 kV 特高压输电线路。

1870–1913 年，以电气化为主要特征的第二次工业革命，彻底改变了世界的经济格局。这一时期，发电以汽轮机、水轮机等为原动机，以交流发电机为核心，输电网以变压器与输配电线路等组成，使电力的生产、应用达到较高的水平，并具有相当大的规模。在工业生产、交通运输中，电力拖动、电力牵引、电动工具、电加工、电加热等得到普遍应用，到 1930 年前后，吸尘器、电动洗衣机、家用电冰箱、电灶、空调器、全自动洗衣机等各种家用电器也相继问世。英国于 1926 年成立中央电气委员会，1933 年建成全国电网。美国工业企业中以电动机为动力的比重，从 1914 年的 30% 上升到 1929 年的 70%。苏联在十月革命后不久也提出了全俄电气化计划。20 世纪 30 年代，欧美发达国家都先后完成了电气化。从此，电力取代了蒸汽，使人类迈入电气化时代，20 世纪成为"电气化世纪"。

今天，电能的应用已经渗透到人类社会生产、生活的各个领域，它不仅创造了极大的生产力，而且促进了人类文明的巨大进步，彻底改变了人类的社会生活方式，电气工程也因此被人们誉为"现代文明之轮"。

21 世纪的电气工程学科将在与信息科学、材料科学、生命科学以及环境科学等学科的交叉和融合中获得进一步发展。创新和飞跃往往发生在学科的交叉点上。所以，在 21 世纪，电气工程领域的基础研究和应用基础研究仍会是一个百花齐放、蓬勃发展的局面，而与其他学科的融合交叉是它的显著特点。超导材料、半导体材料与永磁材料的最新发展对于电气工程领域有着特别重大的意义。从 20 世纪 60 年代开始，实用超导体的研制成功地开创了超导电工的新时代。目前，恒定与脉冲超导磁体技术已经进入成熟阶段，得到了多方面的应用，显示了其优越性与现实性。超导加速器与超导核聚变装置的建成与运行成为 20 世纪下半叶人类科技史中辉煌的成就；超导核磁共振谱仪与磁成像装置已实现了商品化。20 世纪 80 年代制成了高临界温度超导体，为 21 世纪电气工程的发展展示了更加美好的前景。

半导体的发展为电气工程领域提供了多种电力电子器件与光电器件。电力电子器件为电机调速、直流输电、电气化铁路、各种节能电源和自动控制的发展作出了重大贡献。光电池效率的提高及成本的降低为光电技术的应用与发展提供了良好的基础，使太阳能光伏发电已在边远缺电地区得到了应用，并有可能在未来电力供应中占据一定份额。半导体照明是节能的照明，它能大大地降低能耗，减少环境污染，是更可靠、更安全的照明。

新型永磁材料，特别是钕铁硼材料的发现与迅速发展使永磁电机、永磁磁体技术在深入研究的基础上登上了新台阶，应用领域不断扩大。

微型计算机、电力电子和电磁执行器件的发展，使得电气控制系统响应快、灵活性高、可靠性强的优点越来越突出，因此，电气工程正在使一些传统产业发生变革。例如，传统的机械系统与设备，在更多或全面地使用电气驱动与控制后，大大改善了性能，"线控"汽车、全电舰船、多电/全电飞机等研究就是其中最典型的例子。

三、电气工程学科分类

电气工程学科是当今高新技术领域中不可或缺的关键学科。在我国高等学校的本科专业目录中，电气工程对应的专业是电气工程及其自动化或电气工程与自动化，我国 1998 年以前的普通高等学校本科专业目录中，电工类下共有五个专业，分别是电机电器及其控制、电力系统及其自动化、高电压与绝缘技术、工业自动化和电气技术，在 1998 年国家颁布的大学本科专业目录中，把上述电机电器及其控制、电力系统及其自动化、高电压与绝缘技术和电气技术等专业合并为电气工程及其自动化专业，此外，在同时颁布的工科引导性专业目录中，又把电气工程及其自动化专业和自动化专业中的部分合并为电气工程与自动化专业。在 2012 年教育部颁布的《普通高等学校本科专业目录》（2012 年）中，电气类（0806）下只有电气工程及其自动化一个专业，专业代码为 080601。在研究生学科专业目录中，电气工程是工学门类中的一个一级学科，包含电机与电器、电力系统及其自动化、高电压与绝缘技术、电力电子与电力传动、电工理论与新技术等五个二级学科。在我国当代高等工程教育中，电气工程及其自动化专业（或电气工程与自动化专业）是一个新型的宽口径综合性专业。它涉及电能的生产、传输、分配、使用全过程，电力系统（网络）及其设备的研发、设计、制造、运行、检测和控制等多方面各环节的工程技术问题，所以要求电气工程师掌握电工理论、电子技术、自动控制理论、信息处理、计算机及其控制、网络通信等宽广领域的工程技术基础和专业知识，掌握电气工程运行、电气工程设计、电气工程技术咨询、电气工程设备招标及采购咨询、电气工程的项目管理、电气设计项目和建设项目的监理等基本技能。电气工程及其自动化专业不仅要为电力工业与机械制造业，也要为国民经济其他部门，如交通、建筑、冶金、机械、化工等，培养从事电气科学研究和工程技术的高级专门人才。可见，电气工程及其自动化专业是一个以电力工业及其相关产业为主要服务对象，同时辐射到国民经济其他各部门，是应用十分广泛的专业。

四、电气工程法律法规简介

《中华人民共和国电力法（修正版）》（以下简称《电力法》），是经 1995 年 12 月 28 日第八届全国人民代表大会常务委员会第十七次会议通过，1996 年 4 月 1 日起施行，2009 年 8 月 27 日根据《全国人民代表大会常务委员会关于修改部分法律的决定》修订。

《电力法》的立法宗旨是为了保障和促进电力事业的发展，维护电力投资者、经营者和使用者的合法权益，保障电力安全运行。适用范围是中华人民共和国境内的电力建设、生产、供应和使用活动。《电力法》明确规定：电力事业应当适应国民经济和社会发展的需要，适当超前发展。国家鼓励、引导国内外的经济组织和个人依法投资开发电源，兴办电力生产企业。电力事业投资实行谁投资、谁收益的原则。电力设施受国家保护。禁止任何单位和个人危害电力设施安全或者非法侵占、使用电能。

《电力法》明确了环境保护的重要性。电力建设、生产、供应和使用应当依法保护环境，采用新技术，减少有害物质排放，防治污染和其他公害。国家鼓励和支持利用可再生能源和清洁能源发电。

《电力法》明确了各部门的职责。国务院电力管理部门负责全国电力事业的监督管理。国务院有关部门在各自的职责范围内负责电力事业的监督管理。县级以上地方人民政府经济综合主管部门是本行政区域内的电力管理部门，负责电力事业的监督管理。县级以上地方人民政府有关部门在各自的职责范围内负责电力事业的监督管理。电力建设企业、电力生产企业、电网经营企业依法实行自主经营、自负盈亏，同时接受电力管理部门的监督。国家帮助和扶持少数民族地区、边远地区和贫困地区发展电力事业。

《电力法》明确注明，国家鼓励在电力建设、生产、供应和使用过程中，采用先进的科学技术和管理方法，对在研究、开发、采用先进的科学技术和管理方法等方面做出显著成绩的单位和个人给予奖励。

《电力法》内容包括总则、电力建设、电力生产与电网管理、电力供应与使用、电价与电费、农村电力建设和农业用电、电力设施保护、监督检查、法律责任和附则，共十章七十五条。《电力法》（修正版）将第十六条款中的"征用"修改为"征收"；将第七十条款中"治安管理处罚条例"修改为"治安管理处罚法"；将第七十一条、第七十二条、第七十四条中的"依照刑法第 X 条的规定""比照刑法第 X 条的规定"修改为"依照刑法有关规定"。

《电力供应与使用条例》是根据《中华人民共和国电力法》制定，由国务院于 1996 年 4 月 17 日颁布，1996 年 9 月 1 日实施的。目的是加强电力供应与使用的管理，保障供电、用电双方的合法权益，维护供电、用电秩序，安全、经济、合理地供电和用电适用于在中华人民共和国境内，电力供应企业（以下称供电企业）和电力使用者（以下称用户）以及与电力供应、使用有关的单位和个人。条例规定，国务院电力管理部门负责全国电力供应与使用的监督管理工作。县级以上地方人民政府电力管理部门负责本行政区域内电力供应与使用的监督管理工作。电网经营企业依法负责本供区内的电力供应与使用的业务工作，并接受电力管理部门的监督。国家对电力供应和使用实行安全用电、节约用电、计划用电的管理原则。供电企业和用户应当遵守国家有关规定，采取有效措施，做好安全用电、节约用电、计划用电的工作。供电企业和用户应当根据平等自愿、协商一致的原则签订供用电合同。电力管理部门应当加强对供用电的监督管理，协调供用电各方关系，禁止危害供用电安全和非法侵占电能的行为。

《电力供应与使用条例》内容包括总则、供电营业区、供电设施、电力供应、电力使用、供用电合同、监督与管理、法律责任和附则，共九章四十五条。

《中华人民共和国合同法》（以下简称《合同法》），是经第九届全国人民代表大会第二次会议于 1999 年 3 月 15 日通过，1999 年 10 月 1 日起实施的。随着社会主义市场经济体制的不断完善以及电力体制改革的不断深入，供电企业实行商业化运作、法制化管理的机制越来越明确，企业与用户之间的关系用行政的方法和手段来维系已渐不适应，必须用法律的方法和手段来规范。因电力商品交易的特殊性，《合同法》第十章为供用电、水、气、热力合同，明确了供电企业与用户的权利和义务，为电力市场营销活动提供了基本法律准则。供用电合同是电力供应与使用双方根据平等自愿、协商一致的原则，按照国家有关法律和政策规定，确定双方权利和义务的协议。我国《合同法》第一百七十六条规定，"供用电合同是供电人向用电人供电，用电人支付电费的合同"。第一百七十七条规定，"供用电合同的内容包括供电的方式、质量、时间，用电容量、地址、性质，计量方式，电价、电费的结算方式，供用电设施的维护责任等条款"。由此可见，供用电合同是电力企业经营管理的一项主要内容，其目标、任务和企业经营管理的目标、任务相一致。通过签订和履行供用电合同，在电力企业与客户之间建立起桥梁和纽带关系，有利于开拓电力营销，增强电力企业市场竞争能力。供用电合同是依法成立的，在签订和履行过程中涉及诸多法律问题，研究和探讨供用电合同涉及的法律问题，有助于依法全面履行供用电合同，对提高电力企业经营管理水平，维护社会良好、有序的供电秩序和维护客户以及电力企业的合法权益都有着重要的意义。

为了保护电力设施，《中华人民共和国刑法》有关条款如下所述。

第一百一十八条　破坏电力、煤气或者其他易燃易爆设备，危害公共安全，尚未造成严重后果的，处三年以上十年以下有期徒刑。

第一百一十九条　破坏交通工具、交通设施、电力设备、燃气设备、易燃易爆设备，造成严重后果的，处十年以上有期徒刑、无期徒刑或者死刑。过失犯前款罪的，处三年以上七年以下有期徒刑，情节较轻的，处三年以下有期徒刑或拘役。

第一百三十四条　在生产、作业中违反有关安全管理的规定，因而发生重大伤亡事故或者造成其他严重后果的，处三年以下有期徒刑或者拘役；情节特别恶劣的，处三年以上七年以下有期徒刑。强令他人违章冒险作业，因而发生重大伤亡事故或者造成其他严重后果的，处五年以下有期徒刑或者拘役；情节特别恶劣的，处五年以上有期徒刑。

第一百三十五条　安全生产设施或者安全生产条件不符合国家规定，因而发生重大伤亡事故或者造成其他严重后果的，对直接负责的主管人员和其他直接责任人员，处三年以下有期徒刑或者拘役；情节特别恶劣的，处三年以上七年以下有期徒刑。

第一百三十七条　建设单位、设计单位、施工单位、工程监理单位违反国家规定，降低工程质量标准，造成重大安全事故的，对直接责任人员，处五年以下有期徒刑或者拘役，并处罚金；后果特别严重的，处五年以上十年以下有期徒刑，并处罚金。

第二百六十四条　盗窃公私财物，数额较大的，或者多次盗窃、入户盗窃、携带凶器盗窃、扒窃的，处三年以下有期徒刑、拘役或者管制，并处或者单处罚金；数额巨大或者有其他严重情节的，处三年以上十年以下有期徒刑，并处罚金；数额特别巨大或者有其他特别严重情节的，处十年以上有期徒刑或者无期徒刑，并处罚金或者没收财产。

另外，还有《电力设施保护条例》《用电检查管理办法》在反窃电中的应用。《最高人民检察院关于审理触电人身损害赔偿案件若干问题的解释》中有触电人身损害等方面的内容等。

五、电气工程的基础理论

（一）电路及其基本定律

1.电路的物理量

电路的功能，不论是能量的输送和分配，还是信号的传输和处理，都要通过电压、电流和电功率来实现。所以，在电路分析中，人们所关心的物理量是电流、电压和电功率，在分析和计算电路之前，首先要建立并深刻理解这些物理量及其相互关系的基本概念。

（1）电流

①电流的大小电荷的有规则的定向运动就形成了电流。长期以来，人们习惯规定以正电荷运动的方向作为电流的实际方向。电流的大小用电流强度（简称电流）来表示。电流强度在数值上等于单位时间内通过导线某一截面的电荷量，用符号 I 表示。

电流的单位是安培（简称安），用符号 A 表示；电荷量的单位为库仑（简称库），用符号 C 表示；时间的单位为秒，用符号 S 表示。当电流很小时，常用单位为毫安（mA）或微安（mA）；当电流很大时，常用单位为千安（kA）。

②电流的实际方向与参考方向电流不但有大小，而且有方向。

在简单电路中，可以直接判断电流的方向。即在电源内部电流由负极流向正极，而在电源外部电流则由正极流向负极，以形成一闭合回路。但在较为复杂的电路中，如桥式电路中，电阻的电流实际方向有时难以判定。

在分析、计算电路时，电流的实际方向很难预先判断出来，交流电路中的电流实际方向还在不断地随时间而改变，很难也没有必要在电路图中标示其实际方向。为了分析、计算的需要，引入了电流的参考方向。

在电路分析中，任意选定一个方向作为电流的方向，这个方向就称为电流的参考方向，有时又称为电流的正方向，当然，所选定的参考方向并不一定就是电流的实际方向。当电流的参考方向与实际方向相同时，电流为正值。反之，若电流的参考方向与实际方向相反，则电流为负值。这样，电流的值就有正有负，它是一个代数量，其正负可以反映电流的实际方向与参考方向的关系。因此电流的正、负，只有在选定了参考方向以后才有意义。

电流的参考方向一般用实线箭头表示，既可以画在线上；也可以画在线外；还可以用双下标表示。

（2）电压

①电压的大小

电路中 a、b 两点间电压，在数值上等于将单位正电荷从电路中 a 点移到电路中 b 点时电场力所做的功，用 U_{ab} 表示。

②电压的实际方向与参考方向

与电流类似，分析、计算电路时，也要预先设定电压的参考方向。同样，所设定的参考方向并不一定就是电压的实际方向。当电压的参考方向与实际方向相同时，电压为正值；当电压的参考方向与实际方向相反时，电压为负值。这样，电压的值有正有负，它也是一个代数量，其正负表示电压的实际方向与参考方向的关系。

电压的参考方向既可以用实线箭头表示，也可以用正（＋）、负（－）极性表示，正极性指向负极性的方向就是电压的参考方向，还可以用双下标表示。其中，U_{ab} 表示 a、b 两点间的电压参考方向由 a 指向 b。

进行电路分析时，对于一个元件，我们既要对流过元件的电流选取参考方向，又要对元件两端的电压选取参考方向，两者是相互独立的，可以任意选取。也就是说，它们的参考方向可以一致，也可以不一致。如果电流的参考方向与电压的参考方向一致，则称之为关联参考方向；如果电流的参考方向与电压的参考方向不一致，则称之为非关联参考方向。

当选取电压、电流方向为关联参考方向时，电路图上只需标出电流的参考方向或电压的参考方向。

（3）电功率与电能

如前所述，带电粒子在电场力作用下作有规则运动，形成电流。根据电压的定义，电场力所做的功为 $W_{ab}=QU_{ab}$，单位时间内电场力所做的功称为电功率，简称为功率。它是描述传送电能速率的一个物理量，以符号 P 表示。

（4）电阻元件及欧姆定律

①电阻元件的图形、文字符号

电阻器是具有一定电阻值的元器件，在电路中用于控制电流、电压和控制放大了的信号等。电阻器通常就叫电阻，在电路图中用字母"R"或"r"表示。

电阻器的 SI（国际单位制）单位是欧姆，简称欧，通常用符号"Ω"表示。常用的单位还有"KΩ""MΩ"，它们的换算关系如下：

$$1M\Omega = 1000K\Omega = 1000000\Omega$$

电阻元件是从实际电阻器抽象出来的理想化模型，是代表电路中消耗电能这一物理现象地理想二端元件。如电灯泡、电炉、电烙铁等这类实际电阻器，当忽略其电感等作用时，可将它们抽象为仅具有消耗电能的电阻元件。

电阻元件的倒数称为电导，用字母 G 表示，即 $G = \dfrac{1}{R}$

电导的 SI 单位为西门子，简称西，通常用符号 "S" 表示。电导也是表征电阻元件特性的参数，它反映的是电阻元件的导电能力。

②电阻元件的特性

电阻元件的伏安特性，可用电流为横坐标，电压为纵坐标的直角坐标平面上的曲线来表示，称为电阻元件的伏安特性曲线。若伏安特性曲线是一条过原点的直线，这样的电阻元件称为线性电阻元件。

在工程上，还有许多电阻元件，其伏安特性曲线是一条过原点的曲线，这样的电阻元件称为非线性电阻元件。

严格来说，实际电路器件的电阻都是非线性的。如常用的白炽灯，只有在一定的工作范围内，才能把白炽灯近视看成线性电阻，而超过此范围，就成了非线性电阻。

③欧姆定律

欧姆定律是电路分析中的重要定律之一，它说明流过线性电阻的电流与该电阻两端电压之间的关系，反映了电阻元件的特性。

欧姆定律指出：在电阻电路中，当电压与电流为关联参考方向，电流的大小与电阻两端的电压成正比，与电阻值成反比。即欧姆定律可用下式表示：$I = \dfrac{U}{R}$

当选定电压与电流为非关联方向时，则欧姆定律可用下式表示：$I = \dfrac{U}{R}$

在国际单位制中，电阻的单位为欧姆（Ω）。当电路两端的电压为 1V，通过的电流为 1A，则该段电路的电阻为 1Ω。欧姆定律表达了电路中电压、电流和电阻的关系，它说明：

A.如果电阻保持不变，当电压增加时，电流与电压成正比例地增加；当电压减小时，电流与电压成正比例地减小。

B.如果电压保持不变，当电阻增加时，电流与电阻成反比例地减小；当电阻减小时，电流与电阻成反比例地增加。

2.电容元件

（1）电容元件的图形、文字符号

实际电容器是由两片金属极板中间充满电介质（如空气、云母、绝缘纸、塑料薄膜、陶瓷等）构成的。在电路中多用来滤波、隔直、交流耦合、交流旁路及与电感元件组成振荡回路等。电容器又名储电器，在电路图中用字母 "C" 表示。

电容元件是从实际电容器抽象出来的理想化模型，是代表电路中储存电能这一物理现象地理想二端元件。当忽略实际电容器的漏电电阻和引线电感时，可将它们抽象为仅具有储存电场能量的电容元件。

（2）电容元件的特性

在电路分析中，电容元件的电压、电流关系是非常重要的。当电容元件两端的电压发生变化时，极板上聚集的电荷也相应地发生变化，这时电容元件所在的电路中就存在电荷的定向移动，形成了电流。当电容元件两端的电压不变时，极板上的电荷也不变化，电路中便没有电流。

在选用电容器时，除了选择合适的电容量外，还需注意实际工作电压与电容器的额定电压是否相等。如果实际工作电压过高，介质就会被击穿，电容器就会损坏。

3.电感元件

（1）电感元件的图形、文字符号

实际电感线圈就是用漆包线或纱包线或裸导线一圈靠一圈地绕在绝缘管上或铁芯上而又彼此绝缘的一种元件。在电路中多用来对交流信号进行隔离、滤波或组成谐振电路等。电感线圈简称线圈，在电路图中用字母"L"表示。

电感线圈是利用电磁感应作用的器件。在一个线圈中，通过一定数量的变化电流，线圈产生感应电动势大小的能力就称为线圈的电感量，简称电感。电感常用字母"L"表示。

电感元件是从实际线圈抽象出来的理想化模型，是代表电路中储存磁场能量这一物理现象的理想二端元件。当忽略实际线圈的导线电阻和线圈匝与匝之间的分布电容时，可将其抽象为仅具有储存磁场能量的电感元件。

（2）电感元件的特性

任何导体当有电流通过时，在导体周围就会产生磁场；如果电流发生变化，磁场也随着变化，而磁场的变化又引起感应电动势的产生。这种感应电动势是由于导体本身的电流变化引起的，称为自感。

自感电动势的方向，可由楞次定律确定。即当线圈中的电流增大时，自感电动势的方向和线圈中的电流方向相反，以阻止电流的增大；当线圈中的电流减小时，自感电动势的方向和线圈中的电流方向相同，以阻止电流的减小。总之，当线圈中的电流发生变化时，自感电动势总是阻止电流的变化。

自感电动势的大小，一方面取决于导体中电流变化的快慢，另一方面还与线圈的形状、尺寸、线圈匝数以及线圈中介质情况有关。

（二）电阻、电容元件的识别与应用

1.电阻元件的识别与应用

（1）电阻元件的识别

①电阻的分类、特点及用途电阻的种类较多，按制作的材料不同，可分为绕线电阻和非绕线电阻两大类。非绕线电阻因制造材料的不同，有碳膜电阻、金属膜电阻、金属氧化膜电阻、实心碳质电阻等。另外还有一类特殊用途的电阻，如热敏电阻、压敏电阻等。

热敏电阻的阻值是随着环境和电路工作温度变化而改变的。它有两种类型，一种是随着温度增加而阻值增加的正温度系数热敏电阻；另一种是随着温度增加而阻值减小的负温度系数热敏电阻。在电信设备和其他设备中作正或负温度补偿，或作测量和调节温度之用。

压敏电阻在各种自动化技术和保护电路的交直流及脉冲电路中，做过压保护、稳压、调幅、非线性补偿之用。尤其是对各种电感性电路的熄灭火花和过压保护有良好作用。

②电阻的类别和型号

随着电子工业的迅速发展，电阻的种类也越来越多，为了区别电阻的类别，在电阻上可用字母符号来标明。

电阻类别的字母符号标志说明见表 10-1。

表 10-1　电阻的类别和型号标志

第一部分	主称	R：电阻
		W：电位器
第二部分	导体材料	T：碳膜电阻
		J：金属膜电阻
		Y：金属氧化膜电阻
		X：绕线电阻
		M：压敏电阻
		G：光敏电阻
		R：热敏电阻
第三部分	形状性能	X：大小
		J：精密
		L：测量
		G：高功率
		1：普通
		2：普通
		3：超高频
		4：高阻
		5：高温
		8：高压
		9：特殊
第四部分	序号	对主称、材料特征相同，仅尺寸性能指标略有差别，但基本上不影响互换的产品给同一序号，若尺寸、性能指标的差别已明显影响互换，则在序号后面用大写字母予以区别。

③电阻的主要参数电阻的主要参数是指电阻标称阻值、误差和额定功率。前者是指电

阻元件外表面上标注的电阻值（热敏电阻则指 25℃时的阻值）；后者是指电阻元件在直流或交流电路中，在一定大气压力和产品标准中规定的温度下（–55~125℃不等），长期连续工作所允许承受的最大功率。在实际应用中，根据电路图的要求选用电阻时，必须了解电阻的主要参数。

A.标称阻值和误差使用电阻，首先要考虑的是它的阻值是多少。为了满足不同的需要，必须生产出各种不同大小阻值的电阻。但是，绝不可能也没有必要做到要什么阻值的电阻就有什么样的成品电阻。

为了便于大量生产，并且也让使用者在一定的允许误差范围内选用电阻，国家规定出一系列的阻值作为产品的标准，这一系列阻值就叫作电阻的标称阻值。另外，电阻的实际阻值也不可能做到与它的标称阻值完全一样，两者之间总存在一些偏差。最大允许偏差值除以该电阻的标称值所得的百分数就叫作电阻的误差。对于误差，国家也规定出一个系列。普通电阻的误差有 ±5%，±10%，±20%三种，在标志上分别以Ⅰ、Ⅱ和Ⅲ表示。例如一只电阻上印有"47k Ⅱ"的字样，我们就知道它是一，只标称阻值为 47 千欧，最大误差不超过 ±10%的电阻。误差为 ±2%，±1%，±0.5 的电阻称为精密电阻。

B.电阻的额定功率当电流通过电阻时，电阻因消耗功率而发热。

若电阻发热的功率大于它所能承受的功率，电阻就会烧坏。故电阻发热而消耗的功率不得超过某一数值。这个不至于将电阻烧坏的最大功率值就称为电阻的额定功率。

与电阻元件的标称阻值一样，电阻的额定功率也有标称值，通常有 1/8、1/4、1/2、1、2、3、5、10、20 瓦等。"瓦"字在电路中用字母"W"表示。

当有的电阻上没有瓦数标志时，我们就要根据电阻体积大小来判断，常用的碳膜电阻与金属膜电阻。

④电阻的规格标注方法电阻的类别、标称阻值及误差、额定功率一般都标注在电阻元件的外表面上，目前常用的标注方法有两种。

A.直标法。直标法是将电阻的类别及主要技术参数直接标注在它的表面上。有的国家或厂家用一些文字符号标明单位。

B.色标法。色标法是将电阻的类别及主要技术参数用颜色（色环或色点）标注在它的表面上。碳质电阻和一些小碳膜电阻的阻值和误差，一般用色环来表示（个别电阻也有用色点表示的）。色标法是在电阻元件的一端上画有三道或四道色环（图），紧靠电阻端的为第一色环，其余依次为第二、三、四色环。第一道色环表示阻值第一位数字，第二道色环表示阻值第二位数字，第三道色环表示阻值倍率的数字，第四道色环表示阻值的允许误差。

色环所代表数及数字意义见表 10–2。例如有一只电阻有四个色环颜色依次为：红，紫，黄，银。这个电阻的阻值为 270000Ω，误差为 ±10%（即 270K ± 10%）；另有一只电阻标有棕，绿，黑三道色环，显然其阻值为 15Ω，误差为 ±20%（即 150±20%）；还有一只电阻的四个色环颜色依次为：绿，棕，金，金，其阻值为 5.1Ω，误差为 ±10%（即 5.10±10%）。

用色点表示的电阻，其识别方法与色环表示法相同。

表 10-2　色环所代表的数及数字意义

色别	第一色环 第一位数	第二色环 第二位数	第三色环 应乘位数	第四色环 允许误差
棕色	1	1	10^1	—
红色	2	2	10^2	—
橙色	3	3	10^3	—
黄色	4	4	10^4	—
绿色	5	5	10^5	—
蓝色	6	6	10^6	—
紫色	7	7	10^7	—
灰色	8	8	10^8	—
白色	9	9	10^9	—
黑色	0	0	10^0	—
金色	—	—	10^{-1}	±5%
银色	—	—	10^{-2}	±10%
无色	—	—	—	±20%

顺便指出，目前市售电阻元件中，碳膜电阻器的外层漆皮多呈绿色和蓝灰色，也有的为米黄色；金属膜电阻呈深红色，绕线电阻则呈黑色。

（2）电阻元件的应用

①电阻器、电位器的检测电阻器的主要故障是：过流烧毁，变值，断裂，引脚脱焊等。电位器还经常发生滑动触头与电阻片接触不良等情况。

A.外观检查对于电阻器，通过目测可以看出引线是否松动、折断或电阻体烧坏等外观故障。

对于电位器，需检查引出端子是否松动，接触是否良好，转动转轴时应感觉平滑，不应有过松过紧等情况。

B.阻值测量通常可用万用表欧姆挡对电阻器进行测量，需要精确测量阻值可以通过电桥进行。值得注意的是，测量时不能用双手同时捏住电阻或测试笔，否则，人体电阻会与被测电阻器并联，影响测量精度。电位器也可先用万用表欧姆挡测量总阻值，然后将表笔接于活动端子和引出端子，反复慢慢旋转电位器转轴，看万用表指针是否连续均匀变化，如指针平稳移动而无跳跃、抖动现象，则说明电位器正常。

②电阻器和电位器的选用方法

A.电阻器的选用类型选择：对于一般的电子线路，若没有特殊要求，可选用普通的碳膜电阻器，以降低成本；对于高品质的收录机和电视机等，要选用较好的碳膜电阻器、金属膜电阻器或线绕电阻器；对于测量电路或仪表、仪器电路，应选用精密电阻器；在高频电路中，应选用表面型电阻器或无感电阻器，不宜使用合成电阻器或普通的线绕电阻器；对于工作频率低，功率大，且对耐热性能要求较高的电路，可选用线绕电阻器。

阻值及误差选择：阻值应按标称系列选取。有时需要的阻值不在标称系列，此时可选择最接近这个阻值的标称值电阻，当然我们也可以用两个或两个以上的电阻器的串并联来代替所需的电阻器。

误差选择应根据电阻器在电路中所起的作用，除一些对精度特别要求的电路（如仪器仪表，测量电路等）外，一般电子线路中所需电阻器的误差可选用Ⅰ、Ⅱ、Ⅲ级误差即可。

额定功率的选取：电阻器在电路中实际消耗的功率不得超过其额定功率。为了保证电阻器长期使用且不会损坏，通常要求选用的电阻器的额定功率高于实际消耗功率的两倍以上。

B.电位器的选用

电位器结构和尺寸的选择：选用电位器时应注意尺寸大小和旋转轴柄的长短，轴端式样和轴上是否需要紧锁装置等。经常调节的电位器，应选用轴端铣成平面的，以便安装旋钮，不经常调整的，可选用轴端带刻槽的；一经调好就不再变动的，可选择带紧锁装置的电位器。

阻值变化规律的选择：用作分压器时或示波器的聚焦电位器和万用表的调零电位器时，应选用直线式；收音机的音量调节电位器应选用反转对数式，也可以用直线式代替；音调调节电位器和电视机的黑白对比度调节电位器应选用对数式。

2.电容元件的识别与应用

（1）电容元件的识别

①电容的分类、特点及用途

电容器是电信器材的主要元件之一，在电信方面采用的电容器以小体积为主，大体积的电容器常用于电力方面。电容器基本上分为固定的和可变的两大类。固定电容器按介质来分，有云母电容器、瓷介电容器、纸介电容器、薄膜电容器（包括塑料、涤纶等）、玻璃釉电容器、漆膜电容器和电解电容器等。可变电容器有空气可变电容器、密封可变电容器两类。半可变电容器又分为瓷介微调、塑料薄膜微调和线绕微调电容器等。

②电容的类别和型号

在固定电容器上，一般都印有许多字母来表示它的类别、容量、耐压和允许误差。随着电子工业的迅速发展，电容的种类也越来越多，为了区别电容的类别，在电容上可用字母符号来标明。

③电容的主要参数

电容的主要参数，是指额定工作电压、标称容量和允许误差范围、绝缘电阻。在实际应用时，根据电路图的要求选用电阻，就必须了解电阻的主要参数。

A.额定工作电压在规定的温度范围内，电容器在线路中能长期可靠地工作而不致被击穿所能承受的最大电压（又称耐压）。有时又分为直流工作电压和交流工作电压（指有效值）。单位是伏特，用"V"表示，其值通常为击穿电压的一半。额定工作电压的大小与介质的种类和厚度有关。

B.标称容量和允许误差范围为了生产和选用的方便，国家规定了各种电容器的电容量的一系列标准值，称为标称容量，也就是在电容器上所标出的容量。

实际生产的电容器的电容量和标称电容量之间总是会有误差的。依据不同的允许误差范围，规定电容器的精度等级。电容器的电容量允许误差分为五个等级；00级表示允许误差 ±1%；0级表示允许误差 ±2%；Ⅰ级表示允许误差 ±5%，Ⅱ级表示允许误差 ±10%；Ⅲ级表示允许误差 ±20%。

C.绝缘电阻电容器绝缘电阻的大小，说明其绝缘性能的好坏。当电容器加上直流电压 U 长时间充电之后，其电流最终仍保留一定的值，称为电容器的漏电电流 I，这时绝缘电阻 R 为 ∞。除电解电容器外，一般电容器的漏电电流是很小的。显然电容器的漏电电流越大，绝缘电阻越小。当漏电电流较大时，电容器发热，发热严重时，电容器因过热而损坏。

电容器的绝缘电阻的大小和介质的体积，电阻系数，介质厚度以及极片面积的大小都有关系。为了减小漏电电流的影响，要求电容器具有很高的绝缘电阻，一般应为 5000~1M Ω 以上。

（2）电容元件的应用

①电容器的检测电容器的主要故障是：击穿、短路、漏电、容量减小、变质及破损等。

A.外观检查观察外表应完好无损，表面无裂口、污垢和腐蚀，标志应清晰，引出电极无折伤；对可调电容器应转动灵活，动定片间无碰、擦现象，各联间转动应同步等。

B.测试漏电电阻用万用表欧姆挡（R×100 或 R×1k 挡），将表笔接触电容的两引线。刚搭上时，表头指针将发生摆动，然后再逐渐返回趋向 R=∞ 处，这就是电容的充放电现象（对 0.1μF 以下的电容器观察不到此现象）。指针的摆动越大容量越大，指针稳定后所指示的值就是漏电电阻值。其值一般为几百到几千兆欧，阻值越大，电容器的绝缘性能越好。检测时，如果表头指针指到或靠近欧姆零点，说明电容器内部短路，若指针不动，始终指向 R=∞ 处，则说明电容器内部开路或失效。

5000pF 以上的电容器可用万用表电阻最高档判别，5000pF 以下的小容量电容器应另采用专门测量仪器判别。

C.电解电容器的极性检测电解电容器的正负极性是不允许接错的，当极性标记无法辨认时，可根据正向联接时漏电电阻大，反向联接时漏电电阻小的特点来检测判断。交换表笔前后两次测量漏电电阻值，测出电阻值大的一次时，黑表笔接触的是正极。（因为黑表笔与表内的电池的正极相接）。

D.可变电容器碰片或漏电的检测万用表拨到 R×10 档，两表笔分别搭在可变电容器的动片和定片上，缓慢旋动片，若表头指针始终静止不动，则无碰片现象，也不漏电；若旋转至某一角度，表头指针指到 00，则说明此处碰片；若表头指针有一定指示或细微摆动，说明有漏电现象。

②电容器的选用方法

A.选择合适的型号根据电路要求，一般用于低频耦合、旁路去耦等，电气性能要求较低时，可采用纸介电容器、电解电容器等。

晶体管低频放大器的耦合电容器，选用 1~22μF 的电解电容器。旁路电容器根据电路的工作频率来选，如在低频电路中，发射极旁路电容选用电解电容器，容量在 10~220μF 之间；在中频电路中，可选用 0.01~0.1μF 的纸介、金属化纸介、有机薄膜电容器等；在高频电路中应选择高频瓷介质电容器；若要求在高温下工作，则应选玻璃釉电容器等。

在电源滤波和退耦电路中，可选用电解电容器。因为在这些使用场合，对电容器性能要求不高，只要体积不大，容量够用就可以。

对于可变电容器，应根据电容统调的级数，确定应采用单联或多联可变电容器，然后根据容量变化范围、容量变化曲线、体积等要求确定相应品种的电容器。

B.合理确定电容器的容量和误差电容器容量的数值，必须按规定的标称值来选择。

电容器的误差等级有多种，在低频耦合、去耦、电源滤波等电路中，电容器可以选 ±5%、±10%、±20% 等误差等级，但在振荡回路、延时电路、音调控制电路中，电容器的精度要稍高一些；在各种滤波器和各种网络中，要求选用高精度的电容器。

C.耐压值的选择为保证电容器的正常工作，被选用的电容器的耐值不仅要大于其实际工作电压，而且要留有足够的余地，一般选用耐压值为实际工作电压两倍以上的电容器。

D.注意电容器的温度系数，高频特性等参数在振荡电路中的振荡元件、移相网络元件、滤波器等，应选用温度系数小的电容器，以确保其性能。

六、电气自动化工程的应用

（一）工业自动化

工业自动化就是工业生产中的各种参数为控制目的，实现各种过程控制，在整个工业生产中，尽量减少人力的操作，而能充分利用动物以外的能源与各种资讯来进行生产工作，即称为工业自动化生产，而使工业能进行自动生产之过程称为工业自动化。工业自动化是机器设备或生产过程在不需要人工直接干预的情况下，按预期的目标实现测量、操纵等信息处理和过程控制的统称。自动化技术就是探索和研究实现自动化过程的方法和技术。它是涉及机械、微电子、计算机、机器视觉等技术领域的一门综合性技术。工业革命是自动化技术的助产士。正是由于工业革命的需要，自动化技术才冲破了卵壳，得到了蓬勃发展。同时，自动化技术也促进了工业的进步，如今自动化技术已经被广泛地应用于机械制造、电力、建筑、交通运输、信息技术等领域，成为提高劳动生产率的主要手段。

工业自动化是德国得以启动工业4.0的重要前提之一，主要是在机械制造和电气工程领域。当下在德国和国际制造业中广泛采用的"嵌入式系统"，正是将机械或电气部件完全嵌入到受控器件内部，是一种特定应用设计的专用计算机系统。数据显示，这种"嵌入式系统"每年获得的市场效益高达200亿欧元，而这个数字到2020年将提升至400亿欧元。

经济全球化发展以来，中国企业参与国际竞争成了必不可少的趋势，只有充分发挥本国经济等方面的优势，才能争取创造更多的经济收益。从社会主义科学发展观角度思考，工业经济改革也应朝着更加先进的方向迈进。实施电气工程改造既可以提升电力行业的科技实力，也能为广大用户创造更加有利的条件。本文主要分析了电气工程自动化改造的相关问题。

从社会主义科学发展观角度思考，工业经济改革也应朝着更加先进的方向迈进。实施电气工程改造既可以提升电力行业的科技实力，也能为广大用户创造更加有利的条件。本文主要分析了电气工程自动化改造的相关问题。

1.电气工程及其自动化

（1）信息技术

信息技术广泛地定义为包括计算机、世界范围高速宽带计算机网络及通信系统，以及用来传感、处理、存储和显示各种信息等相关支持技术的综合。信息技术对电气工程的发展具有极大的支配性影响。信息技术持续以指数速度增长，在很大程度上取决于电气工程中众多学科领域的持续技术创新。反过来，信息技术的进步又为电气工程领域的技术创新提供了更新更先进的工具基础。

（2）操控系统

因三极管的发明和大规模集成电路制造技术的发展，固体电子学在20世纪的后50年对电气工程的成长起到了巨大的推动作用。电气工程与物理科学间的紧密联系与交叉仍然是今后电气工程学科的关键，并且将拓宽到生物系统、光子学、微机电系统（MEMS）。21世纪中的某些最重要的新装置、新系统和新技术将来自上述领域。技术的飞速进步和分析方法、设计方法的日新月异，使得我们必须每隔几年对工程问题的过去解决方案重新全面思考或审查。

（3）电气工程的实际运用情况

①智能建筑

智能化建筑的发展必然离不开电气自动化，随着我国国民经济的飞速发展以及数字电子化科技发展，高档智能化建筑无疑已成为当今建筑界的主要发展方向。自然达到合理利用设备，在资源方面，人力的节省就有了建筑设备的自动化控制系统。智能化建筑内有大量的电子设备与布线系统。这些电子设备及布线系统一般都属耐压等级低，防干扰要求高，是最怕受到雷击的部分。智能建筑多属于一级负荷，应该设计为一级防雷建筑物，组成具有多层屏蔽的笼形防雷体系。

②净化系统

净化空调系统控制自动监控装置，可以设计成单个系统的测量、控制系统也可以设计成以数字计算机控制管理的系统。在温度控制方面，净化空调系统采用 DDC 控制。装设在回风管的温度传感器所检测的温度送往 DX-9100，与设定点比较，用比例加积分、微分运算进行控制，输出相应电压信号，控制加热电动调节阀或冷水电动调节阀的动作，控制回风温度应保持在 18 度-16 度之间，使得洁净室温度符合 GMP 要求。

（4）电气自动化控制系统的设计

①集中监控方式

集中监控方式不但运行维护方便，控制站的防护要求也不高，而且系统设计也很容易。但因为这种方式是将系统的各个功能集中到一个处理器进行处理，所以处理器的任务相当繁重，处理速度也会受到一定的影响。由于电气设备全部进入监控，致使主机冗余的下降、电缆数量增加，投资加大，长距离电缆引入的干扰也可能影响系统的可靠性。同时，隔离刀闸的操作闭锁和断路器的联锁采用硬接线，由于隔离刀闸的辅助接点经常不到位，这也会造成设备无法操作。这种接线的二次接线比较复杂，查线也不方便，大大增加了维护量，还存在在查线或传动过程中由于接线复杂而造成误操作的可能性。

②远程监控方式

远程监控方式具有节约大量电缆、节省安装费用、节约材料、可靠性高和组态灵活等优点。但由于各种现场总线的通讯速度不是很高，使得电厂电气部分通讯量相对又比较大，故这种方式大都用于小系统监控，而在全厂的电气自动化系统的构建中却不适用。

③现场总线监控方式

目前，对于以太网（Ethernet）、现场总线等计算机网络技术已经普遍应用于变电站综合自动化系统中，而且已经拥有了丰富的运行经验，智能化电气设备也有了较快地发展，这些都为网络控制系统应用于发电厂电气系统奠定了坚实的基础。现场总线监控方式使系统设计更加具有针对性，对于不同的间隔可以有不同的功能，这样就可根据间隔的情况进行设计。这种监控方式除了具有远程监控方式的全部优点外，还可以减少大量的隔离设备、端子柜、模拟量变送器等，而且智能设备就地安装，与监控系统通过通信线连接，节省了大量控制电缆，节约了很多投资和安装维护工作量，降低了成本。此外，各装置的功能相对独立，组态灵活，使整个系统具有可靠性而不会导致系统瘫痪。因此，现场总线监控方式是今后发电厂计算机监控系统的发展方向。

（5）电力系统自动化改造的趋势

①功能多样化

传统电力系统的重点功能集中于发电、输电，在传输期间对电能值大小的转换缺乏足够的功能。电力系统自动化改造之后，系统功能日趋多样化，电压转变、电能分配、用电调控等功能均会得到明显地改善，系统自动化状态，符合了系统高负荷运行状态的操作要求。

②结构简单化

结构问题是阻碍电力系统功能发挥的一大因素，多种设备连接于系统导致操作人员的调控质量下降，部分设备在系统运行时发挥不了作用。系统自动化改造后结构得到了充分的简化，且功能也明显优越于传统模式，促进了电力行业的持续发展。

③设备智能化

电力设备是系统发挥作用的载体，电厂发电、输电、变电等各个环节都要依赖于设备运行。早期人工操控设备的效率较低，自动化改造之后可利用计算机作为控制中心，利用程序代码指导电力设备操作，智能化执行设备命令，以逐渐提升作业效率。

④操控一体化

当电力系统设备实现智能化之后，系统操控的一体化便成为现实。如机械一体化、机电一体化、人机一体化等模式，都是电力系统自动化改造的发展趋势。电力系统一体化操控"省力、省时、省钱"，也为后期继电保护装置的安装运用创造了有利条件。

（6）继电保护运用于自动化改造

①针对性

由于电力系统自动化改造属于技术改造范畴，需要对系统潜在的故障问题检测处理。继电保护具有针对性地处理功能，可根据系统不同的故障形式采取针对性地处理方案。例如，电力设备出现短路问题，继电保护可立刻把设备从故障区域隔离；线路保护拒动作时，继电保护可将线路故障切除，具有针对性的故障防御处理功能。

②稳定性

继电保护对电力系统的稳定性作用显著，特别是在故障发生之后可维持系统的稳定运行，以免故障对设备造成的损坏更大。良好的运行环境是设备功能发挥的前提条件，比如，继电保护装置能快速地切除故障，减短了设备及用户在高电流、低电压运行的时间。通过模拟仿真，保证了系统在故障状态下的稳定运行，防止系统中断引起的损坏。

③可靠性

对电力系统实施自动化改造的根本目的是满足广大用户的用电需求，系统能否可靠地运行也决定了用户或设备的用电质量。继电保护装置的运用为系统可靠性提供了多方面的保障，如：安全方面，强大的故障处理功能保障了人员、设备的安全；效率方面，多功能的监测方式可及时发现异常信号，提醒技术人员调整系统结构。

2.工业自动化发展方向

电气工程是社会现代化发展的重点工程，关系着我国工业经济及科学技术水平的进步情况。深入研究电气工程改造及其自动化趋势，是企业未来发展的必然要求。面对电气工程自动化改造活动，企业应加强多方面的调控管理，确保改造工程达到预期的成效，提升电气工程的运行水平。

工业自动化技术是一种运用控制理论、仪器仪表、计算机和其他信息技术，对工业生产过程实现检测、控制、优化、调度、管理和决策，达到增加产量、提高质量、降低消耗、确保安全等目的综合性高技术，包括工业自动化软件、硬件和系统三大部分。工业自动化技术作为20世纪现代制造领域中最重要的技术之一，主要解决生产效率与一致性问题。无论高速大批量制造企业还是追求灵活、柔性和定制化企业，都必须依靠自动化技术的应用。自动化系统本身并不直接创造效益，但它对企业生产过程起着明显地提升作用：

据国际权威咨询机构统计，对自动化系统投入和企业效益方面提升产出比约1:4至1:6之间。特别在资金密集型企业中，自动化系统占设备总投资10%以下，起到"四两拨千斤"的作用。传统的工业自动化系统即机电一体化系统主要是对设备和生产过程的控制，即由机械本体、动力部分、测试传感部分、执行机构、驱动部分、控制及信号处理单元、接口等硬件元素，在软件程序和电子电路逻辑的有目的的信息流引导下，相互协调、有机融合和集成，形成物质和能量的有序规则运动，从而组成工业自动化系统或产品。

在工业自动化领域，传统的控制系统经历了继基地式气动仪表控制系统、电动单元组合式模拟仪表控制系统、集中式数字控制系统和集散式控制系统DCS的发展历程。

随着控制技术、计算机、通信、网络等技术的发展，信息交互沟通的领域正迅速覆盖从工厂的现场设备层到控制、管理各个层次。工业控制机系统一般是指对工业生产过程及其机电设备、工艺装备进行测量与控制的自动化技术工具（包括自动测量仪表、控制装置）的总称。

今天，对自动化最简单地理解也转变为：用广义的机器（包括计算机）来部分代替或完全取代或超越人的体力。

随着国民经济的发展，人民生活水平地提高，电能的需要也在不断地增加，发电设备也相应增多，电网结构和运行方式也越来越复杂，人们对电能质量的要求也越来越高。为了保证用户的用电，必须对电网进行管理和控制。

电力系统运行管理和调度的任务很复杂，但简单说来，就是：

（1）尽量维持电力系统的正常运行，安全是电力系统的头等大事，系统一旦发生事故，其危害是难以估计的，故努力维持电力系统的正常运行是首要任务；

（2）为用户提供高质量的电能，反映电能质量的三个参数就是电压、频率和波形。这三个参数必须在规定范围内，才能保证电能的质量。稳定电压的关键是调节系统中无功功率的平衡，频率的变化，是整个系统有功功率的平衡问题，波形是由发电机决定的；

（3）保证电力系统运行的经济性，使发电成本最经济。

电力系统是一个分布面广、设备量大、信息参数多的系统，发电厂发出电能供给用户，必须经几级变压器变压才能传输。各级电压通过输电线路向用户供电，电压从低到高，再从高到低，以利于能量的传送。电压的变换，形成不同的电压级别，形成一个个不同电压级别的变电站，变电站之间是输电线，于是形成了复杂的电力网拓扑结构。电网调度正是按照电网的这种拓扑结构进行管理和调度的。

一般情况下，电网按电压级别设置调度中心，电压级别越高，调度中心的级别也越高。整个系统是一个宝塔型的网络图。分级调度可以简化网络的拓扑结构，使信息的传送变得更加合理，大大节省了通信设备，并提高了系统运行的稳定性。按中国的情况，电力系统调度分为国家调度中心，大区网局级调度控制中心，省级调度控制中心，地区调度控制中心，县级调度中心。各级直接管理和调度其下一层调度中心。

电网调度自动化是一个总称，由于各级调度中心的任务不同，调度自动化系统的规模也不同，但无论哪一级调度自动化系统，都具有一种最基本的功能，就是监视控制和数据收集系统，又称 SCADA 系统功能（Supervisory Control And Data Acquisition）。

自动发电控制功能 AGC：AGC 系统主要要求达到对发电机发电多少不是由电厂直接控制，而是由电厂上级的调度中心根据全局优化的原则来进行控制。

经济调度控制功能 EDC（Economic Dispatch Control）：EDC 的目的是控制电力系统中各发电机的出力分配，使电网运行成本最小，EDC 常包含在 AGC 中。

安全分析功能 SA（Security Analyze）：SA 功能是电网调度为了做到"防患于未然"而配备的功能。它通过计算机对当前电网运行状态的分析，估计出可能出现的故障，预先采取措施，避免事故发生。如果电网调度自动化系统具有了 SCADA+AGC/EDC+SA 功能，就称为能量管理系统 EMS（Energy Management System）。数字传输技术和光纤通信技术的提高，使得电网调度自动化也进入了网络化，如今电网调度中的计算机配置大多采用了开发分布式计算机系统。随着中国国民经济的发展，中国也进入了大电网、大机组、超高压输电的时代。完全可以相信，随着中国新建电网自动化系统的发展，中国电网调度自动化水平会进一步地提高，达到世界先进水平。

柔性制造技术（FMS）是对各种不同形状加工对象实现程序化柔性制造加工的各种技术的总和。柔性制造技术是技术密集型的技术群，凡是侧重于柔性，适应于多品种、中小批量（包括单件产品）的加工技术都属于柔性制造技术。

柔性可以表述为两个方面。一方面是系统适应外部环境变化的能力，可用系统满足新产品要求的程度来衡量；另一方面是系统适应内部变化的能力，可用在有干扰（如机器出现故障）情况下，这时系统的生产率与无干扰情况下的生产率期望值之比可以用来衡量柔性。"柔性"是相对于"刚性"而言的，传统的"刚性"自动化生产线主要实现单一品种的大批量生产。其优点是生产率很高，由于设备是固定的，所以设备利用率也很高，单件产品的成本低。但价格相当昂贵，且只能加工一个或几个相类似的零件。若想要获得其他品种的产品，则必须对其结构进行大调整，重新配置系统内各要素，其工作量和经费投入与构造一个新的生产线往往不相上下。刚性的大批量制造自动化生产线只适合生产少数几个品种的产品，难以应付多品种中小批量的生产。随着社会进步和生活水平地提高，市场更加需要具有特色、符合顾客个人要求样式和功能千差万别的产品。激烈的市场竞争迫使传统的大规模生产方式发生改变，要求对传统的零部件生产工艺加以改进。传统地制造系统不能满足市场对多品种小批量产品的需求，这就使系统的柔性对系统的生存越来越重要。随着批量生产时代正逐渐被适应市场动态变化的生产所替换，一个制造自动化系统的生存能力和竞争能力在很大程度上取决于它是否能在很短的开发周期内，生产出较低成本、较高质量的不同品种产品的能力。柔性已占有相当重要的位置。

FMS规模趋于小型化、低成本，演变成柔性制造单元FMC，它可能只有一台加工中心，但具有独立自动加工能力。有的FMC具有自动传送和监控管理的功能，有的FMC还可以实现24小时无人运转。用于装备的FMS称为柔性装备系统（FAS）。

智能制造（Intelligent Manufacturing，IM）是一种由智能机器和人类专家共同组成的人机一体化智能系统，它在制造过程中能进行智能活动，诸如分析、推理、判断、构思和决策等。通过人与智能机器的合作共事，去扩大、延伸和部分地取代人类专家在制造过程中的脑力劳动。它把制造自动化的概念更新，扩展到柔性化、智能化和高度集成化。

谈起智能制造，首先应介绍日本在1990年4月所倡导的"智能制造系统IMS"国际合作研究计划。许多发达国家如美国、欧洲共同体、加拿大、澳大利亚等参加了该项计划。该计划共计划投资10亿美元，对100个项目实施前期科研计划。

毫无疑问，智能化是制造自动化的发展方向。在制造过程的各个环节几乎都广泛应用人工智能技术。专家系统技术可以用于工程设计，工艺过程设计，生产调度，故障诊断等。也可以将神经网络和模糊控制技术等先进的计算机智能方法应用于产品配方，生产调度等，实现制造过程智能化。而人工智能技术尤其适合于解决特别复杂和不确定的问题。

但同样显然的是，要在企业制造的全过程中全部实现智能化，如果不是完全做不到的事情，至少也是在遥远的将来。有人甚至提出这样的问题，下个世纪会实现智能自动化吗？如果只是在企业的某个局部缓解实现智能化，而又无法保证全局的优化，则这种智能化的意义是有限的。

从广义概念上来理解，CIMS（计算机集成制造系统），敏捷制造等都可看作是智能自动化的例子。的确，除了制造过程本身可以实现智能化外，还可以逐步实现智能设计，智能管理等，再加上信息集成，全局优化，逐步提高系统的智能化水平，最终建立智能制造系统。这可能是实现智能制造的一种可行途径。

Agent 原为代理商，是指在商品经济活动中被授权代表委托人的一方。后来被借用到人工智能和计算机科学等领域，以描述计算机软件的智能行为，称为智能体。1992 年曾经有人预言："基于 Agent 的计算将可能成为下一代软件开发的重大突破。"随着人工智能和计算机技术在制造业中的广泛应用，多智能体系统技术对解决产品设计、生产制造乃至产品的整个生命周期中的多领域间的协调合作提供了一种智能化的方法，也为系统集成、并行设计，为实现智能制造提供了更有效的手段。

整子系统的基本构件是整子（Holon）。Holon 是从希腊语借过来的，人们用 Holon 表示系统的最小组成个体，整子系统就是由很多不同种类的整子构成。整子的最本质特征是：

①自治性。每个整子可以对其自身的操作行为做出规划，可以对意外事件（如制造资源变化、制造任务货物要求变化等）做出反应，且其行为可控；

②合作性。每个整子可以请求其他整子执行某种操作行为，也可以对其他整子提出的操作申请提供服务；

③智能性。整子具有推理、判断等智力，这也是它具有自治性和合作性的内在原因。整子的上述特点表明，它与智能体的概念相似。由于整子的全能性，有人把它也译为全能系统。

整子系统的特点是：

①敏捷性。具有自组织能力，可快速、可靠地组建新系统；

②柔性。对于快速变化的市场、变化地制造要求有很强的适应性。

除此之外，还有生物制造、绿色制造、分形制造等模式。制造模式主要反映了管理科学的发展，也是自动化、系统技术的研究成果，它将对各种单元自动化技术提出新的课题，从而在整体上影响到制造自动化的发展方向。展望未来，21世纪地制造自动化将沿着历史的轨道继续前进。

工业控制自动化技术是一种运用控制理论、仪器仪表、计算机和其他信息技术，对工业生产过程实现检测、控制、优化、调度、管理和决策，达到增加产量、提高质量、降低消耗、确保安全等目的的综合性技术，主要包括工业自动化软件、硬件和系统三大部分。工业控制自动化技术作为20世纪现代制造领域中最重要的技术之一，主要解决生产效率与一致性问题。虽然自动化系统本身并不直接创造效益，但它对企业生产过程有明显的提升作用。

中国工控自动化的发展道路，大多是在引进成套设备的同时进行消化吸收，然后进行二次开发和应用。中国工业控制自动化技术、产业和应用都有了很大的发展，中国工业计算机系统行业已经形成。工业控制自动化技术正在向智能化、网络化和集成化方向发展。

①以工业PC为基础的低成本工业控制自动化将成为主流

众所周知，从20世纪60年代开始，西方国家就依托技术进步（即新设备、新工艺以及计算机应用）开始对传统工业进行改造，使工业得到飞速发展。20世纪末世界上最大的变化就是全球市场的形成。全球市场导致竞争空前激烈，促使企业必须加快新产品投放市场时间（Time to Market）、改善质量（Quality）、降低成本（Cost）以及完善服务体系（Service）。虽然计算机集成制造系统（CIMS）结合信息集成和系统集成，使企业实现"在正确的时间，将正确的信息以正确的方式传给正确的人，以便做出正确的决策"，即"五个正确"。然而这种自动化需要投入大量的资金，是一种高投资、高效益同时是高风险的发展模式，很难为大多数中小企业所采用。在中国，中小型企业以及准大型企业走得还是低成本工业控制自动化的道路。

工业控制自动化主要包含三个层次，从下往上依次是基础自动化、过程自动化和管理自动化，其核心是基础自动化和过程自动化。

传统的自动化系统，基础自动化部分基本被PLC和DCS所垄断，过程自动化和管理自动化部分主要是由各种进口的过程计算机或小型机组成，其硬件、系统软件和应用软件的价格之高令众多企业望而却步。

20世纪90年代以来，由于PC-based的工业计算机（简称工业PC）的发展，以工业PC、I/O装置、监控装置、控制网络组成的PC-based的自动化系统得到了迅速普及，成为实现低成本工业自动化的重要途径。

由于基于PC的控制器被证明可以像PLC一样可靠，并被操作和维护人员所接受，因而，一个接一个的制造商至少在部分生产中正在采用PC控制方案。基于PC的控制系统易于安装和使用，有高级的诊断功能，为系统集成商提供了更灵活地选择，从长远角度看，

PC 控制系统维护成本低。由于可编程控制器（PLC）受 PC 控制的威胁最大，故 PLC 供应商对 PC 的应用感到很不安。事实上，他们也加入了 PC 控制"浪潮"中。

工业 PC 在中国得到了异常迅速地发展。从世界范围来看，工业 PC 主要包含两种类型：IPC 工控机和 Compact PCI 工控机以及它们的变形机，如 AT96 总线工控机等。由于基础自动化和过程自动化对工业 PC 的运行稳定性、热插拔和冗余配置要求很高，现有的 IPC 已经不能完全满足要求，将逐渐退出该领域，取而代之的将是 CompactPCI-based 工控机，而 IPC 将占据管理自动化层。国家于 2001 年设立了"以工业控制计算机为基础的开放式控制系统产业化"工业自动化重大专项，目标就是发展具有自主知识产权的 PC-based 控制系统，在 3~5 年内，占领 30%~50% 的国内市场，并实现产业化。

几年前，当"软 PLC"出现时，业界曾认为工业 PC 将会取代 PLC。然而，时至今日工业 PC 并没有代替 PLC，主要有两个原因：一个是系统集成原因；另一个是软件操作系统 Windows NT 的原因。一个成功的 PC-based 控制系统要具备两点：一是所有工作要由一个平台上的软件完成；二是向客户提供所需要的所有东西。可以预见，工业 PC 与 PLC 的竞争将主要在高端应用上，其数据复杂且设备集成度高。工业 PC 不可能与低价的微型 PLC 竞争，这也是 PLC 市场增长最快的一部分。

从发展趋势看，控制系统的将来很可能存在于工业 PC 和 PLC 之间，这些融合的迹象已经出现。和 PLC 一样，工业 PC 市场在过去的两年里保持平稳。与 PLC 相比，工业 PC 软件很便宜。

②PLC 在向微型化、网络化、PC 化和开放性方向发展

全世界 PLC 生产厂家约 200 家，生产 300 多种产品。国内 PLC 市场仍以国外产品为主，如 Siemens、Modicon、A-B、OMRON、三菱、GE 的产品。经过多年的发展，国内 PLC 生产厂家约有三十家，但都没有形成颇具规模的生产能力和名牌产品，可以说 PLC 在中国尚未形成制造产业化。在 PLC 应用方面，中国是很活跃的，应用的行业也很广。专家估计，2000 年 PLC 的国内市场销量为 15~20 万套（其中进口占 90% 左右），约 25~35 亿元人民币，年增长率约为 12%。预计到 2005 年全国 PLC 需求量将达到 25 万套左右，约 35~45 亿元人民币。

PLC 市场也反映了全世界制造业的状况，2000 后大幅度下滑。然而，按照 Automation Research Corp 的预测，尽管全球经济下滑，PLC 市场将会复苏，估计全球 PLC 市场在 2000 年为 76 亿美元，到 2005 年底将回到 76 亿美元，并继续略微增长。

微型化、网络化、PC 化和开放性是 PLC 未来发展的主要方向。在基于 PLC 自动化的早期，PLC 体积大而且价格昂贵。但在最近几年，微型 PLC（小于 32 I/O）已经出现，价格只有几百欧元。随着软 PLC（Soft PLC）控制组态软件的进一步完善和发展，安装有软

PLC 组态软件和 PC-based 控制的市场份额将逐步得到增长。

当前，过程控制领域最大的发展趋势之一就是 Ethernet 技术的扩展，PLC 也不例外。如今越来越多的 PLC 供应商开始提供 Ethernet 接口。可以相信，PLC 将继续向开放式控制系统方向转移，尤其是基于工业 PC 的控制系统。

③面向测控管一体化设计的 DCS 系统

分散控制系统 DCS（Distributed Control System）问世于 1975 年，生产厂家主要集中在美、日、德等国。中国从 70 年代中后期起，首先由大型进口设备成套中引入国外的 DCS，首批有化纤、乙烯、化肥等进口项目。当时，中国主要行业（如电力、石化、建材和冶金等）的 DCS 基本全部进口。80 年代初期在引进、消化和吸收的同时，开始了研制国产化 DCS 的技术攻关。

中国 DCS 的市场年增长率约为 20%，年市场额约为 30（35）亿元。

因近 5 年内 DCS 在石化行业大型自控装置中没有可替代产品，所以其市场增长率不会下降。据统计，到 2005 年，中国石化行业有 1000 多套装置需要应用 DCS 控制；电力系统每年新装 1000 多万千瓦发电机组，需要 DCS 实现监控；不少企业已使用 DCS 近 15~20 年，需要更新和改造。

④控制系统正在向现场总线（FCS）方向发展

由于 3C（Computer、Control、Communication）技术的发展，过程控制系统将由 DCS 发展到 FCS（Field bus Control System）。FCS 可以将 PID 控制彻底分散到现场设备（Field Device）中。基于现场总线的 FCS 又是全分散、全数字化、全开放和可互操作的新一代生产过程自动化系统，它将取代现场一对一的 4~20mA 模拟信号线，给传统的工业自动化控制系统体系结构带来革命性的变化。

根据 IEC61158 的定义，现场总线是安装在制造或过程区域的现场装置与控制室内的自动控制装置之间的数字式、双向传输、多分支结构的通信网络。现场总线使测控设备具备了数字计算和数字通信能力，提高了信号的测量、传输和控制精度，提高了系统与设备的功能、性能。IEC/TC65 的 SC65C/WG6 工作组于 1984 年开始致力于推出世界上单一的现场总线标准工作，走过了 16 年的艰难历程，于 1993 年推出了 IEC61158-2，之后的标准制定就陷于混乱。

计算机控制系统的发展在经历了基地式气动仪表控制系统、电动单元组合式模拟仪表控制系统、集中式数字控制系统以及分散控制系统（DCS）后，将朝着现场总线控制系统（FCS）的方向发展。尽管以现场总线为基础的 FCS 发展很快，但 FCS 发展还有很多工作要做，如统一标准、仪表智能化等。另外，传统控制系统的维护和改造还需要 DCS，所以 FCS 完全取代传统的 DCS 还需要一个较长的过程，同时 DCS 本身也在不断地发展与完善。

可以肯定的是，结合 DCS、工业以太网、先进控制等新技术的 FCS 将具有强大的生命力。工业以太网以及现场总线技术作为一种灵活、方便、可靠的数据传输方式，在工业现场得到了越来越多的应用，并将在控制领域中占有更加重要的地位。

⑤仪器仪表技术在向数字化、智能化、网络化、微型化方向发展

经过五十年的发展，中国仪器仪表工业已有相当基础，初步形成了门类比较齐全的生产、科研、营销体系，成为亚洲除日本之外第二大仪器仪表生产国。随着国际上数字化、智能化、网络化、微型化的产品逐渐成为主流，差距还将进一步加大。中国高档、大型仪器设备大多

依赖进口。中档产品以及许多关键零部件，国外产品占有中国市场 60% 以上的份额，而国产分析仪器占全球市场不到千分之二的份额。

今后仪器仪表技术的主要发展趋势：仪器仪表向智能化方向发展，产生智能仪器仪表；测控设备的 PC 化，虚拟仪器技术将迅速发展；仪器仪表网络化，产生网络仪器与远程测控系统。

几点建议：A.开发具有自主知识产权的产品，掌握核心技术；B.加强仪器仪表行业的系统集成能力；C.进一步拓展仪器仪表的应用领域。

⑥数控技术向智能化、开放性、网络化、信息化发展

从 1952 年美国麻省理工学院研制出第一台试验性数控系统，随着计算机技术的飞速发展，各种不同层次的开放式数控系统应运而生，发展很快。就结构形式而言，当今世界上的数控系统大致可分为 4 种类型：A.传统数控系统；B."PC 嵌入 NC"结构的开放式数控系统；C."NC 嵌入 PC"结构的开放式数控系统；D.SOFT 型开放式数控系统。

中国数控系统的开发与生产，通过"七五"引进、消化、吸收，"八五"攻关和"九五"产业化，取得了很大的进展，基本上掌握了关键技术，建立了数控开发、生产基地，培养了一批数控人才，初步形成了自己的数控产业，也带动了机电控制与传动控制技术的发展。同时，具有中国特色的经济型数控系统经过这些年来的发展，产品的性能和可靠性有了较大的提高，逐渐被用户认可。

国外数控系统技术发展的总体发展趋势是：新一代数控系统向 PC 化和开放式体系结构方向发展；驱动装置向交流、数字化方向发展；增强通信功能，向网络化发展；数控系统在控制性能上向智能化发展。

进入 21 世纪，人类社会将逐步进入知识经济时代，知识将成为科技和生产发展的资本与动力，而机床工业，作为机器制造业、工业以至整个国民经济发展的装备部门，毫无疑问，其战略性重要地位、受重视程度，也将更加鲜明突出。

智能化、开放性、网络化、信息化成为未来数控系统和数控机床发展的主要趋势：向

高速、高效、高精度、高可靠性方向发展；向模块化、智能化、柔性化、网络化和集成化方向发展；向 PC-based 化和开放性方向发展；出现新一代数控加工工艺与装备，机械加工向虚拟制造的方向发展；信息技术（IT）与机床的结合，机电一体化先进机床将得到发展；纳米技术将形成新发展潮流，并将有新的突破；节能环保机床将加速发展，占领广大市场。

⑦工业控制网络将向有线和无线相结合方向发展

无线局域网（Wireless LAN）技术能够非常便捷地以无线方式连接网络设备，人们可随时、随地、随意地访问网络资源，是现代数据通信系统发展的重要方向。无线局域网可以在不采用网络电缆线的情况下，提供以太网互联功能。在推动网络技术发展的同时，无线局域网也在改变着人们的生活方式。无线网通信协议通常采用 IEEE802.3 用于点对点方式，802.11 用于一点对多点方式。无线局域网可以在普通局域网基础上通过无线 Hub、无线接入站（AP）、无线网桥、无线 Modem 及无线网卡等来实现，以无线网卡使用最为普遍。无线局域网的未来的研究方向主要集中在安全性、移动漫游、网络管理以及与 3G 等其他移动通信系统之间的关系等问题上。

在工业自动化领域，有成千上万的感应器，检测器，计算机，PLC，读卡器等设备，需要互相连接形成一个控制网络，通常这些设备提供的通信接口是 RS—232 或 RS—485。无线局域网设备使用隔离型信号转换器，将工业设备的 RS—232 串口信号与无线局域网及以太网络信号相互转换，符合无线局域网 IEEE 802.11b 和以太网络 IEEE 802.3 标准，支持标准的 TCP/IP 网络通信协议，有效的扩展了工业设备的联网通信能力。

计算机网络技术、无线技术以及智能传感器技术的结合，产生了"基于无线技术的网络化智能传感器"的全新概念。这种基于无线技术的网络化智能传感器使得工业现场的数据能够通过无线链路直接在网络上传输、发布和共享。无线局域网技术能够在工厂环境下，为各种智能现场设备、移动机器人以及各种自动化设备之间的通信提供高带宽的无线数据链路和灵活的网络拓扑结构，在一些特殊环境下有效弥补了有线网络的不足，进一步完善了工业控制网络的通信性能。

⑧工业控制软件正向先进控制方向发展

作为工控软件的一个重要组成部分，国内人机界面组态软件研制方面近几年取得了较大进展，软件和硬件相结合，为企业测、控、管一体化提供了比较完整的解决方案。在此基础上，工业控制软件将从人机界面和基本策略组态向先进控制方向发展。

先进过程控制 APC（Advanced Process Control）还没有严格而统一的定义。一般将基于数学模型而又必须用计算机来实现的控制算法，统称为先进过程控制策略。譬如：自适应控制；预测控制；鲁棒控制；智能控制（专家系统、模糊控制、神经网络）等。

因为先进控制和优化软件可以创造巨大的经济效益，故这些软件也身价倍增。国际上已经有几十家公司，推出了上百种先进控制和优化软件产品，在世界范围内形成了一个强大的流程工业应用软件产业。因此，开发中国具有自主知识产权的先进控制和优化软件，打破外国产品的垄断，替代进口，具有十分重要的意义。

在未来，工业控制软件将继续向标准化、网络化、智能化和开放性发展方向。

工业信息化，是指在工业生产、管理、经营过程中，通过信息基础设施，在集成平台上，实现信息的采集、信息的传输、信息的处理以及信息的综合利用等。

由于大力发展工业自动化是加快传统产业改造提升、提高企业整体素质、提高国家整体国力、调整工业结构、迅速搞活大中型企业的有效途径和手段，国家将继续通过实施一系列工业过程自动化高技术产业化专项，用信息化带动工业化，推动工业自动化技术的进一步发展，加强技术创新，实现产业化，解决国民经济发展面临的深层问题，进一步提高国民经济整体素质和综合国力，实现跨越式发展。

（二）电力系统自动化

电力系统自动化是我们电力系统一直以来力求的发展方向，它包括发电控制的自动化（AGC 已经实现，尚需发展），电力调度的自动化（具有在线潮流监视，故障模拟的综合程序以及 SCADA 系统实现了配电网的自动化，现今最热门的变电站综合自动化即建设综合站，实现更好的无人值班。DTS 即调度员培训仿真系统为调度员学习提供了方便），配电自动化（DAS 已经实现，尚待发展）。

20 世纪 50 年代以前，电力系统容量在几百万千瓦左右，单机容量不超过 10 万千瓦，电力系统自动化多限于单项自动装置，且以安全保护和过程自动调节为主。例如，电网和发电机的各种继电保护，汽轮机的危急保安器，锅炉的安全阀，汽轮机转速和发电机电压的自动调节，并网的自动同期装置等。50~60 年代，电力系统规模发展到上千万千瓦，单机容量超过 20 万千瓦，并形成区域联网，在系统稳定、经济调度和综合自动化方面提出了新的要求。厂内自动化方面开始采用机、炉、电单元式集中控制。系统开始装设模拟式调频装置和以离线计算为基础的经济功率分配装置，并广泛采用远动通信技术。各种新型自动装置如晶体管保护装置、可控硅励磁调节器、电气液压式调速器等得到推广使用。70~80 年代，以计算机为主体配有功能齐全的整套软硬件的电网实时监控系统（SCADA）开始出现。20 万千瓦以上大型火力发电机组开始采用实时安全监控和闭环自动起停全过程控制。水力发电站的水库调度、大坝监测和电厂综合自动化的计算机监控开始得到推广。各种自动调节装置和继电保护装置中广泛采用微型计算机。

Automation of Electric Power Systems 对电能生产、传输和管理实现自动控制、自动调度和自动化管理。电力系统是一个地域分布辽阔，由发电厂、变电站、输配电网络和用户组成的统一调度和运行的复杂大系统。电力系统自动化的领域包括生产过程的自动检测、调节和控制，系统和元件的自动安全保护，网络信息的自动传输，系统生产的自动调度，以及企业的自动化经济管理等。电力系统自动化的主要目标是保证供电的电能质量（频率和电压），保证系统运行的安全可靠，提高经济效益和管理效能。

1.传输系统

电力系统信息自动传输系统简称远动系统。其功能是实现调度中心和发电厂变电站间的实时信息传输。自动传输系统由远动装置和远动通道组成。远动通道有微波、载波、高频、声频和光导通信等多种形式。远动装置按功能分为遥测、遥信、遥控三类。把厂站的模拟量通过变换输送到位于调度中心的接收端，并加以显示的过程称为遥测。把厂站的开关量输送到接收端并加以显示的过程称为遥信。把调度端的控制和调节信号输送到位于厂站的接收端实现对调节对象的控制的过程，称为遥控或遥调。远动装置按组成方式可分为布线逻辑式远动装置和存储程序式逻辑装置。前者由硬件逻辑电路以固定接线方式实现其功能，后者是一种计算机化的远动装置。

2.事故装置

反事故自动装置的功能是防止电力系统的事故危及系统和电气设备的运行。在电力系统中装设的反事故自动装置有两种基本类型。（1）继电保护装置。其功能是防止系统故障对电气设备的损坏，常用来保护线路、母线、发电机、变压器、电动机等电气设备。按照产生保护作用的原理，继电保护装置分为过电流保护、方向保护、差动保护、距离保护和高频保护等类型。（2）系统安全保护装置。用以保证电力系统的安全运行，防止出现系统振荡、失步解列、全网性频率崩溃和电压崩溃等灾害性事故。系统安全保护装置按功能分为4种形式：一是属于备用设备的自动投入，如备用电源自动投入，输电线路的自动重合闸等；二是属于控制受电端功率缺额，如低周波自动减负荷装置、低电压自动减负荷装置、机组低频自起动装置等；三是属于控制送电端功率过剩，如快速自动切机装置、快关汽门装置、电气制动装置等；四是属于控制系统振荡失步，如系统振荡自动解列装置、自动并列装置等。

电力系统自动化主要包括地区调度实时监控、变电站自动化和负荷控制等三个方面。地区调度的实时监控系统通常由小型或微型计算机组成，功能与中心调度的监控系统相仿，但稍简单。变电站自动化发展方向是无人值班，其远动装置采用微型机可编程序的方式。供电系统的负荷控制常采用工频或声频控制方式。

自动化不单是硬件方面，还有软件系统方面的全方位支持，比如生产管理及辅助决策系统、电厂运行巡检条码系统、电厂电子运行日志系统、电力企业办公自动化管理（OA）系统等，才能够实现全面的自动化。

管理系统的自动化通过计算机来实现。主要项目有电力工业计划管理、财务管理、生产管理、人事劳资管理、资料检索以及设计和施工方面等。

按照电能的生产和分配过程，电力系统自动化包括电网调度自动化、火力发电厂自动化、水力发电站综合自动化、电力系统信息自动传输系统、电力系统反事故自动装置、供电系统自动化、电力工业管理系统的自动化等七个方面，并形成一个分层分级的自动化系统（见图）。区域调度中心、区域变电站和区域性电厂组成最低层次；中间层次由省（市）调度中心、枢纽变电站和直属电厂组成，由总调度中心构成最高层次。而在每个层次中，电厂、变电站、配电网络等又构成多级控制。

3.火力发电

火力发电厂的自动化项目包括：（1）内机、炉、电运行设备的安全检测，包括数据采集、状态监视、屏幕显示、越限报警、故障检出等。（2）计算机实时控制，实现由点火至并网的全部自动启动过程。（3）有功负荷的经济分配和自动增减。（4）母线电压控制和无功功率的自动增减。（5）稳定监视和控制。采用的控制方式有两种形式：一种是计算机输出通过外围设备去调整常规模拟式调节器的设定值而实现监督控制；另一种是用计算机输出外围设备直接控制生产过程而实现直接数字控制。

4.水力发电

需要实施自动化的项目包括大坝监护、水库调度和电站运行三个方面。（1）大坝计算机自动监控系统。包括数据采集、计算分析、越限报警和提供维护方案等。（2）水库水文信息的自动监控系统。包括雨量和水文信息的自动收集、水库调度计划的制订，以及拦洪和蓄洪控制方案的选择等。（3）厂内计算机自动监控系统。包括全厂机电运行设备的安全监测、发电机组的自动控制、优化运行和经济负荷分配、稳定监视和控制等。

（三）冶金工业自动化

我们复兴的伟大目标，2020年我国实现GDP翻两番。钢铁材料必定成为我国社会经济发展的必选材料。钢铁工业的健康持续发展是我国GDP翻两番和实现新型工业化的重要支撑条件。在强劲市场需求的推动下，近年来我国钢产量以超过20%的增幅高速增长，2003年达2.234亿吨，连续8年位居世界第一。我国已成为全球最大的钢铁生产国和消费国，钢铁业高速发展也造成了我国能源紧张，制约了钢铁工业的持续发展。我国钢铁行业消耗的能源占整个工业总量的10%，能源消耗比发达国家高15%~20%，节能不仅是企业降低成本、提高产品市场竞争力的重要途径，更是企业必须承担的促进全社会资源永续利用的重要责任，也是促进企业以及整个国民经济可持续发展的永恒主题。因此，利用冶金自动化系统做好钢铁业的节能工作对我国经济和社会的可持续发展具有十分重要的意义。中国冶金自动化产业伴随着现代化钢铁工业的发展而发展。就首钢而言，从1919年成立至今已经九十年了，前四十年受历史时代的影响，首钢冶金自动化工作几乎没有发展，从1959年算起，水银整流器、直流调速装置等开始应用于钢铁生产，这也标志着首钢自动化应用开始走入人们的视野。

1.冶金自动加热控制技术

加热炉是热轧厂内不可缺少的设备，其工作状态将对热轧产品质量和生产成本产生直接的影响。目前尽管整体上国内冶金企业中加热炉的自动控制水平已有很大提高，但仍有一定数量的加热炉的控制水平比较落后，难以保证钢坯的加热质量，同时还造成燃料浪费及烟气污染环境等问题。为解决这些问题提高加热炉的控制水平，必须加速自动化加热控制技术的应用与更新。

（1）DCS系统在冶金加热炉中的应用

DCS（Distributed Control System）系统是一种在功能上分散，管理上集中的新型控制系统，与常规仪表相比具有可靠性高，控制功能丰富，自动化整体性能好等优点。随着微电子技术的发展，DCS系统的控制功能更加完善。DCS双交叉温度控制系统用于冶金加热炉燃烧控制，较好地解决了传统温度控制燃料热损失大、热效率低、环境污染严重的缺点，提高了劳动生产率、降低了能源消耗，极大地提高了生产的自动化水平和管理水平。

（2）分散控制系统在连续式加热炉中的应用

为实现控制分散、危险分散、操作与管理集中的目的，系统采用集散控制方式。根据加热炉结构，控制系统由一台管理监控计算机MC和若干台智能数字控制器SDC组成。

管理监控计算机可对控制系统中各项控制参数及加热炉的各项过程参数进行管理，操作和监视。通过各种外设提供的与炉内各段温度、燃料流量及空气流量有关的数据、图像、曲线、报表等资料，为操作人员实时掌握炉内燃烧状态并进行正确的操作提供了依据，并为生产管理人员统计分析加热炉的生产技术指标带来极大的方便。

各台SDC通过组合形成加热炉内各加热段和均热段的温度自动控制系统。为提高系统的动、静态指标和抗干扰能力，各段控制均采用双闭环结构。内环由两个并行的回路组成，即燃料流量调节回路和空气流量调节回路，分别对燃料流量和空气流量进行控制外环为温度环，实现对炉内各段温度的控制，保证各段的温控精度及升降温速度。由于内环的调节作用使系统对燃料流量与空气流量的波动有较强的抑制作用，从而大大减小了由于二者的波动而引起的温度波动，提高了系统的温控精度及抗干扰能力。

2.对冶金系统转炉、连铸、连轧机的基础自动化和过程自动化控制系统

（1）转炉自动化控制系统

氧气转炉冶炼周期短、产量高、反应复杂，但用人工控制钢水终点温度和含碳量的命中率不高，精度也较差。为了充分发挥氧气转炉快速冶炼的优越性，提高产量和质量，降

低能耗和原料消耗，需要完善的自动化系统对它进行控制。典型的氧气转炉自动化系统由过程控制计算机、微型计算机和各种自动检测仪表、电子称量装置等部分组成。按设备配置和工艺流程分为供氧系统，主、副原料系统，副枪系统，煤气回收系统，成分分析系统和计算机测控系统。转炉基础自动化系统的控制范围包括：散状料、转炉本体、汽化冷却、烟气净化及风机房五部分。有些大型的转炉自动化系统除了有转炉本身的控制系统外，还包括有铁水预处理系统、钢水脱气处理系统和铸锭控制系统等。

（2）连铸自动化

连铸自动控制系统主要由生产管理级计算机、过程控制级计算机、设备控制计算机、各种自动检测仪表和液压装置等组成。它能完成7种控制功能：中间罐和结晶器液面控制；结晶器保护渣装入量控制；二次冷却水控制；拉坯速度控制；铸坯最佳切割长度控制；铸坯跟踪和运行控制；连铸机的自动起铸和停止控制。

（3）连轧机控制系统

随着人们对产品质量和产量的要求日益提高，如轧制每卷重45吨的冷连轧薄带钢卷，要求厚度公差为±（5~50）微米，冷连轧机最高轧速达40米/秒以上，热连轧年产量达500万吨以上，冷连轧年产达100万吨以上，对连轧机控制系统提出了更高的要求。

3.水资源自动循环利用与分析技术

（1）炼钢RH精炼装置循环水系统

梅钢–炼钢2号RH精炼装置软水闭路循环水系统主要为RH精炼装置的顶枪、预热枪、真空槽、气冷器、液压站等主体设备提供冷却水，水质为软水，水量为250 m^3/h，供水压力1.0 MPa。经上述设备使用后的水仅提高了水温，循环冷却回水利用余压经过蒸发空气冷却器冷却，冷却后的水通过3台循环供水泵（二用一备）加压后送用户使用。蒸发空气冷却器自带喷淋泵和风机，自成喷淋循环水系统。整个闭路循环水系统补水量为8 m^3/h，通过两台补水泵（一用一备）向循环供水泵吸水管内补充软水。为确保系统的水质稳定，系统中设置自动加药装置，给系统投加缓蚀剂。

顶枪、预热枪、真空槽、气冷器等设备事故用水的水质、水压要求均不同。真空槽、气体冷却器事故用水要求：水质为生产新水、压力0.3MPa、水量70m^3/h，这部分事故水采用室外生产新水管网直接供水方式，接管管径为150 mm，停电时迅速打开管路气动阀即可安全供水。顶枪、预热枪事故用水要求：水质为软水、压力0.3 MPa、水量80m^3/h，这部分事故水采用安全水箱的供水方式，此水箱既作为安全水箱又作为系统的稳压水箱，水箱设置高度40m，有效容积45 m^3，其中35m^3作为事故状态30 min用水，5 m^3作为闭路系统水量膨胀变化用水，停电时迅速打开管路气动阀即可安全供水。事故水箱一般设置在室外水处理区域，本工程事故水箱设置在2号RH精炼装置的加料及抽真空系统主厂房屋顶（标高 40m）上。

（2）浊循环水系统

例如，梅钢-炼钢 2 号 RH 精炼装置浊循环水系统主要为其真空冷凝器提供冷却水，冷却水经过冷凝器后温升 16℃，悬浮物（SS）平均增加量为 70mg/L。本系统循环供水量为 1 400 m³/h，回水量 1 430 m³/h（含 30m³/h 蒸汽冷凝水）。冷凝器回水通过直径 700mm 回水管从主厂房重力流至室外浊循环水系统热水池，热水池的水经上塔扬送泵组送冷却塔冷却，冷却后的水回冷水池，再通过系统供水泵组送至冷凝器。为满足用户对水质的要求，系统设置 2 台处理能力为 800 m³/h 的高速过滤器进行全过滤。为减少冷却塔水池中的细菌和藻类，在浊循环水泵房内设置 1 套加药装置。

（3）水仪表

水处理系统所用的仪表大致可以分为两大类：一类属于检测生产过程物理参数的仪表，如检测温度、压力、液位、流量的热电阻、压力变送器、液位变送器和流量计；另一类属于检测水质的分析仪表，如检测水的浊度、酸碱度、电导率的浊度仪、pH 仪和电导率仪以及检测有机碳和氧化还原的 TOC 计和 ORP 计。

譬如，ORP（Oxidation-Reduction Potential）是测量氧化还原电位差的仪表。氧化还原电位能帮助我们了解水体中存在什么样的氧化物质或还原物质及其存在量，是水体的综合指标之一。氧化还原电位差是一个物质与另一个物质产生反应作用时吸收电子而产生的电位差。

4.大型物料输送自动控制系统

举例介绍中冶京诚自主集成的大型物料输送自动控制系统及在秦皇岛港煤五期项目中的应用，在硬件配置、软件设计、算法研究与应用等几个方面对系统组成进行了详细的阐述，实际的生产运行情况证明了该系统设计的先进性和稳定性。

秦皇岛港煤五期工程自动控制系统主要由现场安全检测元件（拉线开关、跑偏开关、撕裂开关、堵塞开关、料流开关、欠速开关、温度开关等）、控制单元（PLC）、监控系统构成。主要包括：胶带机流程控制系统、大机控制系统、洒水系统、除尘系统、生产数据管理系统、工业电视和大屏幕显示系统、火灾报警系统、自动广播系统、皮带秤管理系统和电能量管理系统等子系统。以美国 AB 公司 Control Logix 系列可编程控制器（PLC）、新型检测元件、现代化的总线技术和专门开发的标准化、模块化的控制软件包为核心，针对装卸工艺特点制订而成。主要完成工艺流程操作所要求的流程顺序启动、顺序停止、故障停机、流程切换及系统操作、监控等功能。

5.钢卷库管理系统物流合理化

钢卷库管理系统是钢厂制造执行系统的子系统，主要负责对钢卷库内进行物流管理，作业管理和设备跟踪和控制。

钢卷库的物流主要是钢卷从入库到发货经过钢卷下线、卸车、检验、保管、包装、捡出、装车、发运等作业环节，整个作业在计算机管理系统的控制下进行。在热轧生产线下线的钢卷经过称重和喷印后，轧线过程控制计算机系统立即向钢卷库管理系统传送钢卷的信息。操作人员依据钢卷的属性（原料卷或直发卷）、取样状态和去向，对钢卷进行垛位的预约。库工选择运输钢卷入库的车辆，制定运输单。运载车辆司机根据运输单，将车停靠在钢卷垛位所在的区域。库内指车工根据库内天车任务量，指派天车将钢卷放入垛位。任务完成后以批处理的方式更新系统信息。同一批次入库的钢卷进行取样质检，质检合格的钢卷信息存入生产库。生产库的库工对库内的钢卷进行巡查，判断钢卷的外形和包装是否合格以及垛账信息与实物信息是否对应，而后对钢卷进行打捆、贴标签，将钢卷信息转入销售库。在销售库质检合格的钢卷进行发货作业，不合格的钢卷转到中间库。

（四）人工智能在航天领域的应用

"开发天疆"已成为美，俄，中，日，欧空局的科学家们最热门的话题，这些国家和地区先后制定了各自的空间开发计划，规模相当庞大，技术也非常复杂多样，对可靠性的要求也越来越高，这就要求进一步提高机械化和自动化的水平。人工智能技术是达到这一目的的重要手段之一，它可以使一系列的复杂操作，管理和应用实现高可靠性，产生惊人的经济效益，人工智能在航天领域中得到了广泛的应用在美国，一些著名的公司及大学，如麦道公司，波音公司，麻省理工学院，卡内基梅隆大学及美国陆，海，空三军等均已开始研究人工智能在航天领域的应用。在欧洲，欧洲经济共同体的欧洲信息技术研究与发展战略计划与法国发起的尤里卡计划合作开发人工智能技术，英国皇家飞行研究院研究将人工智能用于航天器和其他航天活动，用于故障分析及卫星，空间平台和空间站的辅助工作系统、航空航天工业是最前沿技术领域，因此最有可能采用先进技术，对人工智能系统需求量最大，

1.人工智能在无人飞行器上的应用

（1）自动化和智能机器人

为使卫星顺利完成飞行任务，大幅度降低造价，人们在卫星上大量采用了自动化和机器人技术，早在1967年美国发射的勘测者3号飞行器上就装有机械臂，它在月球上完成了掘沟，地质调查和采集标本等工作，1970年苏联发射了"月球"16号和17号两个飞行器，飞行器上装有月球车，月球车在地面遥控下完成月面行走和摄影任务，车上的掘岩机还完成了标本采集工作。1978年美国海资号火星着陆飞船（一种先进的航天机器人），通过搭载计算机不仅成功地控制飞船安全着陆，而且还在没有地面指令的情况下实现了长达58个火星日（每个火星日相当于24小时37分26.4秒）的探测；1977~1986年，美国在旅

行者探测器上采用了人工智能技术，完成了精密导航，科学观测任务，其上计算机收集和处理了木星和土星等各种不同数据。

（2）专家系统

美国 NASA 喷气推进研究所为"旅行者"探测器设计了具备由 140 个规则组成的知识库，可生成对行星摄影所需应用程序的专家系统，大幅度缩短了执行应用计划所需时间（比手动操作速度大 10~50 倍），减少了差错，降低了成本。美国还研制了一种能分析卫星故障并可显示出具体对策的专家系统，它由 250 个规则构成，可以单一和多窗口形式对话，将专门用于通信卫星电力系统，日本三菱电机公司也试制出了人造卫星试验用的专家系统，应用专家系统信息卡，通过数据处理机 MELCOMMX/3000 与逻辑推理机 MELCOM-PSI 的有机配台实现自动化，省力化，可缩短试验时间，做到高速联机数据处理同时软件开发，功能修改也非常方便，提高了可靠性。

2.人工智能在航天飞机上的应用

（1）人—机接口

采用人工智能技术，在地面站与飞船，航天飞机与机械手之间（人与操作对象间）建立起完美的人-机接口，利用通信回路把由人直接控制的直接控制系统和采用遥控方式控制操作对象的遥控系统联接起来。

（2）航天飞机上用的专家系统

在航天飞机的检测，发射和应用等过程中大量采用了专家系统，包括加注液氧用的专家系统（LEX）；执行飞行任务和程序修订用的专家系统（Expert）发射应用系统（L-PS-2），采用知识库的自动检测装置（K-ATE）；发射及着陆时的飞行控制（NAVE-X）；推理决策用的信息管理系统等。

3.人工智能在空间站计划等的应用

NASA 的先进技术咨询委员会认为空间站中有三个方面必须采用人工智能技术，才能实现高度自动化，确保可靠性。

（1）空间站分系统

空间站应用，利用空间站在空间进行各种实验时的监控，故障诊断，舱外活动，交会对接，飞行规划等的专家系统。

（2）空间结构物的组装

从航天飞机上卸下和移动补给物资手段的智能化。

（3）卫星服务和空间工厂设备维修用的远距离操纵器/机器人

空间工厂设备控制和操作等用的专家系统，该先进技术咨询委员会还确定了适用于空间站初始阶段和发展阶段的自动化和仿真机器人学的目标，事实上在初始阶段专家系统是作为支援系统，在发展阶段将作为一种综合性的信息和控制系统的控制部件用。当前，正在积极地开发以下系统用于美国国际空间站上。

①监视和故障诊断系统

这一研究以环境控制/生保分系统和电力分系统为中心 NASA 约翰逊空间中心开发了一种用电化学方式清除飞船内二氧化碳气体的增加可靠性故障诊断用的专家系统，构筑在 LISP 计算机上，与这一系统有关的知识库和诊断规则，以及与程序有关的知识库均用框架形式表现，采用这系统后故障减少了一半以上（样机评价结果）。美国波音公司研制出空间环境控制用的专家系统样机，用它可对环境控制/生保分系统从地影区向日照区过渡的整个过程进行模式控制和分系统监视；日本航空宇宙技术研究所还研制了一种支援舱内科学家进行空间实验用的专家系统；另外马丁玛丽埃塔公司正用自己公司的规则库开发飞船电力分系统故障诊断和负荷调整用的专家系统；日本宇宙开发事业团在开发空间站天线系统故障诊断，日本实验舱——飞行调度系统，电力分系统用的专家系统。

②远距离操纵器/仿真机器人学

NASA 喷气推进研究所正研制在空间站周围完成组装，服务，检查和维修等各种作业的遥控机器人，该机器人分系统由高级专家系统组成，遥控机器人则是一个能协调动作的复台式专家系统，它将逐渐发展成一种高智能的自主机器人，NASA 埃姆斯研究所和兰利研究中心还分别研制由分布式黑板模型构筑空间站用机器人所必需的多种协调式专家系统和由地面操作人员支援空间飞行器用机器人的专家系统，日本宇宙开发事业团在研制空间站主从遥控机械手用的动作示教最佳化，故障诊断，环境模型用专家系统和研究机器人语言 ESA 也着手研究机械手的故障诊断用的专家系统。

4.其他一些航空和航天应用

简单地叙述以下几种其他的应用。

（1）嵌套式系统的软件配置——这种应用考虑如何对各种嵌套式计算机系统配置所包含的程序和数据，它可将作业和数据分配给程序段，并受数据和段的长度以及作业中可用的寄存器个数的约束，当作业是搜索问题时，其组合形式要求利用启发方式来削减搜索途径，并减少重复，利用图形显示来观察操作中的各种算法和策略，这样可以引起开发者得到启发的直觉感受。

（2）发射安排——这种应用是由帮助安排发射操作的工作站和为发射活动分配时间的计划人员组成的，工作站在一种带日历图形的显示器上显示出当前的或假定的分配方案，使调度人员了解整个情况，由系统回答的典型问题（即由系统推算出的建议）是什么时候安排下一次任务 A？任务 B 具有什么样的优先级而不得不保证安排在最近的 7 天之内？时间分配计算可以是一种简单的树形搜索，也可以带有专家启发，取决于分配条件的复杂性，防卫探测区的雷达定位一这种应用同上述两种应用一样是确保达到规定探测要求的雷达最佳定位的搜索问题，只要具体的可选位置在地形上是固定的，配置适当数量的雷达使用穷尽搜索法是可行的，用于吞吐量分析的嵌套式系统的模拟一这种应用与工厂地面模拟是一样的，在这种情况下，对嵌套式系统和相应的数字信息通信进行模拟以确定吞吐量，利用效率瓶颈和紧急情况，此系统是一种工作站，它能使用户对交替配置进行试验，并且还能评价系统在各种负荷情况下的性能。

（3）船舶跟踪和监测的模糊解答——这种应用是用来监测和跟踪船舶和其他使用来自多源和有多种解释数据的台站，系统可以保持有多种矛盾解释的传感器数据，直到数据得到了解答为止，此系统主要是专家系统而不是工作站，这是由于传感器的解释要求有启发功能。

5.未来航空航天中人工智能系统的发展

在初期，航空航天中人工智能（AI）系统可采用两层次结构，航天员位于指挥，管理层，各种人工智能子系统则位于执行层次，相互作用主要发生在航天员与 AI 之间，不同的 AI 子系统之间没有或只有少量的信息交换，显然，这样的系统较为松散。

随着 AI 技术和功能的发展，就会出现具有管理功能的 AI 子系统，它负责对各种AI 单元或子系统的监控和协调，航天员也应当有明确的分工，于是形成多层次的结构。在这种系统中，位于顶层的指令长，是整个系统的核心，既负责航天员的协调管理，也密切关注担负管理职能的 AI 子系统，人与 AI 的各种信息接口是航天中 AI 系统能够有效工作的关键环节，信息接口包括听觉，视觉，触觉信号和遥测信号，语言交流是最有效的一种信息交换方式。所以无论是智能管理系统还是航天机器人，都应当具有人类语言的理解能力。当然，航空航天中人工智能系统不仅要考虑其功能的完善性，更要注重其运行可靠性，因而，发展的策略应当是在可靠的基础上由简单到复杂地逐步进化，最终发展为以航天员为核心的智能性很强的，能完成各种航天任务的人工智能系统，这种技术的发展不仅使载人航天出现一个崭新的局面，还必然会促进地面人工智能理论和技术以及人类智能研究的发展。

（六）其他应用

1.人工智能在电气工程中的应用

（1）概述

在电气工程中，特别是电气工程自动控制系统中，智能技术的应用就是将智能化和信息化紧密结合，利用计算机终端实现电气设备的自动化控制、诊断、决策、运行。人工智能技术在电气工程中的应用价值主要有以下几个方面。

①数据获取更方便、全面

电气工程中设备种类繁多，工作条件复杂，数据获取困难，利用先进传感器及传感网络可以方便、准确、全面的获取系统各项数据。

②数据处理能力得到根本性突破

电气工程系统中的数据比较复杂，并且数据之间的关系的处理也比较难以让人理解。

人工智能中的数据融合技术能够高效、准确的处理数据关系。

③电气工程系统实现自动调控

在电气工程中引入机器视觉等人工智能技术，能够实现电气工程操作的自适应，也就是说能够根据外界环境的变化而对操作做出调整，以此来适应变化发展的环境。比如，智能控制系统中，通过布置温度传感器及相应自动控制系统能够对系统温度进行调节，当机器操作到一定阶段后会造成机器的升温，智能系统则会自动调控电气设备中的散热装置；当温度降低到适宜数据时又会自动关闭散热设备。

④电气工程系统实现自我决策

人工智能技术还能够根据外界的刺激反应不同而自我生成不同的决策行为，从而具有一定的决策能力。在电气工程自动控制系统中，人工智能技术自我决策最突出表现便是故障的诊断。电气故障是电气工程系统中必然会出现的一个局面，我们不能保证零故障，但我们能够运用智能化技术实现故障的最快诊断。利用智能化技术，及时发现电气设备中的故障源，对故障的原因进行分析，并自我决策，做出解决故障的命令。

（2）多传感器数据融合技术在变压器故障诊断中的应用

在电力系统中，大型变压器运行出现异常的情况时有发生，对电网的安全运行造成了严重威胁。变压器故障诊断是根据故障现象确定其产生原因，通过检测信息，判断故障类型和故障程度，为状态维修提供智能化的决策。新的理论和方法应用于电力设备故障诊断的研究越来越多。

①变压器故障诊断

变压器故障能要发生或已发生的故障进行预报和分析、判断，确定故障的性质和类型。变压器诊断是根据状态监测所获得的信息，结合已知的参数、结构特性和环境条件对可故障诊断方法很多，气体色谱分析法、绝缘监测法及低压脉冲响应、脉冲频谱和扫频谱法等，这些方法在实际应用中不断地在完善。

②故障诊断与数据融合的关系

数据层的融合包括多传感器系统反映的直接数据及其必要的预处理或分析等过程，如信号滤波、各种谱分析、小波分析等。特征层包括对数据层融合的结果进行有效的决策，大致对应各种故障诊断方法。决策层对应故障隔离、系统降额使用等针对诊断结果所做各种故障对策。

传感器系统（或分布式传感器系统）获得的信息存入数据库，进行数据采掘，并进行检测层的数据融合，实现故障监测、报警等初级诊断功能。特征层融合需要检测层的融合结果及变压器诊断知识的融合结果。诊断知识包括各种先验知识及数据采掘系统得到的有关对象运行的新知识。结合诊断知识融合结果和检测层的数据融合结果，进行特征层数据融合，实现故障诊断系统中的诊断功能。

决策层融合的信息来源是特征层的数据融合结果和对策知识融合的结果，根据决策层数据融合的结果，采取相应的故障隔离策略，实现故障检测、故障诊断等。故障诊断系统的最终目的就是故障状态下的对策。

③变压器故障诊断系统结构

变压器故障诊断系统包括数据融合、知识融合及由数据到知识的融合。先融合处理来自多传感器的数据，将融合后的信息及来自变压器本体和其他方面的信息，按照一定的规则推理，即进行知识融合，并将有关信息存入数据库系统，为利用数据采掘技术发现知识做必要的数据储备。然后利用大量的数据，从中发现潜在而未知的新知识，并根据现有的运行状态来修正原有的知识，实现更迅速、准确、全面的故障监测、报警和诊断。

监测诊断系统在实用中时常发生虚警、误报、漏报等情况，除了在监测原理和设备硬件方面可能存在缺陷外，另一原因是对监测信息缺乏综合统一的分析和判断。这种对监测信息处理不当主要表现是：

A.设备状态或故障的信息群出现了矛盾；

B.信息处理方法与信息数据之间的不匹配；

C.存在环境及其变化的干扰信息。从对信息的获取、变换、传输、处理、识别的整个过程来看，缺少"融合"环节，所获取的信息源越多，发生信息矛盾及信息熵增的可能性越大，因此必须进行信息融合。

根据变压器故障以及信息融合技术的特点，在变压器故障诊断系统中，采用信息融合故障诊断模型。鉴于变压器监测的实时性要求，在该模型中，应遵循时域快速特征提取准则进行特征提取，有效表述状态的特征数据，形成统一的特征表述，以便数据匹配和特征关联的一致性，保证信息融合的成功。特征信息与变压器故障信息间存在一定的关联性质，它依赖于故障机理等内在因素。采用匹配知识规则，引入模糊推理进行决策融合和故障诊断。

引起变压器故障原因的多样性、交叉性，仅根据单一的原因或征兆，采用一种方法和参数难以对故障进行可靠准确的诊断，多传感器能提供变压器多方面的信息，向多传感器信息融合发展是必然之路。信息融合技术应用于变压器故障诊断，将对提高诊断结果的可靠性和准确性发挥重要作用。

（3）机器视觉在包装印刷中的应用

①机器视觉印刷检测系统概述

随着现代科技和信息技术的发展，人们在日常生活和工作中越来越离不了各种印刷品，例如，书刊、报纸、杂志、生活中的产品包装以及纸币，人们的生活和这些印刷品息息相关。伴随着社会进步，人们对印刷品质量和印刷效率有了更高的要求。但是，在印刷过程中，由于印刷工艺及机械精度等原因，印刷品常会出现这样或那样的缺陷，产生印刷次品。常见的印刷品缺陷主要有：飞墨、针孔、偏色、漏印、黑点、刮擦、套印不准等。这些缺陷的检测以前普遍采用的是人工目测的手段，劳动强度大，费时费力，检测标准不统一。特别是随着印刷速度的提高，已逐渐无法满足生产的需求。因此，印刷品缺陷的自动检测逐渐成为行业的趋势。一般印刷品的质量有 4 个控制要素。

A.颜色。颜色是产品质量的基础，直接决定了产品质量的优劣；

B.层次。阶调，指图像可辨认的颜色浓淡梯级的变化，它是实现颜色准确复制的基础；

C.清晰度。指的是图像的清晰程度，包括三个方面：图像细微层次的清晰程度、图像轮廓边缘的清晰程度以及图像细节的清晰程度；

D.一致性。一方面指同一批次的印刷品不同部位，即不同墨区的墨量的一致程度，一般用印刷品纵向和横向实地密度的一致程度来衡量，它反映了同一时间印刷出来的印刷品不同部位的稳定性；另一方面指的是不同批次的印刷品在同一个部位的密度的一致程度，它反映了印刷机的稳定性。

机器视觉印刷检测系统根据待测图像中像素的灰度值或灰度分布特征等与对应的标准图像进行对比，判定待测图像中是否存在色差、斑点、条痕、套印偏差等印刷缺陷。

②在系统设计之前，需要考虑以下几个问题。

A.检测的对象是什么？是检测柱形物体表面，还是球形物体表面，抑或连续平面？

B.被测对象的大小是多大？摄像机到被检测物体之间的距离有多远？

C.要求看清楚物体多大的细节？检测面积的是多大？要求的分辨率是多大？

D.速度要求多快？每分钟检测多少个样品？或者连续的被检品的速度为每秒多少米？

E.是否检测颜色？是要准确测定颜色，还是要进行区别就行？

F.检测环境如何；如灰尘、光照的情况影响等。

在实际检测过程中，印刷缺陷检测的精确度很难达到100%，这主要受检测工艺、图像处理算法、外界环境以及机器视觉硬件设备的影响。在实际应用中，只要检测精度在一定误差范围内，便可认为待测产品为合格产品，也就是说只要待测产品表面在色度或灰度上与标准图像相比较时的差异保持在一定程度之内，便认为待测图像不存在缺陷。

在处理算法中通常采用规定色度或灰度差阈值的办法，设定误差允许范围，该阈值大小可根据检测精度的要求和订单客户的要求决定，也可通过对采集的待测图像进行离线实验分析来进行标定。

③基于对以上问题的考虑，结合印刷企业的共性要求，系统性能为：

A.检测对象：单纸张印品。

B.检测面积：240 mm × 200 mm。

C.图像分辨率：图像分辨应为可检测到的最小缺陷尺寸的一半。

D.检测精度：精检测：最小可检测到的缺陷面积不小于 $0.1mm^2$，约为 3×3 个像素；粗检测：最小可检测到的缺陷面积不小于 $1mm^2$，约为 10×10 个像素。

E.图像类型：灰度图像。

F.检测速度：14.4m/min，要求每秒钟处理 1 帧图像。

G.缺陷类型：漏印、墨点、划痕等形状缺陷。

H.检测结果：分析、显示缺陷图案，记录缺陷信息。

I.系统可靠性：硬件系统需满足长期稳定工作而不出现大的故障，软件系统要满足软件性能的鲁棒性，能够长时间稳定运行并结果可靠。

J.人性化的人机界面设计，方便工人操作等。

2.系统设计

机器视觉印刷检测系统的整体结构中，通过飞达装置递送纸张，通过传送装置在输纸台上匀速传送纸张，由编码器根据传输速度控制相机曝光时间，并由光源、相机设备、图像采集卡等图像采集设备实时采集输纸台上传输的印品图像，之后由 PC 机中开发的检测系统实现对印品图像质量的分析与检测，判定印品是否存在缺陷。若印品存在缺陷，由分拣装置分离有缺陷的印品；若印品无缺陷，则继续传送，最后由收纸装置收纸，完成整个印品的质量检测操作。

硬件涉及硬件设备的选型与结构方案的设计。机器视觉硬件系统的设备主要有工业镜头、相机、图像采集卡与工业光源等。硬件设备的性能决定了图像采集单元采集图像的质量、采集速度、精度与稳定性。适当地选择光源与设计照明方案，使图像的目标信息与背景信息得到最佳分离，可以大大降低图像处理算法分割、识别的难度，并提高系统的定位、测量精度，使系统的可靠性和综合性得到提高。

3.自动化技术在发输电及变电中的应用

随着我国整体经济水平地提高和国际地位的提高，我国社会经济的发展迅速，信息技术及其相关概念在我国创造和发展了广泛的产业，其中能源经济发展更加突出。技术是发展和发展能源经济的技术基础。在能源领域，自动化操作技术在机械工程中的应用保证了电力系统的正常运行和电力系统的安全。稳定的能源技术得到有效发展，为社会经济的长期发展提供了必要的前提条件。

（1）当前输配电及用电工程的现状

随着人民生活水平的不断提高，人们对电力的需求也在不断增加。同时，也给城市输配电和电力工程带来了巨大的挑战。因我国电力工业发展较晚，相关技术不完善，与国外相比，我国电力工业仍处于相对劣势，许多高新技术尚未成功应用于电力领域。这影响了我国电力工业的发展速度。国家盲目发展重工业，在一定程度上忽视了电力工业的发展过程。为我国电力工业的未来发展提供充足的财政资金是不可能的。为了获得明显的经济效益，目前没有强有力的财政资金来改善低收入、低效的电力行业的现状。另外，我国的技术人员十分稀缺，电力行业的技术人员十分稀缺，严重影响了我国电力行业的发展，同时相关设备的使用也十分落后。

（2）自动化运行技术在输配电及用电工程中的应用

①经济发展的加速使能源需求成倍增加。电能作为生活中不可缺少的重要能源，近年来需求不断刷新。然而，在这种情况下，输配电仍有一定的依赖于人工操作，使得输配电过程中人为问题的风险更大，供电的可持续性缺乏可靠的保证，自动化运行技术在现代先进技术的支持下，在输变电和电力工程中的应用中不仅最大限度地弥补了人工运行可靠性低的缺陷，而且提高了智能化和自动化水平。

在相关网络技术和通信技术的帮助下进行输配电管理。这样，在提高电力工程效益、降低电力系统故障可能性的同时，保证了输电的可靠性。

②目前，电力系统比过去更加完善。由于自动控制系统的功能优势，电力管理系统的程度进一步提高，管理范围更广。鉴于工作流程的高度复杂性，为保证输电效率，有必要从运行管理入手，提高输电效率。电力的自动输送和分配正好满足这一要求。因此，为了保证电力企业得效益，必须不断提高输变电和电力工程的自动化水平，积极引进先进的现代技术。

③当系统发生事故时，会造成巨大的经济损失。自动操作技术在电力传输中的应用对用户尤为重要，是提高性能水平的重要措施。所以，为了降低安全事故地风险，有必要在能源输送、配电和能源技术领域积极引进自动化技术，以确保安全和提高性能。

④输配电是一项复杂的工作，运行维护时间长。在传统的输配电方式下，技术人员对输配电质量的影响较大，这在一定程度上限制了电能质量的提高。

自动化技术的应用可以用自动化技术代替人工行为，既可以减少电力运行和维护的时间，又可以减少人为因素对电能质量的影响。因而，为了提高输变电工程的可靠性，有必要在输变电工程中积极应用自动化技术。

（3）自动化技术在输配电及用电工程的应用中存在的问题

①缺乏复合型技术和专业人才

尽管自动化运行技术在输配电及用电工程进行应用时具有很多优势，但是我国在这一方面的研究上起步较晚，还有很多技术难关没有被攻克，对于一些复合型的技术十分缺乏，这使得我国的自动化运行技术在输配电及用电工程的应用中受到较多阻碍。除此之外，目前我国具备多种技术的复合型人才十分稀缺。在自动化运行技术实际应用过程中有时会发生这样的情况，一些自动化运行设备出现故障时，电力技术人员因不具备自动化的相关知识，所以无法对这些设备进行修理，只能找到那些专业的自动化技术人员进行修理，使输配电及用电工程的维护成本大幅增长，非常不利于自动化运行技术在输配电及用电工程中的应用。

②相关管理人员缺乏管理能力

在我国许多输变电工程中，由于缺乏科学地管理意识，能源管理模式仍处于传统的管理模式中。它与当前的市场经济体制严重脱节，导致自动化运营技术在能源输送、配送和能源供应公司的应用面临重大困难。许多专业电力管理人员没有发挥专业作用，已调到其他地方，导致输配电和能源技术管理严重下降。

③天气因素会对输配电及用电工程产生影响

由于输电线路的特殊工作环境，天气影响也将对自动运行技术在输电、配电和能源技术中的应用产生重大影响。在雷电或降雪的情况下，输电线路极有可能因恶劣天气而损坏；这意味着自动运行技术不能正常使用。在炎热的夏季，各地区的用电量都将显著增加。在这样高的用电量下，很可能对相关设备造成损坏，使供电系统无法正常供电，造成更严重的社会后果。

（4）电力自动化输配技术的优势

在经济飞速发展的今天，电力能源占据了越来越重要的位置，如今已经成为国家的支柱能源行业，在很大程度上推动了社会经济的发展。电力能源的消费功能要想实现，就需要利用电网的输送。

如今，输配电及用电工程的自动化管理的实现，优势主要体现在这些方面。

①可以实时全程检测进行远程控制

在输配电过程中，利用自动化技术，用户可以实时监控输变电过程。在送配电过程中，用户可以直观地检测各功率参数的值。电力企业可以远程控制输配电元件，从而更好地分配电力，改善电力供应。传输的效果和质量。电力企业在输配电过程中发生停电时，可以利用计算机系统对故障点进行监测，了解故障原因，及时排除故障，促进输电正常运行。

②可以及时消除故障，促使输配效能得到提高

实现了输配电自动化，当输配电过程中发生故障时，系统能及时发出报警信息，维修人员能及时到达故障区域，并使用历史数据库。信息技术使相关技术人员能够对误差进行全面、细致地分析，能够快速、快速地修正误差，有效提高输配电效率。

③对输配环节进行优化，促使电能损耗得到降低

在电力输配管理中，非常重要的一项工作就是对电力传输过程中的能源消耗进行减少，

通过电能损耗的降低，促使电力输配质量得到有效提高，实现经济效益提高的目的。在如今情况下，将自动化电力输配技术运用过来，可以智能控制电力传输过程，对电力传输进行优化，科学调控电网线路和设备技术，这样电力输配过程中的电能损耗就可以得到有效减少和降低，进而实现经济效益提高的目的。

综上所述，随着市场经济体制的完善，电力行业之间的竞争日趋激烈。电力企业要想发展壮大，就必须安全运行电力能源。为了实现安全、高效的供电，必须在输变电和电力工程中积极应用自动运行技术，促进输变电自动控制的实现。

第二节　电机工程

一、电机的作用

电能在生产、传输、分配、使用、控制及能量转换等方面极为方便。在现代工业化社会中，各种自然能源一般都不直接使用，而是先将其转换为电能，再将电能转变为所需要的能量形态（如机械能、热能、声能、光能等）加以利用。电机是以电磁感应现象为基础实现机械能与电能之间的转换以及变换电能的装置，包括旋转电机和变压器两大类，它是工业、农业、交通运输业、国防工程、医疗设备以及日常生活中十分重要的设备。

电机的作用主要表现在以下三个方面。

1.电能的生产、传输和分配。电力工业中，电机是发电厂和变电站中的主要设备。由汽轮机或水轮机带动的发电机将机械能转换成电能，然后用变压器升高电压，通过输电线把电能输送到用电地区，再经变压器降低电压，供用户使用。

2.驱动各种生产机械和装备。在工农业、交通运输、国防等部门和生活设施中，极为广泛地应用各种电动机来驱动生产机械、设备和器具。例如，数控机床、纺织机、造纸机、轧钢机、起吊、供水排灌、农副产品加工、矿石采掘和输送、电车和电力机车的牵引、医疗设备及家用电器的运行等一般都采用电动机来拖动。发电厂的多种辅助设备，如给水机、鼓风机、传送带等，也都需要电动机驱动。

3.用于各种控制系统以实现自动化、智能化。随着工农业和国防设施自动化水平的日益提高，还需要多种多样的控制电动机作为整个自动控制系统中的重要元件，可以在控制系统、自动化和智能化装置中作为执行、检测、放大或解算元件。这类电动机功率一般较小，但品种繁多、用途各异，譬如，可用于控制机床加工的自动控制和显示、阀门遥控、电梯的自动选层与显示、火炮和雷达的自动定位、飞行器的发射和姿态等。

二、电机的分类

电机的种类很多。按照不同的分类方法，电机可有如下分类。

1.按照在应用中的功能来分

电机可以分为下列各类。

（1）发电机。由原动机拖动，将机械能转换为电能的电机。

（2）电动机。将电能转换为机械能的电机。

（3）将电能转换为另一种形式电能的电机，又可以细分为：①变压器，其输出和输入有不同的电压；②变流机，输出与输入有不同的波形，如将交流变为直流；③变频机，输出与输入有不同的频率；④移相机，输出与输入有不同的相位。

（4）控制电机。在机电系统中起调节、放大和控制作用的电机。

2.按照所应用的电流种类分类

电机可以分为直流电机和交流电机两类。

按原理和运动方式分类，电机又可以分为：（1）直流电机，没有固定的同步速度；（2）变压器，静止设备；（3）异步电机，转子速度永远与同步速度有差异；（4）同步电机，速度等于同步速度；（5）交流换向器电机，速度可以在宽广范围内随意调节。

3.按照功率大小

电机可以分为大型电机、中小型电机和微型电机等。

电机的结构、电磁关系、基础理论知识、基本运行特性和一般分析方法等知识都在电机学这门课程中讲授。电机学是电气工程及其自动化本科专业的一门核心专业基础课。基于电磁感应定律和电磁力定律，以变压器、异步电机、同步电机和直流电机四类典型通用电机为研究对象，以此阐述它们的工作原理和运行特性，着重于稳态性能的分析。

随着电力电子技术和电工材料的发展，出现了其他一些特殊电机，它们并不属于上述传统的电机类型，如永磁无刷电动机、直线电机、步进电动机、超导电机、超声波压电电机等，这些电机通常称为特种电机。

三、电机的应用领域

1.电力工业

（1）发电机。发电机是将机械能转变为电能的机械，发电机将机械能转变成电能后输送到电网。由燃油与煤炭或原子能反应堆产生的蒸汽将热能变为机械能的蒸汽轮机驱动的发电机称为汽轮发电机，用于火力发电厂和核电厂。由水轮机驱动的发电机称为水轮发电机，也是同步电机的一种，用于水力发电厂。由风力机驱动的发电机称为风力发电机。

（2）变压器。变压器是一种静止电机，其主要组成部分是铁芯和绕组。变压器只能改变交流电压或电流的大小，不能改变频率；它只能传递交流电能，不能产生电能。为了将大功率的电能输送到远距离的用户中去，需要用升压变压器将发电机发出的电压（通常只有 10.5~20kV）逐级升高到 110~1000kV，用高压线路输电可减少损耗。在电能输送到用户地区后，再用降压变压器逐级降压，供用户使用。

2.工业生产部门与建筑业

工业生产广泛应用电动机作为动力。在机床、轧钢机、鼓风机、印刷机、水泵、抽油机、起重机、传送带和生产线等设备上，大量使用中、小功率的感应电动机，是因为感应电动机结构简单，运行可靠、维护方便、成本低廉。感应电动机约占所有电气负荷功率的60%。

在高层建筑中，电梯、滚梯是靠电动机曳引的。宾馆的自动门、旋转门是由电动机驱动的，建筑物的供水、供暖、通风等需要水泵、鼓风机等，这些设备也都是由电动机驱动的。

3.交通运输

（1）电力机车与城市轨道交通。电力机车与城市轨道交通系统的牵引动力是电能，机车本身没有原动力，而是依靠外部供电系统供应电力，并通过机车上的牵引电动机驱动机车前进，电力牵引系统如图 10-1 所示。机车电传动实质上就是牵引电动机变速传动，用交流电动机或直流电动机均能实现。普通列车只有机车是有动力的（动力集中），而高速列车的牵引功率大，一般采用动车组（动力分散）方式，即部分或全部车厢的转向架也有牵引电动机作为动力。目前，世界上的电力牵引动力以交流传动为主体。

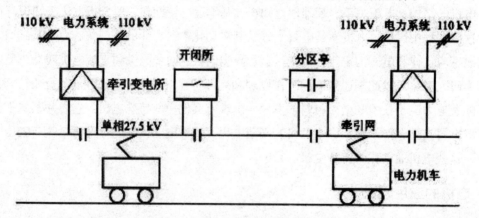

图 10-1 电力牵引系统示意图

（2）内燃机车。内燃机车是以内燃机作为原动力的一种机车。电力传动内燃机车的能量传输过程是由柴油机驱动主发电机发电，然后向牵引电动机供电使其旋转，并通过牵引齿轮传动驱动机车轮对旋转。根据电机型式不同，内燃机车可分为直—直流电力传动、交—直流电力传动、交—直—交流电力传动和交—交流电力传动等类型。

（3）船舶。目前绝大多数船舶还是内燃机直接推进的，内燃机通过从船腹伸到船尾外部的粗大的传动轴带动螺旋桨旋转推进。

（4）汽车。在内燃机驱动的汽车上，从发电机、启动机到雨刷、音响，都要用到大大小小的电机。一辆现代化的汽车，可能要用几十台甚至上百台电机。

（5）电动车。电动车包括纯电动车和混合动力车，由于目前电池的功率密度与能量密度较低，故内燃机与电动机联合提供动力的混合动力车目前发展较快。

（6）磁悬浮列车。磁悬浮铁路系统是一种新型的有导向轨的交通系统，主要依靠电磁力实现传统铁路中的支承、导向和牵引功能。

（7）直线电动机轮轨车辆。直线感应电动机牵引车辆是介于轮轨与磁悬浮车辆之间的一种机车，兼有轮轨安全可靠和磁悬浮非黏着牵引的优点。

4.医疗、办公设备与家用电器

在医疗器械中，心电机、X 光机、CT、牙科手术工具、渗析机、呼吸机、电动轮椅等，在办公设备中，计算机的 DVD 驱动器、CD-ROM、磁盘驱动器主轴都采用永磁无刷电动机。打印机、复印机、传真机、碎纸机、电动卷笔刀等都用到各种电动机。在家用电器中，只要有运动部件，几乎都离不开电动机，如电冰箱和空调器的压缩机、洗衣机转轮与甩干筒、吸尘器、电风扇、抽油烟机、微波炉转盘、DVD 机、磁带录音机、录像机、摄像机、全自动照相机、吹风机、按摩器、电动剃须刀等，不胜枚举。

5.电机在其他领域的应用

在国防领域，航空母舰用直线感应电动机飞机助推器取代了传统的蒸汽助推器；电舰船、战车、军用雷达都是靠电动机驱动和控制的。在战斗机机翼上和航空器中，用电磁执行器取代传统的液压、气动执行器，其主体是各种电动机。再如，演出设备（如电影放映机、旋转舞台等），运动训练设备（如电动跑步机、电动液压篮球架、电动发球机等），家具，游乐设备（如缆车、过山车等），以及电动玩具的主体也都是电动机。

四、电动机的运行控制

电气传动（或称电力拖动）的任务，是合理地使用电动机并通过控制，使被拖动的机械按照某种预定的要求运行。世界上约有 60% 的发电量是电动机消耗的，因此电气传动是非常重要的领域，而电动机的启动、调速与制动是电气传动的重要内容，电机学对电气传动有详细的介绍。

1.电动机的启动

笼形异步电动机的启动方法有全压直接启动、降低电压启动和软启动三种方法。

直流电动机的启动方法有直接启动、串联变阻器启动和软启动三种方法。

同步电动机本身没有启动转矩，其启动方法有很多种，有的同步电动机将阻尼绕组和实心磁极当成二次绕组而作为笼形异步电动机进行启动，也有的同步电动机把励磁绕组和绝缘的阻尼绕组当成二次绕组而作为绕线式异步电动机进行启动。当启动加速到接近同步转速时投入励磁，进入同步运行。

2.电动机的调速

调速是电力拖动机组在运行过程中的基本要求，直流电动机具有在宽广范围内平滑经济调速的优良性能。直流电动机有电枢回路串电阻、改变励磁电流和改变端电压三种调速方式。

交流电动机的调速方式有变频调速、变极调速和调压调速三种，其中以变频调速应用最广泛。变频调速是通过改变电源频率来改变电动机的同步转速，使转子转速随之变化的调速方法。在交流调速中，用变频器来改变电源频率。变频器具有高效率的驱动性能和良好的控制特性，且操作方便、占地面积小，因而得到广泛应用。应用变频调速可以节约大量电能，提高产品质量，实现机电一体化。

3.电动机的制动

制动是生产机械对电动机的特殊要求，制动运行是电动机的又一种运行方式，它是一边吸收负载的能量一边运转的状态。电动机的制动方法有机械制动方法和电气制动方法两大类。机械制动方法是利用弹力或重力加压产生摩擦来制动的。机械制动方法的特征是即使在停止时也有制动转矩作用，其缺点是要产生摩擦损耗。电气制动是一种由电气方式吸收能量的制动方法，这种制动方法适用于频繁制动或连续制动的场合，常用的电气制动方法有反接制动、正接反转制动、能耗制动和回馈制动几种。

五、电器的分类

广义上的电器，是指所有用电的器具，但是在电气工程中，电器特指用于对电路进行接通、分断，对电路参数进行变换以实现对电路或用电设备的控制、调节、切换、监测和保护等作用的电工装置、设备和组件。电机（包括变压器）属于生产和变换电能的机械设备，我们习惯上不将其包括在电器之列。

电器按功能可分为以下几种。

1.用于接通和分断电路的电器。主要有断路器、隔离开关、重合器、分段器、接触器、熔断器、刀开关、接触器和负荷开关等。

2.用于控制电路的电器。主要有电磁启动器、星形–三角形启动器、自耦减压启动器、频敏启动器、变阻器、控制继电器等，用于电机的各种启动器正越来越多地被电力电子装置所取代。

3.用于切换电路的电器。主要有转换开关、主令电器等。

4.用于检测电路参数的电器。主要有互感器、传感器等。

5.用于保护电路的电器。主要有熔断器、断路器、限流电抗器和避雷器等。

电器按工作电压可分为高压电器和低压电器两类。在我国，工作交流电压在1000V及以下，直流电压在1 500 V及以下的属于低压电器；工作交流电压在1 000 V以上，直流电压在1500V以上的属于高压电器。书中第2章将详细介绍电气工程中主要电器的基础知识。

第三节　电力系统工程

一、电力系统的组成

电力系统是由发电、变电、输电、配电、用电等设备和相应的辅助系统，按规定的技术和经济要求组成的一个统一系统。电力系统主要由发电厂、电力网和负荷等组成。发电厂的发电机将一次能源转换成电能，再由升压变压器把低压电能转换为高压电能，经过输电线路进行远距离输送，在变电站内进行电压升级，送至负荷所在区域的配电系统，再由配电所和配电线路把电能分配给电力负荷（用户）。

电力网是电力系统的一个组成部分，是由各种电压等级的输电、配电线路以及它们所连接起来的各类变电所组成的网络。由电源向电力负荷输送电能的线路，称为输电线路，包含输电线路的电力网称为输电网；担负分配电能任务的线路称为配电线路，包含配电线路的电力网称为配电网。电力网按其本身结构可以分为开式电力网和闭式电力网两类。凡是用户只能从单个方向获得电能的电力网，称为开式电力网；凡用户可以从两个或两个以上方向获得电能的电力网，称为闭式电力网。

动力部分与电力系统组成的整体称为动力系统。动力部分主要指火电厂的锅炉、汽轮机，水电厂的水库、水轮机和核电厂的核反应堆等。电力系统是动力系统的一个组成部分。发电、变电、输电、配电和用电等设备称为电力主设备，主要有发电机、变压器、架空线路、电缆、断路器、母线、电动机、照明设备和电热设备等。由主设备按照一定要求连接成的系统称为电气一次系统（又称为电气主接线），第3章将对其作基础知识介绍。为保证一次系统安全、稳定正常运行，对一次设备进行操作、测量、监视、控制、保护、通信和实现自动化的设备称为二次设备，由二次设备构成的系统称为电气二次系统。

二、电力系统运行的特点

1.电能不能大量存储

电能生产是一种能量形态的转变，要求生产与消费同时完成，即每时每刻电力系统中电能的生产、输送、分配和消费实际上同时进行，发电厂任何时刻生产的电功率等于该时刻用电设备消耗功率和电网损失功率之和。

2.电力系统暂态过程非常迅速

电是以光速传播的，估摸电力系统从一种运行方式过渡到另外一种运行方式所引起的电磁过程和机电过渡过程是非常迅速的。通常情况下，电磁波的变化过程只有千分之几秒，甚至百万分之几秒，即为微秒级；电磁暂态过程为几毫秒到几百毫秒，即为毫秒级；机电暂态过程为几秒到几百秒，即为秒级。

3.与国民经济的发展密切相关

电能供应不足或中断供应，将直接影响国民经济各个部门的生产和运行，也将影响人们正常生活，在某些情况下甚至造成政治上的影响或极其严重的社会性灾难。

三、对电力系统的基本要求

1.保证供电可靠性

保证供电的可靠性，是对电力系统最基本的要求。系统应具有经受一定程度的干扰和故障的能力，但当事故超出系统所能承受的范围时，停电是不可避免的。供电中断造成的后果是极其严重的，应尽量缩小故障范围和避免大面积停电，尽快消除故障，恢复正常供电。

根据现行国家标准《供配电系统设计规范》（GB50052—2009）的规定，电力负荷根据供电可靠性及中断供电在政治、经济上所造成的损失或影响的程度，将负荷分为三级。

（1）一级负荷。对这一级负荷中断供电，将造成政治或经济上的重大损失，如导致人身事故、设备损坏、产品报废，使生产秩序长期不能恢复，人民生活发生混乱。在一级负荷中，当中断供电将造成重大设备损坏或发生中毒、爆炸和火灾等情况的负荷，以及特别重要场所的不允许中断供电的负荷，应视为一级负荷中特别重要的负荷。

（2）二级负荷。对这类负荷中断供电，将造成大量减产，将使人民生活受到影响。

（3）三级负荷。所有不属于一、二级的负荷，如非连续生产的车间及辅助车间和小城镇用电等。

一级负荷由两个独立电源供电，要保证不间断供电。一级负荷中特别重要的负荷供电，除应由双重电源供电外，尚应增设应急电源，并不得将其他负荷接入应急供电系统。设备供电电源的切换时间应满足设备允许中断供电的要求。对二级负荷，应尽量做到事故时不中断供电，允许手动切换电源；对三级负荷，在系统出现供电不足时首先断电，以保证一、二级负荷供电。

2.保证良好的电能质量

电能质量主要从电压、频率和波形三个方面来衡量。检测电能质量的指标主要是电压偏移和频率偏差。随着用户对供电质量要求的提高，谐波、三相电压不平衡度、电压闪变和电压波动均纳入电能质量监测指标。

3.保证系统运行的经济性

电力系统运行有三个主要经济指标，即煤耗率（即生产每 kW·h 能量的消耗，也称为油耗率、水耗率）、自用电率（生产每 kW·h 电能的自用电）和线损率（供配每 kW·h 电能时在电力网中的电能损耗）。保证系统运行的经济性就是使以上三个指标最小。

4.电力工业优先发展

电力工业必须优先于国民经济其他部门的发展，只有电力工业优先发展了，国民经济其他部门才能有计划、按比例的发展，否则会对国民经济的发展起到制约作用。

5.满足环保和生态要求

控制温室气体和有害物质的排放，控制冷却水的温度和速度，防止核辐射，减少高压输电线的电磁场对环境的影响和对通信的干扰，降低电气设备运行中的噪声等。开发绿色能源，保护环境和生态，做到能源的可持续利用和发展。

四、电力系统的电能质量指标

电力系统电能质量检测指标有电压偏差、频率偏差、谐波、三相电压不平衡度、电压波动和闪变。

1.电压偏差

电压偏差，是指电网实际运行电压与额定电压的差值（代数差），通常用其对额定电压的百分值来表示。现行国家标准《电能质量供电电压允许偏差》（GB 12325－2008）规定，35kV 及以上供电电压正、负偏差的绝对值之和不超过标称电压的 10%；20kV 及以下三相供电电压偏差为标称电压的 ±7%；220V 单相供电电压偏差为标称电压的 +7%~-10%。

2.频率偏差

我国电力系统的标称频率为 50Hz，俗称工频。频率的变化，将影响产品的质量，如频率降低将导致电动机的转速下降。频率下降得过低，有可能使整个电力系统崩溃。我国电力系统现行国家标准《电能质量电力系统频率允许偏差》（GB/T15945-2008）规定，正常频率偏差允许值为 ±0.2Hz，对于小容量系统，偏差值可以放宽到 ±0.5Hz。冲击负荷引起的系统频率变动一般不得超过 ±0.2 Hz。

3.电压波形

供电电压（或电流）波形为较为严格的正弦波形。波形质量一般以总谐波畸变率作为衡量标准。所谓总谐波畸变率，是指周期性交流量中谐波分量的方均根值与其基波分量的方均根值之比（用百分数表示）。110 kV 电网总谐波畸变率限值为 2%，35 kV 电网限值为 3%，10 kV 电网限值为 4%。

4.三相电压不平衡度

三相电压不平衡度表示三相系统的不对称程度，用电压或电流负序分量与正序分量的方均根值百分比表示。现行国家标准《电能质量公用电网谐波》（GB/T 14549-1993）规定，各级公用电网，110 kV 电网总谐波畸变率限值为 2%，35~66 kV 电网限值为 3%，6~10kV 电网限值为 4%，0.38kV 电网限值为 5%。用户注入电网的谐波电流允许值应保证各级电网谐波电压在限值范围内，故国标规定各级电网谐波源产生的电压总谐波畸变率是：0.38 kV

的为 2.6%，6~10 kV 的为 2.2%，35~66 kV 的为 1.9%，110 kV 的为 1.5%。对 220 kV 电网及其供电的电力用户参照本标准 110 kV 执行。

间谐波，是指非整数倍基波频率的谐波。随着分布式电源的接入、智能电网的发展，间谐波有增大的趋势。现行国家标准《电能质量公用电网间谐波》（GB/T 24337-2009）规定，1000V 及以下，低于 100Hz 的间谐波电压含有率限值为 0.2%，100~800Hz 的间谐波电压含有率限值为 0.5%；1000 V 以上，低于 100 Hz 的间谐波电压含有率限值为 0.16%，100~800 Hz 的间谐波电压含有率限值为 0.4%。

现行国家标准《电能质量三相电压允许不平衡度》（GB/T 15543）规定，电力系统公共连接点三相电压不平衡度允许值为 2%，短时不超过 4%。接于公共接点的每个用户，引起该节点三相电压不平衡度允许值为 1.3%，短时不超过 2.6%。

5.电压波动和闪变

电压波动，是指负荷变化引起电网电压快速、短时的变化，变化剧烈的电压波动称为电压闪变。为使电力系统中具有冲击性功率的负荷对供电电压质量的影响控制在合理的范围，现行国家标准《电能质量电压允许波动和闪变》（GB/T 12326-2008）规定，电力系统公共连接点，由波动负荷产生的电压变动限值与变动频度、电压等级有关。变动频度 r 每小时不超过 1 次时，$U_N \leq 35$ kV 时，电压变动限值为 4%；35 kV $\leq U_N \leq$ 220 kV 时，电压变动限值为 3%。当 $100 \leq r \leq 1000$ 次、$U_N \leq 35$ kV 时电压变动限值为 1.25%，35 kV $\leq U_N \leq$ 220 kV 时，电压变动限值为 1%，电力系统公共连接点，在系统运行的较小方式下，以一周（168 h）为测量周期，所有长时间闪变值 P_{lt} 满足：110kV 及以下，$P_{lt}=1$；110 kV 以上，$P_{lt}=0.8$。

五、电力系统的基本参数

除了电路中所学的三相电路的主要电气参数，如电压，电流，阻抗（电阻、电抗、容抗），功率（有功功率、无功功率、复功率、视在功率），频率等外，表征电力系统的基本参数有总装机容量、年发电量、最大负荷、年用电量、额定频率、最高电压等级等。

1.总装机容量。电力系统的总装机容量，是指该系统中实际安装的发电机组额定有功功率的总和，以千瓦（kW）、兆瓦（MW）和吉瓦（GW）计，它们的换算关系为

$$1GW=10^3MW=10^6kW$$

2.年发电量。年发电量，是指该系统中所有发电机组全年实际发出电能的总和，以兆瓦·时（MW·h）、吉瓦时（GW·h）和太瓦时（TW·h）计，它们的换算关系为

$$1TW \cdot h=10^3GW \cdot h=10^6MW \cdot h$$

3.最大负荷。最大负荷，是指规定时间内，如一天、一月或一年，电力系统总有功功率负荷的最大值，以千瓦（kW）、兆瓦（MW）和吉瓦（GW）计。

4.年用电量。年用电量，是指接在系统上的所有负荷全年实际所用电能的总和，以兆

瓦时（MW·h）.吉瓦时（GW·h）和太瓦时（TW·h）计。

5.额定频率。按照国家标准规定，我国所有交流电力系统的额定频率均为50Hz，欧美国家交流电力系统的额定频率则为60 Hz。

6.最高电压等级。最高电压等级，是指电力系统中最高电压等级电力线路的额定电压，以千伏（kV）计，目前我国电力系统中的最高电压等级为1 000 kV。

7.电力系统的额定电压。电力系统中各种不同的电气设备通常是由制造厂根据其工作条件确定其额定电压，电气设备在额定电压下运行时，其技术经济性能最好。为了使电力工业和电工制造业的生产标准化、系列化和统一化，世界各国都制定有电压等级的条例。

用电设备的额定电压与同级的电力网的额定电压是一致的。电力线路的首端和末端均可接用电设备，用电设备的端电压允许偏移范围为额定电压的±5%，线路首末端电压损耗不超过额定电压的10%。于是，线路首端电压比用电设备的额定电压不高出5%，线路末端电压比用电设备的额定电压不低于5%，线路首末端电压的平均值为电力网额定电压。

发电机接在电网的首端，其额定电压比同级电力网额定电压高5%，用于补偿电力网上的电压损耗。

变压器的额定电压分为一次绕组额定电压和二次绕组额定电压，变压器的一次绕组直接与发电机相连时，其额定电压等于发电机额定电压；当变压器接于电力线路末端时，则相当于用电设备，其额定电压等于电力网额定电压。变压器的二次绕组额定电压，是绕组的空载电压，当变压器为额定负载时，在变压器内部有5%的电压降。另外，变压器的二次绕组向负荷供电，相当于电源作用，其输出电压应比同级电力网的额定电压高5%，因此，变压器的二次绕组额定电压比同级电力网额定电压高10%。当二次配电距离较短或变压器绕组中电压损耗较小时，二次绕组额定电压只需比同级电力网额定电压高5%。

电力网额定电压的选择又称为电压等级的选择，要综合电力系统投资、运行维护费用、运行的灵活性以及设备运行的经济合理性等方面的因素来考虑。在输送距离和输送容量一定的条件下，所选的额定电压越高，线路上的功率损耗、电压损失、电能损耗会减少，能节省有色金属。但额定电压越高，线路上的绝缘等级要提高，杆塔的几何尺寸要增大，线路投资增大，线路两端的升、降压变压器和开关设备等的投资也相应要增大。因此，电力网额定电压的选择要根据传输距离和传输容量经过全面技术经济比较后才能选定。

六、电力系统的接线方式

1.电力系统的接线图

电力系统的接线方式是用来表示电力系统中各主要元件相互连接关系的，对电力系统运行的安全性与经济性影响极大。电力系统的接线方式用接线图来表示，接线图有电气接线图和地理接线图两种。

（1）电气接线图。在电气接线图上，要求表明电力系统各主要电气设备之间的电气连接关系。电气接线图要求接线清楚，一目了然，而不过分重视实际的位置关系、距离的比例关系。

（2）地理接线图。在地理接线图上，强调电厂与变电站之间的实际位置关系及各条输电线的路径长度，这些都按一定比例反映出来，但各电气设备之间的电气联系、连接情况不必详细表示。

2.电力系统的接线方式

选择电力系统接线方式时，应保证与负荷性质相适应的足够的供电可靠性；深入负荷中心，简化电压等级，做到接线紧凑简明；保证各种运行方式下操作人员的安全；保证运行时足够的灵活性；在满足技术条件的基础上，力求投资费用少，设备运行和维护费用少，满足经济性要求。

（1）开式电力网。开式电力网由一条电源线路向电力用户供电，分为单回路放射式、单回路干线式、单回路链式和单回路树枝式等。开式电力网接线简单、运行方便，保护装置简单，便于实现自动化，投资费用少，但供电的可靠性较差，只能用于三级负荷和部分次要的二级负荷，不适于向一级负荷供电。

由地区变电所或企业总降压变电所6~10kV母线直接向用户变电所供电时，沿线不接其他负荷，各用户变电所之间也无联系，可选用放射式接线。

（2）闭式电力网。闭式电力网由两条及两条以上电源线路向电力用户供电，分为双回路放射式、双回路干线式、双回路链式、双回路树枝式、环式和两端供电式。闭式电力网供电可靠性高，运行和检修灵活，但投资大，运行操作和继电保护复杂，适用于对一级负荷供电和电网的联络。

对供电的可靠性要求很高的高压配电网，还可以采用双回路架空线路或多回路电缆线路进行供电，并尽可能在两侧都有电源。

七、电力系统运行

1.电力系统分析

电力系统分析是用仿真计算或模拟试验方法，对电力系统的稳态和受到干扰后的暂态行为进行计算、考查，做出评估，提出改善系统性能的措施的过程。通过分析计算，可对规划设计的系统选择正确的参数，制定合理的电网结构，对运行系统确定合理的运行方式，进行事故分析和预测，提出防止和处理事故的技术措施。电力系统分析分为电力系统稳态分析、故障分析和暂态过程的分析。电力系统分析的基础为电力系统潮流计算、短路故障计算和稳定计算。

（1）电力系统稳态分析。电力系统稳态分析主要研究电力系统稳态运行方式的性能，包括潮流计算、静态稳定性分析和谐波分析等。

电力系统潮流计算包括系统有功功率和无功功率的平衡，网络节点电压和支路功率的分布等，解决系统有功功率和频率调整，无功功率和电压控制等问题。潮流计算是电力系统稳态分析的基础。潮流计算的结果可以给出电力系统稳态运行时各节点电压和各支路功率的分布。在不同系统运行方式下进行大量潮流计算，可以研究并从中选择确定经济上合理、技术上可行、安全可靠的运行方式。潮流计算还给出电力网的功率损耗，便于进行网络分析，并进一步制订降低网损的措施，还可以用于电力网事故预测，确定事故影响的程度和防止事故扩大的措施，也用于输电线路工频过电压研究和调相、调压分析，为确定输电线路并联补偿容量、变压器可调分接头设置等系统设计的主要参数以及线路绝缘水平提供部分依据。

静态稳定性分析主要分析电网在小扰动下保持稳定运行的能力，包括静态稳定裕度计算、稳定性判断等。为确定输电系统的输送功率，分析静态稳定破坏和低频振荡事故的原因，选择发电机励磁调节系统、电力系统稳定器和其他控制调节装置的形式和参数提供依据。

谐波分析主要通过谐波潮流计算，研究在特定谐波源作用下，电力网内各节点谐波电压和支路谐波电流的分布，确定谐波源的影响，从而制订消除谐波的措施。

（2）电力系统故障分析。电力系统故障分析主要研究电力系统中发生故障（包括短路、断线和非正常操作）时，故障电流、电压及其在电力网中的分布。短路电流计算是故障分析的主要内容。短路电流计算的目的是确定短路故障的严重程度选择电气设备参数，整定继电保护，分析系统中负序及零序电流的分布，从而确定其对电气设备和系统的影响等。

电磁暂态分析还研究电力系统故障和操作过电压的过程，为变压器、断路器等高压电气设备和输电线路的绝缘配合和过电压保护的选择，以及降低或限制电力系统过电压技术措施的制订提供依据。

（3）电力系统暂态分析。电力系统暂态分析主要研究电力系统受到扰动后的电磁和机电暂态过程，包括电磁暂态过程的分析和机电暂态过程的分析两种。

电磁暂态过程的分析主要研究电力系统故障和操作过电压及谐振过电压，为变压器、断路器等高压电气设备和输电线路的绝缘配合和过电压保护的选择，以及降低或限制电力系统过电压技术措施的制订提供依据。

机电暂态过程的分析主要研究电力系统受到大扰动后的暂态稳定和受到小扰动后的静态稳定性能。其中，暂态稳定分析主要研究电力系统受到诸如短路故障，切除或投入线路、发电机、负荷，发电机失去励磁或者冲击性负荷等大扰动作用下，电力系统的动态行为和保持同步稳定运行的能力，为选择规划设计中的电力系统的网络结构，校验和分析运行中的电力系统的稳定性能和稳定破坏事故，制订防止稳定破坏的措施提供依据。

电力系统分析工具有暂态网络分析仪、物理模拟装置和计算机数字仿真等三种。

2.电力系统继电保护和安全自动装置

电力系统继电保护和安全自动装置是在电力系统发生故障或不正常运行情况时，用于快速切除故障、消除不正常状况的重要自动化技术和设备（装置）。电力系统发生故障或危及其安全运行的事件时，它们可及时发出警告信号或直接发出跳闸命令以终止事件发展。用于保护电力元件的设备通常称为继电保护装置，用于保护电力系统安全运行的设备通常称为安全自动装置，如自动重合闸、按周减载等。

3.电力系统自动化

应用各种具有自动检测、反馈、决策和控制功能的装置，并通过信号、数据传输系统对电力系统各元件、局部系统或全系统进行就地或远方的自动监视、协调、调节和控制，以保证电力系统的供电质量和安全经济运行。

随着电力系统规模和容量的不断扩大，系统结构、运行方式日益复杂，单纯依靠人力监视系统运行状态、进行各项操作、处理事故等，已无能为力。所以，必须应用现代控制理论、电子技术、计算机技术、通信技术和图像显示技术等科学技术的最新成就来实现电力系统自动化。

第四节　电力电子技术

一、电力电子技术的作用

电力电子技术是通过静止的手段对电能进行有效的转换、控制和调节，把能得到的输入电源形式变成希望得到的输出电源形式的科学应用技术。它是电子工程、电力工程和控制工程相结合的一门技术，它以控制理论为基础、以微电子器件或微计算机为工具、以电子开关器件为执行机构实现对电能的有效变换，高效、实用、可靠的把能得到的电源变为所需要的电源，以满足不同的负载要求，同时具有电源变换装置小体积、轻重量和低成本等优点。

电力电子技术的主要作用如下。

1.节能减排。通过电力电子技术对电能的处理，电能的使用可达到合理、高效和节约，实现了电能使用最优化。当今世界电力能源的使用约占总能源的40%，而电能中有40%经过电力电子设备的变换后被使用。利用电力电子技术对电能变换后再使用，人类至少可节省近1/3的能源，可大大减少煤燃烧而排放的二氧化碳和硫化物。

2.改造传统产业和发展机电一体化等新兴产业。目前发达国家约 70%的电能是经过电力电子技术变换后再使用的，据预测，今后将有 95%的电能会经电力电子技术处理后再使用，我国经过变换后使用的电能目前还不到 45%。

3.电力电子技术向高频化方向发展。实现最佳工作效率，将使机电设备的体积减小到原来的几分之一，甚至几十分之一，响应速度达到高速化，并能适应任何基准信号，实现无噪声且具有全新的功能和用途。例如，频率为 20kHz 的变压器，其重量和体积只是普通 50Hz 变压器的十几分之一，钢、铜等原材料的消耗量也大大减少。

4.提高电力系统稳定性，避免大面积停电事故。电力电子技术实现的直流输电线路，起到故障隔离墙的作用，发生事故的范围就可大大缩小，避免大面积停电事故的发生。

二、电力电子技术的特点

电力电子技术是采用电子元器件作为控制元件和开关变换器件，利用控制理论对电力（电源）进行控制变换的技术，它是从电气工程的三大学科领域（电力、控制、电子）发展起来的一门新型交叉学科。

电力电子开关器件工作时产生很高的电压变化率和电流变化率。电压变化率和电流变化率作为电力电子技术应用的工作形式，对系统的电磁兼容性和电路结构设计都有十分重要的影响。概括起来，电力电子技术有如下几个特点：弱电控制强电；传送能量的模拟—数字—模拟转换技术；多学科知识的综合设计技术。

新型电力电子器件呈现出许多优势，它使得电力电子技术发生突变，进入现代电力电子技术阶段。现代电力电子技术向全控化、集成化、高频化、高效率化、变换器小型化和电源变换绿色化等方向发展。

三、电力电子技术的研究内容

电力电子技术的主要任务是研究电力半导体器件、变流器拓扑及其控制和电力电子应用系统，实现对电、磁能量的变换、控制、传输和存储，以达到合理、高效地使用各种形式的电能，为人类提供高质量电、磁能量。电力电子技术的研究内容主要包括以下几个方面。

1.电力半导体器件及功率集成电路。

（1）电力电子变流技术。其研究内容主要包括新型的或适用于电源、节能及电力电子新能源利用、军用和太空等特种应用中的电力电子变流技术；电力电子变流器智能化技术；电力电子系统中的控制和计算机仿真、建模等。

（2）电力电子应用技术。其研究内容主要包括超大功率变流器在节能、可再生能源发电、钢铁、冶金、电力、电力牵引、舰船推进中的应用，电力电子系统信息与网络化，电力电子系统故障分析和可靠性，复杂电力电子系统稳定性和适应性等。

（3）电力电子系统集成。其研究内容主要包括电力电子模块标准化，单芯片和多芯片系统设计，电力电子集成系统的稳定性、可靠性等。

2.电力半导体器件

电力半导体器件是电力电子技术的核心，用于大功率变换和控制时，与信息处理用器件不同，一是必须具有承受高电压、大电流的能力；二是以开关方式运行。因此，电力电子器件也称为电力电子开关器件，电力电子器件种类繁多，分类方法也不同。按照开通、关断的控制，电力电子器件可分为不控型、半控型和全控型三类。按照驱动性质，电力电子器件可以分为电压型和电流型两种。

在应用器件时，选择电力电子器件一般需要考虑的是器件的容量（额定电压和额定电流值）、过载能力、关断控制方式、导通压降、开关速度、驱动性质和驱动功率等。

3.电力电子变换器的电路结构

以电力半导体器件为核心，采用不同的电路拓扑结构和控制方式来实现对电能的变换和控制，这就是变流电路。变换器电路结构的拓扑优化是现代电力电子技术的主要研究方向之一。根据电能变换的输入—输出形式，变换器电路可分为交流—直流变换（AC/DC）、直流—直流变换（DC/DC）、直流—交流变换（DC/AC）和交流—交流变换（AC/AC）四种基本形式。

4.电力电子电路的控制

控制电路的主要作用是为变换器中的功率开关器件提供控制极驱动信号。驱动信号是根据控制指令，按照某种控制规律及控制方式而获得的。控制电路应该包括时序控制、保护电路、电气隔离和功率放大等电路。

（1）电力电子电路的控制方式。电力电子电路的控制方式一般按照器件开关信号与控制信号间的关系分类，可分为相控方式、频控方式、斩控方式等。

（2）电力电子电路的控制理论。对线性负荷常采用 PI 和 PID 控制规律，对交流电机这样的非线性控制对象，最典型的是采用基于坐标变换解耦的矢量控制算法。为了使复杂的非线性、时变、多变量、不确定、不确知等系统，在参量变化的情况下获得理想的控制效果，变结构控制、模糊控制、基于神经元网络和模糊数学的各种现代智能控制理论，在电力电子技术中已获得广泛应用。

（3）控制电路的组成形式。早期的控制电路采用数字或模拟的分立元件构成，随着专用大规模集成电路和计算机技术的迅速发展，复杂的电力电子变换控制系统，已采用DSP、现场可编程器件 FPGA，专用控制等大规模集成芯片以及微处理器构成控制电路。

四、电力电子技术的应用

电力电子技术是实现电气工程现代化的重要基础。电力电子技术广泛应用于国防军事、工业、能源、交通运输、电力系统、通信系统、计算机系统、新能源系统以及家用电器等。下面作简单的介绍。

1.工业电力传动

工业中大量应用各种交、直流电动机和特种电动机。近年来，因电力电子变频技术的迅速发展，使得交流电动机的调速性能可与直流电动机的性能相媲美，我国也于1998年开始了从直流传动到交流传动转换的铁路牵引传动产业改革。

电力电子技术主要解决电动机的启动问题（软启动）。对调速传动，电力电子技术不仅要解决电动机的启动问题，还要解决好电动机整个调速过程中的控制问题，在有些场合还必须解决好电动机的停机制动和定点停机制动控制问题。

2.电源

电力电子技术的另一个应用领域是各种各样电源的控制。电器电源的需求是千变万化的，因此电源的需求和种类非常多。例如，太阳能、风能生物质能、海洋潮汐能及超导储能等可再生能源，受环境条件的制约，发出的电能质量较差，而利用电力电子技术可以进行能量存储和缓冲，改善电能质量。并且，采用变速恒频发电技术，可以将新能源发电系统与普通电力系统联网。

开关模式变换器的直流电源、DC/DC高频开关电源、不间断电源（UPS）和小型化开关电源等，在现代计算机、通信、办公自动化设备中被广泛采用。军事中主要应用的是雷达脉冲电源、声呐及声发射系统、武器系统及电子对抗等系统电源。

3.电力系统工程

现代电力系统离不开电力电子技术。高压直流输电，其送电端的整流和受电端的逆变装置都是采用晶闸管变流装置，它从根本上解决了长距离、大容量输电系统无功损耗问题。柔性交流输电系统（FACTS），其作用是对发电–输电系统的电压和相位进行控制。其技术实质类似于弹性补偿技术。FACTS技术是利用现代电力电子技术改造传统交流电力系统的一项重要技术，已成为未来输电系统新时代的支撑技术之一。

无功补偿和谐波抑制对电力系统具有重要意义。晶闸管控制电抗器（TCR）、晶闸管投切电容量（TSC）都是重要的无功补偿装置。静止无功发生器（STATCOM）、有源电力滤波器（APF）等新型电力电子装置具有更优越的无功和谐波补偿的性能。采用超导磁能存储系统（SMES）、蓄电池储能（BESS）进行有功补偿和提高系统稳定性。晶闸管可控串联电容补偿器（TCSC）用于提高输电容量，抑制次同步震荡，进行功率潮流控制。

4.交通运输工程

电气化铁道已广泛采用电力电子技术，电气机车中的直流机车采用整流装置供电，交流机车采用变频装置供电。譬如直流斩波器广泛应用于铁道车辆，磁悬浮列车的电力电子技术更是一项关键的技术。

新型环保绿色电动汽车和混合动力电动汽车（EV/HEV）正在积极发展中。绿色电动车的电动机以蓄电池为能源，靠电力电子装置进行电力变换和驱动控制，其蓄电池的充电也离不开电力电子技术。飞机、船舶需要各种不同要求的电源，因此航空、航海也都离不开电力电子技术。

5.绿色照明

目前广泛使用的日光灯，其电子镇流器就是一个 AC–DC–AC 变换器，较好地解决了传统日光灯必须有镇流器启辉、全部电流都要流过镇流器的线圈因而无功电流较大等问题，可减少无功和有功损耗。还有利用注入式电致发光原理制作的二极管叫发光二极管，通称 LED 灯。当它处于正向工作状态时（即两端加上正向电压），电流从 LED 阳极流向阴极时，半导体晶体就发出从紫外到红外不同颜色的光线，光的强弱与电流有关。另外，采用电力电子技术可实现照明的电子调光。

电力电子技术的应用范围十分广泛。电力电子技术已成为我国国民经济的重要基础技术和现代科学、工业和国防的重要支撑技术。电力电子技术课程是电气工程及其自动化专业的核心课程之一。

第五节　高电压工程

一、高电压与绝缘技术的发展

高电压与绝缘技术是随着高电压远距离输电而发展起来的一门电气工程分支学科。高电压与绝缘技术的基本任务是研究高电压的获得以及高电压下电介质及其电力系统的行为和应用。人类对高电压现象的关注已有悠久的历史，但作为一门独立的科学分支是20世纪初为了解决高压输电工程中的绝缘问题而逐渐形成的。美国工程师皮克（F.w.Peek）在 1915 年出版的《高电压工程中的电介质现象》一书中首次提出"高电压工程"这一术语，20 世纪 40 年代以后，因电力系统输送容量的扩大，电压水平的提高以及原子物理技术等学科的进步，高电压和绝缘技术得到快速发展。20 世纪 60 年代以来，受超高压、特高压输电和新兴科学技术发展的推动，高电压技术已经扩大了其应用领域，成为电气工程学科中十分重要的一个分支。

世界上最早于 1890 年在英国建成了一条长达 45km 的 10kV 输电线路，1891 年，德国建造了一条从腊芬到法兰克福长 175 km 的 15.2 kV 三相交流输电线路。由于升高电压等级可以提高系统的电力的输送能力，降低线路损耗，增加传输距离，还可以降低电网传输单位容量的造价，随后高压交流输电得到迅速发展，电压等级逐次提高。输电线路经历了 20 kV、35 kV、60 kV、110 kV、150 kV、220 kV 的高压，287 kV，330 kV、400 kV、500 kV、735~765kV 的超高压。20 世纪 60 年代，国际上开始了对特高压输电的研究。

与此同时，高压直流输电也得到快速发展。1954 年，瑞典建成了从本土通往戈特兰岛的世界上第一条工业性直流输电线路，标志着直流输电进入了发展阶段。1972 年，晶闸管阀（可控硅阀）在加拿大的伊尔河直流输电工程中得到采用。这是世界上首次采用先进的晶闸管阀取代原先的汞弧阀，从而使得直流输电进入了高速发展阶段。电压等级由 ±100 kV、±250 kV、±400 kV、±500 kV 发展到 ±750 kV，一般认为高压直流输电适用于以下范围：长距离、大功率的电力输送，在超过交、直流输电等价距离时最为合适；海底电缆送电；交、直流并联输电系统中提高系统稳定性（因为 HVDC 可以进行快速的功率调节）；实现两个不同额定功率或者相同频率电网之间非同步运行的连接；通过地下电缆向用电密度高的城市供电；为开发新电源提供配套技术。

目前国际上高压一般指 35~220 kV 的电压；超高压一般指 330 kV 以上、1 000 kV 以下的电压；特高压一般指 1000kV 及以上的电压。但是高压直流（HVDC）通常指的是 ±600kV 及以下的直流输电电压，±600kV 以上的则称为特高压直流（UHVDC）。我国的高电压技术的发展和电力工业的发展是紧密联系的。在 1949 年新中国成立以前，电力工业发展缓慢，从 1908 年建成的石龙坝水电站—昆明的 22kV 线路到 1943 年建成的镜泊湖水电站—延边的 110kV 线路，中间出现过的电压等级有 33 kV、44kV、66kV 以及 154kV 等。输电建设迟缓，输电电压因具体工程不同而不同，没有具体标准，输电电压等级繁多。新中国成立后，我国才逐渐形成了经济合理的电压等级系列。1952 年，我国开始自主建设 110 kV 线路，并逐步形成京津唐 110 kV 输电网；1954 年建成丰满—李石寨 220 kV 输电线，接下来的几年逐步形成了 220 kV 东北骨干输电网；1972 年，建成 330kV 刘家峡—关中输电线路，并逐渐形成西北电网 330kV 骨干网架；1981 年，建成 500kV 姚孟—武昌输电线路，开始形成华中电网 500kV 骨干网架；1989 年，建成士 500kV 葛洲坝—上海超高压直流输电线路，实现了华中、华东两大区域电网的直流联网。

由于我国地域辽阔，一次能源分布不均衡，动力资源与重要负荷中心距离很远，因此，我国的送电格局是"西电东送"和"北电南送"。云广特高压 ±800 kV 直流输电工程是西电东送项目之一，也是世界首条 ±800kV 直流输电工程。该输电工程西起云南楚雄变电站，经过云南、广西、广东三省辖区，东止于广东曾城穗东变电站。晋东南—南阳—荆门 1 000

kV 特高压输电工程是北电南送项目之一，全长 645 km，变电容量两端各 3000 kVA。该工程连接华北和华中电网，北起山西的晋东南变电站，经河南南阳开关站，南至湖北的荆门变电站。该电网既可将山西火电输送到华中缺能地区，也可在丰水期将华中富余水电输送到以火电为主的华北电网、使水火电资源分配更加合理。国家电网公司计划在十一五末和十二五期间，建成一个两横两纵的特高压输电线路，两横两纵的线路长度都在 2000km 以上，两横中的一条是把四川雅安的水电送到江苏南京，另一条是把内蒙西部的火电送到山东潍坊；两条纵线分别是陕北到长沙，内蒙到上海。之后，逐步建成国家级特高压电网，全国大范围地变输送煤炭为输送电力，比较彻底地解决高峰期各地缺电的问题。

二、高电压与绝缘技术的研究内容

高电压与绝缘技术是以试验研究为基础的应用技术，主要研究高电压的产生，在高电压作用下各种绝缘介质的性能和不同类型的放电现象，高电压设备的绝缘结构设计，高电压试验和测量的设备与方法，电力系统过电压及其限制措施，电磁环境及电磁污染防护，以及高电压技术的应用等。

1.高电压的产生

根据需要人为的获得预期的高电压是高电压技术中的核心研究内容。这是因为在电力系统中，在大容量、远距离的电力输送要求越来越高的情况下，几十万伏的高电压和可靠的绝缘系统是支撑其实现的必备的技术条件。

电力系统一般通过高电压变压器、高压电路瞬态过程变化产生交流高电压，直流输电工程中采用先进的高压硅堆等作为整流阀把交流电变换成高压直流电。一些自然物理现象也会形成高电压，如雷电、静电。高电压试验中的试验高电压由高电压发生装置产生，通常有发电机、电力变压器以及专门的高电压发生装置。常见的高电压发生装置有：由工频试验变压器、串联谐振实验装置和超低频试验装置等组成的交流高电压发生装置；利用高压硅堆等作为整流阀的直流高电压发生装置；模拟雷电过电压或操作过电压的冲击电压电流发生装置。

2.高电压绝缘与电气设备

在高电压技术研究领域内，无论是要获得高电压，还是研究高电压下系统特性或者在随机干扰下电压的变化规律，都离不开绝缘的支撑。

高电压设备的绝缘应能承受各种高电压的作用，包括交流和直流工作电压、雷电过电压和内过电压。研究电介质在各种作用电压下的绝缘特性、介电强度和放电机理，以便合理解决高电压设备的绝缘结构问题。电介质在电气设备中是作为绝缘材料使用的，按其物质形态，可分为气体介质、液体介质和固体介质三类。在实际应用中，对高压电气设备绝缘的要求是多方面的，单一电介质往往难以满足要求。因而，实际的绝缘结构由多种介质组合而成。电气设备的外绝缘一般由气体介质和固体介质联合组成，而设备的内绝缘则往往由固体介质和液体介质联合组成。

过电压对输电线路和电气设备的绝缘是个严重的威胁，为此，要着重研究各种气体、液体和固体绝缘材料在不同电压下的放电特性。

3.高电压试验

高电压领域的各种实际问题一般都需要经过试验来解决，故高电压试验设备、试验方法以及测量技术在高电压技术中占有格外重要的地位。电气设备绝缘预防性试验已成为保证现代电力系统安全可靠运行的重要措施之一。这种试验除了在新设备投入运行前在交接、安装、调试等环节中进行外，更多的是对运行中的各种电气设备的绝缘定期进行检查，以便及早发现绝缘缺陷，及时更换或修复，防患于未然。

绝缘故障大多因内部存在缺陷而引起，就其存在的形态而言，绝缘缺陷可分为两大类。第一类是集中性缺陷。这是指电气设备在制造过程中形成的局部缺损，如绝缘子瓷体内的裂缝、发电机定子绝缘层因挤压磨损而出现的局部破损、电缆绝缘层内存在的气泡等，这一类缺陷在一定条件下会发展扩大，波及整体。第二类是分散性缺陷。这是指高压电气设备整体绝缘性能下降，如电机、变压器等设备的内绝缘材料受潮、老化、变质等。

绝缘内部有了缺陷后，其特性往往要发生变化，因此，可以通过实验测量绝缘材料的特性及其变化来查出隐藏的缺陷，以判断绝缘状况。由于缺陷种类很多，影响各异，所以绝缘预防性试验的项目也就多种多样。高电压试验可分为两大类，即非破坏性试验和破坏性试验。

电气设备绝缘试验主要包括绝缘电阻及吸收比的测量，泄漏电流的测量，介质损失角正切 tan8 的测量，局部放电的测量，绝缘油的色谱分析，工频交流耐压试验，直流耐压试验，冲击高电压试验，电气设备的在线检测等。每个项目所反映的绝缘状态和缺陷性质亦各不相同，故同一设备往往要接受多项试验，才能做出比较准确的判断和结论。

4.电力系统过电压及其防护

研究电力系统中各种过电压，以便合理确定其绝缘水平是高电压技术的重要内容之一。

电力系统的过电压包括雷电过电压（又称大气过电压）和内部过电压。雷击除了威胁输电线路和电气设备的绝缘外，还会危害高建筑物、通信线路、天线、飞机、船舶和油库等设施的安全。如今，人们主要是设法去躲避和限制雷电的破坏性，基本措施就是加装避雷针、避雷线、避雷器、防雷接地、电抗线圈、电容器组、消弧线圈和自动重合闸等防雷保护装置。避雷针、避雷线用于防止直击雷过电压。避雷器用于防止沿输电线路侵入变电所的感应雷过电压，有管型和阀型两种。现在广泛采用金属氧化物避雷器（又称氧化锌避雷器）。

电力系统对输电线路、发电厂和变电所的电气装置都要采取防雷保护措施。

电力系统内过电压是因正常操作或故障等原因使电路状态或电磁状态发生变化，引起电磁能量振荡而产生的其中，衰减较快、持续时间较短的称为操作过电压；无阻尼或弱阻尼、持续时间长的称为暂态过电压。

过电压与绝缘配合是电力系统中一个重要的课题，首先需要清楚过电压的产生和传播规律，然后根据不同的过电压特征决定其防护措施和绝缘配合方案。随着电力系统输电电压等级的提高，输变电设备的绝缘部分占总设备投资的比重越来越大。故此，采用何种限压措施和保护措施，使之在不增加过多的投资前提下，既可以保证设备安全使系统可靠地运行，又可以减少主要设备的投资费用，这个问题归结为绝缘如何配合的问题。

三、高电压与绝缘技术的应用

高电压与绝缘技术在电气工程以外的领域得到广泛的应用，如在粒子加速器、大功率脉冲发生器、受控热核反应研究、磁流体发电、静电喷涂和静电复印等都有应用。下面作简单的介绍。

1.等离子体技术及其应用

所谓等离子体，指的是一种拥有离子、电子和核心粒子的不带电的离子化物质。等离子体包括有几乎相同数量的自由电子和阳极电子。等离子体可分为两种，即高温和低温等离子体。高温等离子体主要应用有温度为 $10^2{\sim}10^4\,eV$（1~10 亿摄氏度 1 eV=11 600 K）的超高温核聚变发电。现在低温等离子体广泛运用于多种生产领域：等离子体电视；等离子体刻蚀，如电脑芯片中的刻蚀；等离子体喷涂；制造新型半导体材料；纺织、冶炼、焊接、婴儿尿布表面防水涂层，增加啤酒瓶阻隔性；等离子体隐身技术在军事方面还可应用于飞行器的隐身。

2.静电技术及其应用

静电感应、气体放电等效应用于生产和生活等多方面的活动，形成了静电技术，它广泛应用于电力、机械、轻工等高技术领域。例如，静电除尘广泛用于工厂烟气除尘，静电分选可用于粮食净化茶叶挑选、冶炼选矿、纤维选拣等，静电喷涂、静电喷漆广泛应用于汽车、机械、家用电器，静电植绒，静电纺纱，静电制版，还有静电轴承、静电透镜、静电陀螺仪和静电火箭发电机等应用。

3.在环保领域的应用

在烟气排放前，可以通过高压窄脉冲电晕放电来对烟气进行处理，以达到较好的脱硫脱硝效果，并且在氨注入的条件下，还可以生成化肥。在处理汽车尾气方面，国际上也在尝试用高压脉冲放电产生非平衡态等离子体来处理。在污水处理方面，采用水中高压脉冲放电的方法，对废水中的多种燃料能够达到较好的降解效果。在杀毒灭菌方面，通过高压脉冲放电产生的各种带电粒子和中性粒子发生的复杂反应，能够产生高浓度的臭氧和大量的活性自由基来杀毒灭菌。通过高电压技术人工模拟闪电，可以在无氧状态下，用强带电粒子流破坏有毒废弃物，将其分解成简单分子，并在冷却中和冷却后形成高稳定性的玻璃体物质或者有价金属等，此技术对于处理固体废弃物中的有害物质效果显著。

4.在照明技术中的应用

气体放电光源是利用气体放电时发光的原理制成的光源。气体放电光源中，应用较多的是辉光放电和弧光放电现象。辉光放电用于霓虹灯和指示灯，弧光放电有很强的光通量，用于照明光源，常用的有荧光灯、高压汞灯、高压钠灯、金属卤化物灯和氙灯等气体放电灯。气体放电用途极为广泛，在摄影、放映、晒图、照相复印、光刻工艺、化学合成、荧光显微镜、荧光分析、紫外探伤、杀菌消毒、医疗、生物栽培等方面也都有广泛的应用。此外，在生物医学领域，静电场或脉冲电磁场对于促进骨折愈合效果明显。在新能源领域，受控核聚变、太阳能发电、风力发电以及燃料电池等新能源技术得到飞跃发展。

第六节　电气工程新技术

在电力生产、电工制造与其他工业发展，以及国防建设与科学实验的实际需要的有力推动下，在新原理、新理论、新技术和新材料发展的基础上，发展起来了多种电气工程新技术（简称电工新技术），成为近代电气工程科学技术发展中最为活跃和最有生命力的重要分支。

一、超导电工技术

超导电工技术涵盖了超导电力科学技术和超导强磁场科学技术，包括实用超导线与超导磁体技术与应用，以及初步产业化的实现。

1911 年，荷兰科学家昂纳斯（H.Kamerlingh Onnes）在测量低温下汞电阻率的时候发现，当温度降到 4.2 K 附近，汞的电阻突然消失，而后他又发现许多金属和合金都具有与上述汞相类似的低温下失去电阻的特性，这就是超导态的零电阻效应，它是超导态的基本性质之一。1933 年，荷兰的迈斯纳和奥森菲尔德共同发现了超导体的另一个极为重要的性质，当金属处在超导状态时，这一超导体内的磁感应强度为零。也就是说，磁力线完全被排斥在超导体外面。人们将这种现象称为"迈斯纳效应"。

利用超导体的抗磁性可以实现磁悬浮。把一块磁铁放在超导体上，因超导体把磁感应线排斥出去，超导体跟磁铁之间有排斥力，结果磁铁悬浮在超导盘的上方。这种超导磁悬浮在工程技术中是可以大大利用的，超导磁悬浮轴承就是一例。

超导材料分为高温超导材料和低温超导材料两类，使用最广的是在液氦温区使用的低温超导材料 NbTi 导线和液氮温区高温超导材料 Bi 系带材。20 世纪 60 年代初，实用超导体出现后，人们就期待利用它使现有的常规电工装备的性能得到改善和提高，并期望许多过去无法实现的电工装备能成为现实。20 世纪 90 年代以来，随着实用的高临界温度超导体与超导线的发展，掀起了世界范围内新的超导电力热潮，这包括输电、限流器、变压器、飞轮储能等多方面的应用，超导电力被认为可能是 21 世纪最主要的电力新技术储备。

我国在超导技术研究方面，包括有关的工艺技术的研究和实验型样机的研制上，都建立了自己的研究开发体系，有自己的知识积累和技术储备，在电力领域也已开发出或正在研制开发超导装置的实用化样机，如高温超导输电电缆、高温超导变压器、高温超导限流器、超导储能装置和移动通信用的高温超导滤波器系统等，有的已投入试验运行。

高温超导材料的用途非常广阔，正在研究和开发的大致可分为大电流应用（强电应用）、电子学应用（弱电应用）和抗磁性应用三类。

二、聚变电工技术

最早被人发现的核能是重元素的原子核裂变时产生的能量，人们利用这一原理制造了原子弹。科学家们又从太阳上的热核反应受到启发，制造了氢弹，这就是核聚变。

把核裂变反应控制起来，让核能按需要释放，就可以建成核裂变发电站，这一技术已经成熟。同理，把核聚变反应控制起来，也可以建成核聚变发电站。与核裂变相比，核聚变的燃料取之不尽，用之不绝，核聚变需要的燃料是重氢，在天然水分子中，约 7 000 个分子内就含 1 个重水分子，2 kg 重水中含有 4 g 氘，一升水内约含 0.02 g 氘，相当于燃烧 400 t 煤所放出的能量。地球表面有 13.7 亿立方千米海水，其中含有 25 万亿吨氘，它至少可以供人类使用 10 亿年。另外，核聚变反应运行相对安全，因为核聚变反应堆不会产生大量强放射性物质，且核聚变燃料用量极少，能从根本上解决人类能源、环境与生态的持续协调发展的问题。但是，核聚变的控制技术远比核裂变的控制技术复杂。目前，世界上还没有一座实用的核聚变电站，但世界各国都投入了巨大的人力物力进行研究。

实现受控核聚变反应的必要条件是：要把氘和氚加热到上亿摄氏度的超高温等离子体状态，这种等离子体粒子密度要达到每立方厘米 100 万亿个，并要使能量约束时间达到 1 s 以上。这也就是核聚变反应点火条件，此后只需补充燃料（每秒补充约 1g），核聚变反应就能继续下去。在高温下，通过热交换产生蒸汽，就可以推动汽轮发电机发电。

由于无论什么样的固体容器都经受不起这样的超高温，所以，人们采用高强磁场把高温等离子体"箍缩"在真空容器中平缓地进行核聚变反应。可是高温等离子体很难约束，也很难保持稳定，有时会变得弯曲，最终触及器壁。人们研究得较多的是一种叫作托克马克的环形核聚变反应堆装置。另一种方法是惯性约束，即用强功率驱动器（激光、电子或离子束）把燃料微粒高度压缩加热，实现一系列微型核爆炸，然后把产生的能量取出来，惯性约束不需要外磁场，系统相对简单，然而这种方法还有一系列技术难题有待解决。

1982 年底，美国建成一座为了使输出能量等于输入能量，以证明受控核聚变具有现实可能的大型"托克马克"型核聚变实验室反应堆。近年来，美国、英国、俄罗斯三国正在联合建设一座输出功率为 62 万千瓦的国际核聚变反应堆，希望其输出能量能够超过输入能量而使核聚变发电的可能性得到证实。1984 年 9 月，我国自行建成了第一座大型托克马克装置——中国环流器一号，经过 20 多年的努力，最近又建成中国环流器新一号，其纵向磁场 2.8 T，等离子体电流 320 kA，等离子体存在时间 4 s，辅助加热功率 5MW，达到世界先进水平。此外，人们还在试图开发聚变—裂变混合堆，以期降低聚变反应的启动难度。1991 年 11 月 8 日，在英国南部世界最大的核聚变实验设施内首次成功运用氘和氚实现核聚变，在 1s 内产生了超过 100 万瓦的电能。

经过 20 世纪下半叶的巨大努力，已在大型的托克马克磁约束聚变装置上达到"点火"条件，证实了聚变反应堆的科学现实性，目前正在进行聚变试验堆的国际联合设计研制工作。

三、磁流体推进技术

1.磁流体推进船

磁流体推进船是在船底装有线圈和电极，当线圈通上电流，就会在海水中产生磁场，利用海水的导电特性，与电极形成通电回路，使海水带电。这样，带电的海水在强大磁场的作用下，产生使海水发生运动的电磁力，而船体就在反作用力的推动下向相反方向运动。由于超导电磁船是依靠电磁力作用而前进的，故它不需要螺旋桨。

磁流体推进船的优点在于利用海水作为导电流体，而处在超导线圈形成的强磁场中的这些海水"导线"，必然会受到电磁力的作用，其方向可以用物理学上的左手定则来判定。所以，在预先设计好的磁场和电流方向的配置下，海水这根"导线"被推向后方。同时，超导电磁船所获得的推力与通过海水的电流大小、超导线圈产生的磁场强度成正比。由此可知，只要控制进入超导线圈和电极的电流大小和方向，就可以控制船的速度和方向，并且可以做到瞬间启动、瞬时停止、瞬时改变航向，具有其他船舶无法与之相比的机动性。

然而，由于海水的电导率不高，要产生强大的推力，线圈内必须通过强大的电流产生强磁场。如果用普通线圈，不仅体积庞大，而且极为耗能，所以必须采用超导线圈。

超导磁流体船舶推进是一种正在发展的新技术。随着超导强磁场的顺利实现，从 20 世纪 60 年代就开始了认真的研究发展工作。20 世纪 90 年代初，国外载人试验船就已经顺利地进行了海上试验。中国科学院电工研究所也进行了超导磁流体模型船试验。

2.等离子磁流体航天推进器

目前，航天器主要依靠燃烧火箭上装载的燃料推进，这使得火箭的发射质量很大，效率也比较低。为了节省燃料，提高效率，减小火箭发射质量，国外已经开始研发不需要燃料的新型电磁推进器。等离子磁流体推进器就是其中一种，它也称为离子发动机。与船舶的磁流体推进器不同，等离子磁流体推进器是利用等离子体作为导电流体。等离子磁流体推进器由同心的芯柱（阴极）与外环（阳极）构成，在两极之间施加高电压可同时产生等离子体和强磁场，在强磁场的作用下，等离子体将高速运动并喷射出去，推动航天器前进。1998 年 10 月 24 日，美国发射了深空 1 号探测器，任务是探测小行星 Braille 和遥远的彗星 Borrelly，主发动机就采用了离子发动机。

四、磁悬浮列车技术

磁悬浮列车是一种采用磁悬浮、直线电动机驱动的新型无轮高速地面交通工具，它主要依靠电磁力实现传统铁路中的支承、导向和牵引功能。相应的磁悬浮铁路系统是一种新型的有导向轨的交通系统。由于运行的磁悬浮列车和线路之间无机械接触或可大大避免机械接触，从根本上突破了轮轨铁路中轮轨关系和弓网关系的约束，具有速度高，客运量大，对环境影响（噪声、振动等）小，能耗低，维护便宜，运行安全平稳，无脱轨危险，有很强的爬坡能力等一系列优点。

磁悬浮列车的实现要解决磁悬浮、直线电动机驱动、车辆设计与研制、轨道设施、供电系统、列车检测与控制等一系列高新技术的关键问题。任何磁悬浮列车都需要解决三个基本问题，即悬浮、驱动与导向。磁悬浮当前主要有电磁式、电动式和永磁式三种方式。驱动用的直线电动机有同步直线电动机和异步直线电动机两种。导向分为主动导向和被动导向两类。

高速磁悬浮列车有常导与超导两种技术方案，采用超导的优点是悬浮气隙大、轨道结构简单、造价低、车身轻，随着高温超导的发展与应用，将具有更大的优越性。当下，铁路电气化常规轮轨铁路的运营时速为 200~350km/h，磁悬浮列车可以比轮轨铁路更经济的达到较高的速度（400~550km/h）。低速运行的磁悬浮列车，在环境保护方面也比其他公共交通工具有优势。

我国上海引进德国的捷运高速磁悬浮系统于 2004 年 5 月投入上海浦东机场线运营，时速高达 400km/h 以上。这类常导磁悬浮列车系统结构是利用车体底部的可控悬浮和推进磁体，与安装在路轨底面的铁芯电枢绕组之间的吸引力工作的，悬浮和推进磁体从路轨下面利用吸引力使列车浮起，导向和制动磁体从侧面使车辆保持运行轨迹。悬浮磁体和导向磁体安装在列车的两侧，驱动和制动通过同步长定子直线电动机实现。与之不同的是，日本的常导磁悬浮列车采用的是短定子异步电动机。

日本超导磁悬浮系统的悬浮力和驱动力均来自车辆两侧。列车的驱动绕组和一组组的 8 字形零磁通线圈均安装在导轨两侧的侧壁上，车辆上的感应动力集成设备由动力集成绕组、感应动力集成超导磁铁和悬浮导向超导磁铁三部分组成。地面轨道两侧的驱动绕组通上三相交流电时，产生行波电磁场，列车上的车载超导磁体就会受到一个与移动磁场相同步的推力，推动列车前进。当车辆高速通过时，车辆的超导磁场会在导轨侧壁的悬浮线圈中产生感应电流和感应磁场。控制每组悬浮线圈上侧的磁场极性与车辆超导磁场的极性相反，进而产生引力，下侧极性与超导磁场极性相同，产生斥力，使得车辆悬浮起来，并起到导向作用。因无静止悬浮力，故有轮子。2003 年，日本高速磁悬浮列车达到 581km/h 的时速。

五、燃料电池技术

水电解以后可以生成氢和氧，其逆反应则是氢和氧化合生成水。燃料电池正是利用水电解及其逆反应获取电能的装置。以天然气、石油、甲醇、煤等原料为燃料制造氢气，而后与空气中的氧反应，便可以得到需要的电能。

燃料电池主要由燃料电极和氧化剂电极及电解质组成，加速燃料电池电化学反应的催化剂是电催化剂。常用的燃料有氢气、甲醇、肼液氨、烃类和天然气，如航天用的燃料电池大部分用氢或肼作燃料。氧化剂一般用空气或纯氧气，也有用过氧化氢水溶液的。作为燃料电极的电催化剂有过渡金属和贵金属铂、钯、钌、镍等，作氧电极用的电催化剂有银、金、汞等。

其工作原理由氧电极和电催化剂与防水剂组成的燃料电极形成阳极和阴极，阳极和阴极之间用电解质（碱溶液或酸溶液）隔开，燃料和氧化剂（空气）分别通入两个电极，在电催化剂的催化作用下，同电解质一起发生氧化还原反应。反应中产生的电子由导线引出，这样便产生了电流。因此，只要向电池的工作室不断加入燃料和氧化剂，并及时把电极上的反应产物和废电解质排走，燃料电池就能持续不断地供电。

燃料电池与一般火力发电相比，具有许多优点：发电效率比目前应用的火力发电还高，既能发电，还可获得质量优良的水蒸气来供热，其总的热效率可达到 80%；工作可靠，不产生污染和噪声；燃料电池可以就近安装，简化了输电设备，降低了输电线路的电损耗；几百上千瓦的发电部件可以预先在工厂里做好，然后再把它运到燃料电池发电站去进行组装，建造发电站所用的时间短；体积小、重量轻、使用寿命长，单位体积输出的功率大，可以实现大功率供电。

美国曾在 20 世纪 70 年代初期，建成了一座 1000kW 的燃料电池发电装置。现在，输出直流电 4.8 MW 的燃料电池发电厂的试验已获成功，人们正在进一步研究设计 11 MW 的燃料电池发电厂。迄今为止，燃料电池已发展有碱性燃料电池、磷酸型燃料电池、熔融碳酸盐型燃料电池（MCFC）、固体电解质型燃料电池（SOFC）、聚合物电解质型薄膜燃料电池（PEMFC）等多种。

燃料电池的用途也不仅仅限于发电，它同时可以作为一般家庭用电源、电动汽车的动力源、携带用电源等。在宇航工业、海洋开发和电气货车、通信电源、计算机电源等方面得到实际应用，燃料电池推进船也正在开发研制之中。国外还准备将它用作战地发电机，并作为无声电动坦克和卫星上的电源。

六、飞轮储能技术

飞轮储能装置由高速飞轮和同轴的电动/发电机构成，飞轮常采用轻质高强度纤维复合材料制造，并用磁力轴承悬浮在真空罐内。飞轮储能原理是：飞轮储能时是通过高速电动机带动飞轮旋转，将电能转换成动能；释放能量时，再通过飞轮带动发电机发电，转换为电能输出。这样一来，飞轮的转速与接受能量的设备转速无关。根据牛顿定律，飞轮的储能为：

$$W = \frac{1}{2} J\omega^2$$

显然，为了尽可能多地储能，主要应该增加飞轮的转速 ω，而不是增加转动惯量 J。因此，现代飞轮转速每分钟至少几万转，以增加功率密度与能量密度。

近年来，飞轮储能系统得到快速发展，一是采用高强度碳素纤维和玻璃纤维飞轮转子，使得飞轮允许线速度可达 500~1 000 m/s，大大增加了单位质量的动能储量；二是电力电子技术的新进展，给飞轮电机与系统的能量交换提供了强大的支持；三是电磁悬浮、超导磁悬浮技术的发展，配合真空技术，极大地降低了机械摩擦与风力损耗，提高了效率。

飞轮储能的应用之一是电力调峰。电力调峰是电力系统必须充分考虑的重要问题。飞轮储能能量输入、输出快捷，可就近分散放置，不污染、不影响环境，因此，国际上很多研究机构都在研究采用飞轮实现电力调峰。德国 1996 年着手研究储能 5MW·h/100MW·h 的超导磁悬浮储能飞轮电站，电站由 10 个飞轮模块组成，每只模块重 30 t、直径 3.5 m、高 6.5 m，转子运行转速为 2250~4 500 r/min，系统效率为 96%。20 世纪 90 年代以来，美国马里兰大学一直致力于储能飞轮的应用开发，1991 年开发出用于电力调峰的 24 kW·h 电磁悬浮飞轮系统，飞轮重 172.8 kg，工作转速范围 11 610~46 345 r/min，破坏转速为 48 784 r/min，系统输出恒压为 110/240 V，全程效率为 81%。

飞轮储能还可用于大型航天器、轨道机车、城市公交车与卡车、民用飞机、电动轿车等。作为不间断供电系统，储能飞轮在太阳能发电、风力发电、潮汐发电、地热发电以及电信系统不间断电源中等有良好的应用前景。当今，世界上转速最高的飞轮最高转速可达 200 000 r/min 以上，飞轮电池寿命为 15 年以上，效率约 90%，且充电迅速无污染，是 21

世纪最有前途的绿色储能电源之一。

七、脉冲功率技术

脉冲功率技术是研究高电压、大电流、高功率短脉冲的产生和应用的技术，已经发展成为电气工程一个非常有前途的分支。脉冲功率技术的原理是先以较慢的速度将从低功率能源中获得的能量储藏在电容器或电感线圈中，然后将这些能量经高功率脉冲发生器转变成幅值极高但持续时间极短的脉冲电压及脉冲电流，形成极高功率脉冲，并传给负荷。

脉冲功率技术的基础是冲击电压发生器，也叫马克斯发生器或冲击机，是德国人马克斯（E.Marx）在1924年发明的。1962年，英国的J.C.马丁成功的将已有的马克斯发生器与传输线技术结合起来，产生了持续时间短达纳秒级的高功率脉冲。随之，高技术领域如核聚变电工技术研究、高功率粒子束、大功率激光、定向束能武器、电磁轨道炮等的研制都要求更高的脉冲功率，使高功率脉冲技术成为20世纪80年代极为活跃的研究领域之一。20世纪80年代建在英国的欧洲联合环（托克马克装置），由脉冲发电机提供脉冲大电流。脉冲发电机由两台各带有9m直径、重量为775t的大飞轮的发电机组成。发电机由8.8MW的电动机驱动，大飞轮用来存储准备提供产生大功率脉冲的能量。每隔10min脉冲发电机可以产生一个持续25s左右的5MA大电流脉冲。高功率脉冲系统的主要参量有：脉冲能量（kJ~GJ），脉冲功率（GW~TW），脉冲电流（kA~MA），脉冲宽度（μs~ns）和脉冲电压。目前，脉冲功率技术总的发展方向仍是提高功率水平。

脉冲功率技术已应用到许多科技领域，如闪光X射线照相、核爆炸模拟器、等离子体的加热和约束、惯性约束聚变驱动器、高功率激光器、强脉冲X射线、核电磁脉冲、高功率微波、强脉冲中子源和电磁发射器等。脉冲功率技术与国防建设及各种尖端技术紧密相连，已成为当前国际上非常活跃的一门前沿科学技术。

八、微机电系统

微机电系统（MEMS）是融合了硅微加工、光刻铸造成型和精密机械加工等多种微加工技术制作的，集微型机构、微型传感器、微型执行器，以及信号处理和控制电路、接口电路、通信和电源于一体的微型机电系统或器件。微机电系统技术是随着半导体集成电路微细加工技术和超精密机械加工技术的发展而发展起来的。

微机电系统技术的目标是通过系统的微型化、集成化来探索具有新原理、新功能的器件和系统。它将电子系统和外部世界有机地联系起来，不仅可以感受运动、光、声、热、磁等自然界信号，并将这些信号转换成电子系统可以识别的电信号，还可以通过电子系统控制这些信号，发出指令，控制执行部件完成所需要的操作，以降低机电系统的成本，完成大尺寸机电系统所不能完成的任务，也可嵌入大尺寸系统中，把自动化、智能化和可靠性水平提高到一个新的水平。

微机电系统的加工技术主要有三种：第一种是以美国为代表的利用化学腐蚀或集成电路工艺技术对硅材料进行加工，形成硅基 MEMS 器件；第二种是以日本为代表的利用传统机械加工手段，即利用大机器制造出小机器，再利用小机器制造出微机器的方法；第三种是以德国为代表的利用 X 射线光刻技术，通过电铸成型和铸塑形成深层微结构的方法。其中，硅加工技术与传统的集成电路工艺兼容，可以实现微机械和微电子的系统集成，并且该方法适合于批量生产，已经成为目前微机电系统的主流技术。MEMS 的特点是微型化、集成化、批量化，机械电器性能优良。

1987 年，美国加州大学伯克利分校率先用微机电系统技术制造出微电机。20 世纪 90 年代，众多发达国家先后投巨资设立国家重大项目以促进微机电系统技术发展，1993 年，美国 ADI 公司采用该技术成功地将微型加速度计商品化，并大批量应用于汽车防撞气囊，标志着微机电系统技术商品化的开端。此后，微机电系统技术迅速发展，并研发了多种新型产品，一次性血压计是最早的 MEMS 产品之一，目前国际上每年都有几千万只的用量。微机电系统还有 3mm 长的，能够开动的汽车，可以飞行的蝴蝶大小的飞机，细如发丝的微机电电机，微米级的微机电系统继电器，一种微型惯性测量装置的样机，其尺度为 2 cm × 2 cm × 0.5 cm，质量仅为 5 g。

微机电系统技术在航空、航天、汽车、生物医学、电子、环境临控、军事，以及几乎人们接触到的所有领域都有着十分广阔的应用前景。

第七节　智能电网

所谓智能电网（Smart Grid），就是电网的智能化，它是建立在集成的、高速双向通信网络的基础上，通过先进的传感和测量技术、设备技术、控制方法以及先进的决策支持系统技术的应用，实现电网的可靠、安全、经济、高效、环境友好和使用安全的目标，智能电网也被称为"电网 2.0"。

一、智能电网的发展

2001 年，美国电科院最早提出"IntelliGrid"（智能电网），2003 年，美国电科院将未来电网定义为智能电网（IntelliGrid）。2003 年 6 月，美国能源部致力于电网现代化，发布"Grid2030"。2004 年，美国能源部启动电网智能化"GridWise"项目，定义了一个可互操作、互动通信的智能电网整体框架。之后，研究机构、信息服务商和设备制造商与电力企业合作，纷纷推出各种智能电网方案和实践。2005 年，"智能电网欧洲技术论坛"正式成立。2006 年 4 月，"智能电网欧洲技术论坛"的顾问委员会提出了 SmartGrid 的愿景，制定了《战略性研究议程》《战略部署文件》等报告。2006 年，欧盟理事会发布能源绿皮书《欧洲可持续的、竞争的和安全的电能策略》，强调智能电网技术是保证欧盟电网电能质量的一个关键技术和发展方向，这时候的智能电网主要是指输配电过程中的自动化技术，2009 年 1 月 25 日，美国政府最新发布的《复苏计划进度报告》宣布：将铺设或更新 3000 英里输电线路，并为 4000 万美国家庭安装智能电表——美国行将推动互动电网的整体革命。

早在 1999 年，我国清华大学提出"数字电力系统"的理念，揭开了数字电网研究工作的序幕。2005 年，国家电网公司实施"SG186 工程，开始进行数字化电网和数字化变电站的框架研究和示范工程建设。2007 年 10 月，华东电网正式启动了智能电网可行性研究项目，并规划了从 2008 年至 2030 年的"三步走"战略，即：在 2010 年初步建成电网高级调度中心，2020 年全面建成具有初步智能特性的数字化电网，2030 年真正建成具有自愈能力的智能电网。该项目的启动标志着中国开始进入智能电网领域。2009 年 2 月 2 日，能源问题专家武建东在《全面推互动电网革命拉动经济创新转型》的文章中，明确提出中国电网亟须实施"互动电网"革命性改造。中国国家电网公司 2009 年 5 月 21 日首次公布的智能电网内容：以坚强网架为基础，以通信信息平台为支撑，以智能控制为手段，包含电力系统的发电、输电、变电、配电、用电和调度各个环节，覆盖所有电压等级，实现"电力流、信息流、业务流"的高度一体化融合，是坚强可靠、经济高效、清洁环保、透明开放、友好互动的现代电网。其核心内涵是实现电网的信息化、数字化、自动化和互动化，即"坚强的智能电网（Strong Smart Grid）"。

二、智能电网的特征

智能电网包括八个方面的主要特征，这些特征从功能上描述了电网的特性，而不是最终应用的具体技术，它们形成了智能电网完整的景象。

1.自愈性

自愈性，指的是电网把有问题的元件从系统中隔离出来，并且在很少或无需人为干预的情况下，使系统迅速恢复到正常运行状态，从而最小化或避免中断供电服务的能力。更具体地说，指的是电网具有实时、在线连续的安全评估和分析能力；具有强大的预警控制系统和预防控制能力；具有自动故障诊断、故障隔离和系统自我恢复的能力。从本质上讲，自愈性就是智能电网的"免疫能力"，这是智能电网最重要的特征。自愈电网进行连续不断的在线自我评估以预测电网可能出现的问题，发现已经存在的或正在发展的问题，并立即采取措施加以控制或纠正。基于实时测量的概率风险评估将确定最有可能失败的设备、发电厂和线路；实时应急分析将确定电网整体的健康水平，触发可能导致电网故障发展的早期预警，确定是否需要立即进行检查或采取相应的措施；和本地及远程设备的通信将有助于分析故障、电压降低、电能质量差、过载和其他不希望的系统状态，基于这些分析，采取适当的控制行动。

2.交互性

在智能电网中，用户将是电力系统不可分割的一部分。鼓励和促进用户参与电力系统的运行和管理是智能电网的另一重要特征。从智能电网的角度来看，用户的需求完全是另一种可管理的资源，它将有助于平衡供求关系，确保系统的可靠性；从用户的角度来看，电力消费是一种经济的选择，通过参与电网的运行和管理，修正其使用和购买电力的方式，从而获得实实在在的好处。在智能电网中，用户将根据其电力需求和电力系统满足其需求的能力的平衡来调整其消费。同时，需求响应（DR）计划将满足用户在能源购买中有更多选择，减少或转移高峰电力需求的能力使电力公司尽量减少资本开支和营运开支，并降低线损和减少效率低下的调峰电厂的运营成本，并产生大量的环境效益。在智能电网中，和用户建立的双向、实时的通信系统是实现鼓励和促进用户积极参与电力系统运行和管理的基础。实时通知用户其电力消费的成本、实时电价、电网的状况、计划停电信息以及其他服务的信息，用户也可以根据这些信息制定自己的电力使用的方案。

3.安全性

无论是电网的物理系统还是计算机系统遭到外部攻击时，智能电网均能有效抵御由此造成的对电网本身的攻击以及对其他领域形成的伤害，更具有在被攻击后快速恢复的能力。

在电网规划中强调安全风险，加强网络安全等手段，提高智能电网抵御风险的能力。智能电网能更好地识别并反映于人为或自然的干扰，在电网发生小扰动和大扰动故障时，电网仍能保持对用户的供电能力，而不发生大面积的停电事故；在电网发生极端故障时，如自然灾害和极端气候条件或人为的外力破坏，仍能保证电网的安全运行；二次系统具有确保信息安全的能力和防计算机病毒破坏的能力。

4.兼容性

智能电网将安全、无缝地容许各种不同类型的发电和储能系统接入系统，简化联网的过程，类似于"即插即用"，这一特征对电网提出了严峻的挑战。改进的互联标准将使各种各样的发电和储能系统容易接入。从小到大各种不同容量的发电和储能系统在所有的电压等级上都可以互联，包括分布式电源如光伏发电、风电、先进的电池系统、即插式混合动力汽车、燃料电池和微电网。商业用户安装自己的发电设备（包括高效热电联产装置）和电力储能设施将更加容易和更加有利可图。在智能电网中，大型集中式发电厂包括环境友好型电源，如风电和大型太阳能电厂、先进的核电厂，将继续发挥重要的作用。

5.协调性

与批发电力市场甚至是零售电力市场实现无缝衔接。在智能电网中，先进的设备和广泛的通信系统在每个时间段内支持市场的运作，并为市场参与者提供充分的数据，故电力市场的基础设施及其技术支持系统是电力市场协调发展的关键因素。智能电网通过市场上供给和需求的互动，可以最有效地管理如能源、容量、容量变化率、潮流阻塞等参量，降低潮流阻塞，扩大市场，汇集更多的买家和卖家。用户通过实时报价来感受价格的增长从而降低电力需求，推动成本更低的解决方案，促进新技术的开发。新型洁净的能源产品也将给市场提供更多选择的机会，并能提升电网管理能力，促进电力市场竞争效率的提高。

6.高效性

智能电网优化调整其电网资产的管理和运行，以实现用最低的成本提供所期望的功能。这并不意味着资产将被连续不断地用到其极限，而是应用最新技术以优化电网资产的利用率，每个资产将和所有其他资产进行很好的整合，以最大限度地发挥其功能，减少电网堵塞和瓶颈，同时降低投资成本和运行维护成本。例如，通过动态评估技术使资产发挥其最佳的能力，通过连续不断地监测和评价其能力使资产能够在更大的负荷下使用。通过对系统控制装置的调整，选择最小成本的能源输送系统，提高运行的效率，达到最佳的容量、最佳的状态和最佳的运行。

7.经济性

未来分时计费、削峰填谷、合理利用电力资源成为电力系统经济运行的重要一环。通过计费差，调节波峰、波谷用电量，使用电尽量平稳。对于用电大户来说，这一举措将更具经济效益。有效的电能管理包括三个主要的步骤，即监视、分析和控制。监视就是查看电能的供给、消耗和使用的效率；分析就是决定如何提高性能并实施相应的控制方案。通过监测能够找到问题所在；控制就是依据这些信息做出正确的峰谷调整。最大化能源管理的关键在于将电力监视和控制器件、通信网络和可视化技术集成在统一的系统内。支持火电、水电、核电、风电、太阳能发电等联合经济运行，实现资源的合理配置，降低电网损耗和提高能源利用效率，支持电力市场和电力交易系统，为用户提供清洁和优质的电能。

8.集成性

实现电网信息的高度集成和共享，实现包括监视、控制、维护、能量管理、配电管理、市场运营等和其他各类信息系统之间的综合集成，并实现在此基础上的业务集成；采用统一的平台和模型；实现标准化、规范化和精细化的管理。

三、智能电网的关键技术

1.通信技术

能实现即插即用的开放式架构，全面集成的高速双向通信技术。它主要是通过终端传感器将用户之间、用户和电网公司之间形成即时连接的网络互动，实现数据读取的实时、高速、双向的效果，整体性地提高电网的综合效率，只有这样才能实现智能电网的目标和主要特征。高速、双向、实时、集成的通信系统使智能电网成为一个动态的、实时信息和电力交换互动的大型的基础设施。当这样的通信系统建成后，它可以提高电网的供电可靠性和资产的利用率，繁荣电力市场，抵御电网受到的攻击，继而提高电网价值。

2.量测技术

参数量测技术是智能电网基本的组成部件，通过先进的参数量测技术获得数据并将其转换成数据信息，以供智能电网的各个方面使用。它们评估电网设备的健康状况和电网的完整性，进行表计的读取、消除电费估计以及防止窃电、缓减电网阻塞以及与用户的沟通。

未来的智能电网将取消所有的电磁表计及其读取系统，取而代之的是各种先进的传感器、双向通信的智能固态表计，用于监视设备状态与电网状态、支持继电保护、计量电能。基于微处理器的智能表计将有更多的功能，除了可以计量每天不同时段电力的使用和电费外，还能储存电力公司下达的高峰电力价格信号及电费费率，并通知用户实施什么样的费率政策。更高级的功能还有，有用户自行根据费率政策，编制时间表，自动控制用户内部电力使用的策略。对电力公司来说，参数量测技术给电力系统运行人员和规划人员提供更多的数据支持，包括功率因数、电能质量、相位关系、设备健康状况和能力、表计的损坏、故障定位、变压器和线路负荷、关键元件的温度、停电确认、电能消费和预测等数据。

3.设备技术

智能电网广泛应用先进的设备技术，极大地提高输配电系统的性能。未来的智能电网中的设备将充分应用最新的材料，以及超导、储能、电力电子和微电子技术方面的研究成果，从而提高功率密度，供电可靠性和电能质量以及电力生产的效率。

未来智能电网将主要应用三个方面的先进技术：电力电子技术、超导技术和大容量储能技术。通过采用新技术和在电网和负荷特性之间寻求最佳的平衡点来提高电能质量。通过应用和改造各种各样的先进设备，如基于电力电子技术和新型导体技术的设备，来提高电网输送容量和可靠性，这是解决电网网损的绝佳办法。配电系统中要引进许多新的储能设备和电源，同时要利用新的网络结构，如微电网。

4.控制技术

先进的控制技术，是指智能电网中分析、诊断和预测状态，并确定和采取适当的措施以消除减轻和防止供电中断和电能质量扰动的装置和算法。这些技术将提供对输电、配电和用户侧的控制方法，并且可以管理整个电网的有功和无功。从某种程度上说，先进控制技术紧密依靠并服务于其他几个关键技术领域。未来先进控制技术的分析和诊断功能将引进预设的专家系统，在专家系统允许的范围内，采取自动地控制行动。这样所执行的行动将在秒级水平上，这一自愈电网的特性将极大地提高电网的可靠性。

（1）收集数据和监测电网元件。先进控制技术将使用智能传感器、智能电子设备以及其他分析工具测量的系统和用户参数以及电网元件的状态情况，对整个系统的状态进行评估，这些数据都是准实时数据，对掌握电网整体的运行状况具有重要的意义，同时还要利用向量、测量单元以及全球卫星定位系统的时间信号，来实现电网早期的预警。

（2）分析数据。准实时数据以及强大的计算机处理能力为软件分析工具提供了快速扩展和进步的能力。状态估计和应急分析将在秒级而不是分钟级水平上完成分析，这给先进控制技术和系统运行人员预留足够的时间来响应紧急问题；专家系统将数据转化成信息用于快速决策；负荷预测将应用这些准实时数据以及改进的天气预报技术来准确预测负荷；概率风险分析将成为例行工作，确定电网在设备检修期间、系统压力较大期间以及不希望的供电中断时的风险的水平；电网建模和仿真使运行人员认识准确的电网可能的场景。

（3）诊断和解决问题。由高速计算机处理的准实时数据可使专家诊断系统来确定现有的正在发展的和潜在的问题的解决方案，并提交给系统运行人员进行判断。

（4）执行自动控制的行动。智能电网通过实时通信系统和高级分析技术的结合，使得执行问题检测和响应的自动控制行动成为可能，它还可以降低已经存在问题的扩展，防止紧急问题的发生，修改系统设置、状态和潮流以防止预测问题的发生。

（5）为运行人员提供信息和选择。先进控制技术不但给控制装置提供动作信号，也为运行人员提供信息。控制系统收集的大量数据不仅对自身有用，对系统运行人员也有很大的应用价值，而且这些数据可辅助运行人员进行决策。

5.决策支持技术

决策支持技术将复杂的电力系统数据转化为系统运行人员一目了然的可理解的信息，因此动画技术、动态着色技术、虚拟现实技术以及其他数据展示技术可用来帮助系统运行人员认识、分析和处理紧急问题。

在许多情况下，系统运行人员做出决策的时间从小时缩短到分钟，甚至到秒，这样智能电网需要一个广阔的、无缝的、实时的应用系统和工具，以使电网运行人员和管理者能够快速地做出决策。

（1）可视化——决策支持技术利用大量的数据并将其处理成格式化的时间段和按技术分类的最关键的数据给电网运行人员，可视化技术将这些数据展示为运行人员可以迅速掌握的可视的格式，以便运行人员分析和决策。

（2）决策支持——决策支持技术确定了现有的正在发展的以及预测的问题，提供决策支持的分析，并展示系统运行人员需要的各种情况、多种的选择以及每一种选择成功和失败的可能性等信息。

（3）调度员培训——利用决策支持技术工具以及行业内认证的软件的动态仿真器将

显著地提高系统调度员的技能和水平。

（4）用户决策——需求响应（DR）系统以很容易理解的方式为用户提供信息，使他们能够决定如何以及何时购买、储存或生产电力。

（5）提高运行效率——当决策支持技术与现有的资产管理过程集成后，管理者和用户就能够提高电网运行、维修和规划的效率和有效性。

IEEE 致力于制定一套智能电网的标准和互通原则（IEEE P2030），主要内容有以下三个方面：电力工程（power engineering）、信息技术（information technology）和互通协议（communications）等方面的标准和原则。

智能电网被认为是承载第三次工业革命的基础平台，对第三次工业革命具有全局性的推动作用。同时，智能电网与物联网、互联网等深度融合后，将构成智能化的社会公共平台，可以支撑智能家庭、智能楼宇、智能小区、智慧城市建设，推动生产、生活智慧化。

第十一章 城市电网规划的主要技术原则

第一节 城市电网的基本原则

城市电网的基本原则是满足运行中的安全可靠性，近、远景发展的灵活适应性及供电的经济合理性要求。

1.可靠性

城市电网应具有《电力系统安全稳定导则》所规定的抗干扰能力，满足向用户安全供电的要求，防止发生灾难性的大面积停电。总结我国几十年来存在的问题，为提高电网可靠性，应执行以下技术准则。

（1）加强受端系统建设；

（2）分层分区应用于发电厂接入系统的原则；

（3）按不同任务区别对待联络线的建设原则；

（4）按受端系统、发电厂送出、联络线等不同性质电网，分别提出不同的安全标准；

（5）简化和改造超高压以下各级电网（包括城网）的原则。

实际工程中，要从宏观上明确电网建设的基本原则。

2.灵活性

灵活性，是指能适应电力系统的近、远景发展，便于过渡，尤其要注意到远景电源建设和负荷预测的各种可能变化；二是指能满足调度运行中可能发生的各种运行方式下潮流变化的要求。

3.经济性

在满足上述要求的条件下，规划方案要节约电网建设费和年运行费，使年计算费用达到最小。

这三项要求往往受到许多客观条件（如资源、财力、技术等）的限制，在某些情况下，三者之间相互制约并会发生矛盾，故必须进一步研究三个方面之间综合最优的问题。

第二节 电网规划的安全稳定标准

《电力系统安全稳定导则》及 SD 131-1984《电力系统技术导则（试行》是按照我国国情制定的电网可靠性标准。

《电力系统安全稳定导则》主要针对系统稳定、频率与电压稳定，对各种类型、各种单一或多重性故障，将安全稳定的标准分为 3 级，也可以说规定设立"三道防线"。

1.第一道防线

第一道防线针对常见的单一故障（例如线路发生瞬间单相接地），以及按目前条件有可能保持稳定运行的某些故障，要求发生这种故障后，电网能保持稳定和对负荷的正常供电。

2.第二道防线

第二道防线针对概率较低的单一故障，要求在发生故障后能保持电网稳定，但允许损失部分负荷。在某些情况下，为了保持电网稳定，允许采取必要的稳定措施，包括短时中断某些负荷的供电。

3.第三道防线

第三道防线对大电网是最为重要的最后一道防线，它针对极端严重的单一故障（例如多处同时故障；一回线故障而另一回线越级跳闸或保护拒动、断路器拒动等）。此时电网或许不能保持稳定（如都要保证稳定，必须大量增加建设投资），但是必须从最不利条件考虑，采取预防措施，尽可能使失稳的影响局限于事先估计的可控范围内，防止因连锁反应造成全网崩溃的恶性事故。

《电力系统技术导则》把电力网络分为受端系统、电源接入系统与系统间联络线三部分，根据各部分的重要性及技术经济条件规定了不同的安全标准。

（1）受端系统的安全标准。受端系统是电力系统的核心，它的安全稳定是整个系统的基础与关键，因而对它有较高的安全要求：

①在正常运行情况下，受端系统内发生任何严重单一故障（包括线路及母线三相短路），即 N-1 时，除了保持系统稳定和不得使其他任一元件超过负荷规定这两项要求外，还要求保持正常供电，不允许损失负荷（《电力系统安全稳定导则》对全系统规定应校核计算三相短路，并采取措施保持稳定，但允许损失部分负荷。对受端系统需按《电力系统技术导则》规定执行）。

②在正常检修方式下，即受端系统内有任一线路（或母线）或变压器检修，而又发生严重单一故障或失去任一元件时，允许采取措施，包括允许部分减负荷的切机、切负荷措施。当然，这必须按照可能的事故预想，作大量分析工作，确定所应采取的措施。规定这

一标准的目的是，即使出现这种概率不大的情况，也要保住受端系统，以便完全防止全系统性的大停电事故。

（2）电源接入系统的安全标准。

①对 220kV 及以下的线路和已基本建成的 500kV 网路，原则上执行 N–1 原则，即在正常情况下突然失去一回线时，保持正常送电。

②在 500kV 电网建设初期，为了促进 500kV 电网的发展，只要送电容量不过大，并采用单相重合闸作为安全措施，在加强受端系统的基础上，允许主力电厂初期先以 500kV 单回线接入系统。

③对长距离重负荷的 500kV 接入系统的线路，为了取得较大的经济效益，可允许利用安全措施在一回线切除时，同时切除相适应的送端电源（对水电厂）或快速压低送端电源输出功率（对火电厂），以保持其余线路的稳定运行。允许这样做的基础同样是加强受端系统。

当送端电源容量占全网容量的比例不大时，其电源接入系统的安全标准可比受端系统低，这是从建立第三道防线，防止全系统性大停电事故的观点考虑的。实际上，受端系统内部线路一般距离短，尚易于加强，但电源接入系统的线路往往很长，建设一回线需要大量投资，稍微降低电源接入系统的安全标准，同时采取些技术上可行的措施加以弥补，具有重大的经济意义。

（3）系统间联络线的安全标准。系统间联络线的安全标准，应根据联络线路的不同任务区别对待。

①联络线故障中断时，各自系统要保持安全稳定，这对要求输送较大电力，并正常作经济功率交换的交流或直流联络线尤为重要。

②对于为相邻系统担负规定（按合同）事故支援任务的联络线，当两侧系统中任一侧失去大电源或发生严重单一故障时，该联络线应保持稳定运行，不应超过事故负荷规定。

③系统间如有两回（或两回以上）交流联络线，不宜构成弱联系的大环网，并要考虑其中一回断开时，其余联络线应保持稳定运行并可传送规定的最大电力。

④对交直流混合的联络线，当直流联络线单极故障时，在不采取稳定措施条件下，应能保持交流系统稳定运行；当直流线路双极故障时，也应能保持交流系统稳定运行，但可采取适当的稳定措施。

我国系统的安全标准与国外的相比有如下特点。

（1）针对稳定标准分三级，设立三道防线，重点强调第三道防；

（2）保持三相短路时的系统稳定，主要靠加速故障切除时间等稳定措施，经济有效；

（3）对严重的多重故障，允许局部失稳，不仅要采取技术措施，而且要从电网结构上创造条件，以防止发展为全系统的大停电事故；

（4）电力网络分三部分，分别规定不同的安全稳定标准，主要是在考虑节约总体投资的条件下，加强受端系统。

第三节　电网规划应遵循的主要技术原则

1997 年颁发的《电力发展规划编制原则》与电力网络规划相关的内容主要有总则、电力需求预测和电网规划。

2006 年颁发的《城市电力网规划设计导则》比 1993 年版的《城市电力网规划设计导则》增加了分布式电源接入原则、供电环保和经济评价。

以上原则和导则适用于全国所有的地区和城市，具有普遍性。但我国各地区发展不平衡，先进与落后的差距很大。电网中遇到的问题不同，对电网的要求也不同。

目前，对具有一定先进性电网规划的主要技术原则如下。

（1）具有充分的供电能力，能满足各类用电负荷增长的需要。

（2）适应电源发展的需要，并适当超前于电源建设。任何发电厂接入系统必须按一定比例配置相应的输变电容量。

（3）各级电压变电总容量与用电总负荷之间、输变配电设施容量之间、有功和无功容量之间比例协调、经济合理。

（4）电网结构应贯彻分层分区的原则，简化网络接线，做到调度灵活，便于事故处理，防止发生大停电事故的可能性。

（5）电网的安全稳定性，应达到《电力系统安全稳定导则》的要求。各级电网的供电可靠性，应符合供电安全准则的规定。

（6）电能质量和电网损耗达到规划目标的要求。

（7）电网规划应包括继电保护、通信和自动化规划，二次系统必须与一次系统配套发展。

（8）建设资金和建设时间合理安排，取得应有的经济效益。

（9）由于负荷密度的急剧增长，电网采用 220kV 高压深入负荷中心的供电方式。

（10）变配电站设计应节约用地，合理选用小型化设备，充分利用空间，精心布置，力求减少占地面积和建筑面积。变配电站站址位于主城区时应尽可能与建筑物相结合。

（11）线路设计优先采用大截面导线和合杆架设，杆塔选型应充分考虑减少线路走廊占地面积。

1.电网的电压等级和电网结构

（1）电网电压等级层次清晰，例如，送电网电压为 1000、750、500、330、220kV；高压配电电压为 220、110、66、35kV；中压配电电压为 35、20、10kV；低压配电电压为 380V/220V。

（2）电网的分层分区，有如下几点。

①电网的 500kV 超高压环网作为沟通各分区电网的主干网架，并与大区电网联系，接受区外来电。

②以 500kV 枢纽变电站为核心，将 220kV 电网划为几个区，各分区电网之间在正常方式下相对独立，在特殊方式下应考虑互相支援。

③电网内不应形成电磁环网运行。在电网发展过渡阶段，若需构成电磁环网运行，应作相应的潮流计算和稳定校核。

（3）在受端电网分层分区运行的条件下，为了控制短路电流和降低电网损耗，对电网中新建大型主力发电厂，应经技术经济论证，优先考虑以 220kV 电压接入系统的可行性：单机容量为 600MW 及以上机组的大型主力发电厂，经论证有必要以 500kV 电压接入系统时，一般不采取环入 500kV 超高压电网的方式。

大型主力发电厂内不宜设 500/220kV 联络变压器，避免构成电磁环网。

（4）220kV 分区电网的结构，原则上由 500kV 变电站提供大容量的供电电源，经过 220kV 大截面的架空线路，向 220kV 中心变电站送电，再从中心站（500kV 变电站或大中型发电厂）经 220kV 大截面的电缆或架空线路，向 220kV 终端变电站供电。

（5）220kV 联络线上不应接入分支线或 T 接变压器。对于 220kV 终端线允许 T 接变压器，但不宜多级串供。

（6）应避免 35~220kV 变电站低压侧出现小电厂，当接入小电源时应配置保证电网安全运行的解列措施。

（7）在同一个配电网电压层次中，有两种电压时，应避免重复降压。要加速对现有非标电压的升压改造，新建变电站不应再出现非标准电压供电。

2.供电可靠性

（1）电网规划考虑的供电可靠性是指电网设备停运时，对用户连续供电的可靠程度，应满足下列两个目标中的要求。

①电网供电安全准则；

②满足用户用电的程度。

（2）电网供电安全准则，采用 N-1 准则。

①35kV 及以上变电站中失去任何一回进线或一台主变时，必须保证向下一级电

网供电。

②10kV 配电网中任何一回架空线或电缆或一台配电变压器故障停运时：

A.正常方式下，除故障段外不停电，并不得发生电压过低和设备不允许的过负荷；

B.计划检修方式下，又发生故障停运时，允许局部停电，但应在规定时间内恢复供电。

③低压电网中当一台配电变压器或低压线路发生故障时，允许局部停电，并尽快将完好的区段在规定时间内切换至邻近电网恢复供电。

（3）主变、进线回路按 N-1 准则规划设计：对于电网中特别重要的输变电环节，以及特殊要求的重要用户，可按检修方式下的 N-1 准则规划。

（4）为防止全站停电，确保系统安全运行，对 220kV 电业变电站的电源应力求达到双电源的要求：依据目前的实际情况，"双电源"的标准可分为以下三级。

①第一级：电源来自两个发电厂或一个发电厂和一个变电站或两个变电站；电源线路：独立的两条线路（电缆），电厂、变电站进出线走廊段，允许同杆和共用通道。

②第二级：电源来自同一个变电站一个半断路器的不同串或同一个变电站两条分段母线；电源线路：同杆（通道）双回路的两条线路（电缆）。

③第三级：电源来自同一个变电站双母线的正、副母线，电源线路：同杆（通道）双回路的两条线路（电缆）。现有 220kV 变电站，尚处于第三级或第二级双电源标准的，应在规划扩建第三台主变压器时，逐步提高等级标准。

（5）上一级变电站的可靠性应优于下一级：对于 110kV 或 35kV 变电站的电源进线，必须来自 220kV 变电站的 110kV 或 35kV 不同段母线。

（6）220kV 变电站 110kv 或 35kV 侧联络线：220kV 变电站间一般不设置 110kV 或 35kV 专用联络线。

对重要地区，供电可靠性有特殊要求的变电站，经论证批准后，方可设置 110kV 或 35kV 联络线。

（7）满足用户用电的程度：电网故障造成用户停电时，对于申请提供备用电源的用户，允许停电的容量和恢复供电的目标时间。其原则是：

①两回路供电的用户，失去一回路后，应不停电；

②三回路供电的用户，失去一回路后，应不停电，再失去一回路后，应满足 50% 用电；

③一回路和多回路供电的用户，电源全停时，恢复供电的目标时间为一回路故障处理时间；

④开环网络中的用户，环网故障时需通过电网操作恢复供电的，其目标时间为操作所需时间。

考虑具体目标时间的原则是负荷愈重要的用户，目标时间应愈短。随着电网的改造和完善，若配备配电网自动化设施时，故障后负荷应能自动切换，目标时间可逐步缩短。

3.变电站主接线选择

（1）500kV 变电站

①500kV 侧最终规模一般为 6~8 回进出线，4 组主变。优先采用一个半断路器接线，根据需要 500kV 主母线也可分段，主变应接入断路器串内。单组主变容量可选 750MVA、1000MVA、1500MVA。

②220kV 侧一般设有 16~20 回出线。

③为适应电网分层分区和提高可靠性的要求，新建 500kV 变电站的 220kV 母线优先考虑采用一个半断路器接线，根据需要 220kV 主母线也可分段。

④500kV 变电站 220kV 侧也可采用双母线、双分段 2 台分段断路器的接线。有条件时一次建成，一期工程也可采用双母线、单分段。

（2）220kV 变电站

220kV 变电站一般可分为中心站、中间站和终端站三大类，最终规模为 3 台主变。

单台主变容量：220/110/35kV 可选 180MVA、240MVA；220/35kV 可选 120MVA、150MVA、180MVA。

①220kV 侧有如下几种情况。

A.中心站：当最终规模符合具有 8~12 回进出线，可以选用双母线、双分段一台分段断路器的接线。

取消旁路母线的原则需同时满足以下三个条件：

a.220kV 进出线满足 N−1 可靠性要求；

b.主变能满足 N−1 可靠性要求；

c.断路器一次设备质量可靠。

新建 220kV 变电站原则上应不再配置旁路母线。现有 220kV 变电站在满足上述原则的情况下，也可取消旁路母线。

对于可靠性要求更高的中心站，系统不要求两条母线解列运行，地理位置又许可，可以考虑选用一个半断路器接线。

B.中间站：220kV 中间站，通常可采用双母线或单母线分段接线。为简化接线、节约占地，应尽量减少中间站。

C.终端站：可采用线路（电缆）变压器组接线，主变 220kV 侧（电缆进线）一般不设断路器，可设接地闸刀以满足检修安全的需要，并应配置可靠的远方跳闸通道。

为了节省中心站 220kV 出线仓位及线路走廊（或电缆通道），220kV 终端站输变电工程可采用"T"型接线，并实现双侧电源供电。"T"接主变的 220kV 侧应装设断路器或 GIS 组合电器。

②110kV 侧。可有 6~9 回出线,宜采用单母线 3 分段两台分段断路器的接线,并与 35kV 侧构成交叉自切。

③35kV 侧。对于 220/110/35kV 变电站 35kV 侧容量为 3X 120MVA，可有 24 回出线，宜采用单母线 3 分段两台分段断路器的接线，并与 110kV 侧构成交叉自切。

220/35kV 变电站 35kV 侧容量为 3X 150~3X 180MVA，可有 30~36 回出线，宜采用单母线六分段三台分段断路器的接线。

220kV 变电站的 35kV 出线允许并仓。35kV 配电装置采用 GIS 组合电器时原则上应按并仓设计。

（3）110 kV 变电站

①110kV 侧。可以采用线路（电缆）变压器组接线或"T"型接线方式。电缆线路可以经负荷闸刀或隔离开关环入环出，"T"接主变的 110kV 侧可设断路器。必要时可以预留远景实现手拉手接线方式，最终规模为 3 台主变。单台主变容量可选 31.5MVA、40MVA、50 MVA。

②10kV 侧。容量为 3 × 31.5MVA 可有 30 回出线，3 × 40MVA 可有 36 回出线，宜采用单母线 4 分段。按照需要也可选用单母线 6 分段 3 台分段断路器的接线。

（4）35kV 变电站

①35kV 侧：可采用线路变压器组接线或"T"型接线方式，最终规模为 3 台主变，对带有开关站性质的站可采用单母线分段的接线。

单台主变容量可选 10MVA，（16MVA），20MVA、31.5 MVA、40 MVA。

②10kV 侧：可有 24 回出线，宜采用单母线四分段。根据需要也可选用单母线六分段三台分段断路器的接线。

4.短路电流的控制

750kV：63kA；

220kV：50kA（远景不大于 63kA）；

110kV：31.5kA；

66kV：31.5kA；

35kV：25kA；

20kV：16~20kA；

10kV、20 kV：16~20kA。

对于 110~500kV 电网，不但要核算三相短路电流值，当故障点 $X_{0\Sigma} < X_{1\Sigma}$ 时，还要计算单相接地短路电流值。在规划、设计和运行中应采取措施控制上述短路电流值的条件下，电网可以使用自耦变压器。

对于 110kV 及以上电力电缆的金属屏蔽层或护层，承受上述单相短路电流值的持续时间应不小于 0.2s。

5.变电站设计

（1）基建工程节约占地是一项重要的原则：变电站配电装置选型应综合考虑节约占地、控制投资、提高可靠性和协调景观多方面因素。

（2）户内变电站只要有可能，应与大楼建筑结合，布置于辅楼或地下室：在经济比较可取时，也可将变电站置于公园、广场、停车场或运动场等处所的地下。

（3）无人值班变电站：110、35kV 变电站均按无人值班设计；220kV 终端变电站按无人值班（少人值守）设计。

（4）逐步推行变电站综合自动化。

6.城市电力线路

（1）城市架空电力线路应符合下列要求

①应根据城市地形、地貌特点和城市道路规划要求，沿道路、河渠、绿化带架设。路径选择应做到：短捷、顺直，减少同河渠、道路、铁路的交叉。对 35kV 及以上高压线路应规划专用走廊或通道。

②架空线杆塔的选择，应采用占地少的混凝土杆、钢管杆及自立式铁塔。110kV 架空线路在占地限制或高度要求条件下，可采用钢管杆，一般地带直线型采用混凝土杆，转角耐张型采用铁塔。35、10kV 架空线路一般采用混凝土杆，对特高杆及受力较大的转角、耐张杆，为取消拉线可采用钢管杆或窄基铁塔。380V 低压架空线路一般都采用混凝土杆。杆塔外表、色调应与周围环境协调。

③为美化市容、提高空间利用率，线路走廊拥挤地区，配电线路宜合杆架设，做到"一杆多用"（包含电力通信线）和"一杆多回路"。

④中、低压架空线在电网联络分段处及支接点，需要时可加装负荷闸刀。

⑤城市架空电力线路的导线安全系数一般选用 3~4；市区架空线路根据导线截面、档距大小，可增加至 5 以上，合成绝缘子的机械强度安全系数应不小于 3.5，线路外绝缘的泄漏比距应符合地区污秽分级标准。

⑥架空线路的规划设计，需满足导线与树木及建筑物之间的安全距离。市区或县级城镇低压架空线路应使用绝缘导线或沿墙敷设的成束架空绝缘导线，现有裸导线应逐步更换为绝缘导线。人口稠密地区中压架空线路推广使用绝缘导线。对线路走廊及安全距离有矛盾时，应通过规划、电力、绿化等部门协调解决。

中压、高压、超高压架空线路的导线，宜推广稀土铝导线。经过技术经济比较，也可以选用耐热铝合金导线（包括老线路改造）。

⑦架空电力线路的规划建设，应注意对邻近通信设施的干扰影响及电台距离，其干扰值应符合国家有关标准允许范围。

（2）城市地下电缆线路的规划设计

城市地下电缆线路敷设方式主要有直埋敷设、沟槽敷设、排管敷设、隧道敷设等。

城市地下电缆线路路径应与城市其他地下管线统一规划，在变电站进出线部分的通道，尽可能按最终规模一次实施。

（3）导线截面的选择

①架空线：500kV 选用 $4 \times 400mm^2$、$4 \times 630mm^2$；220kV 选用 $1 \times 400mm^2$ $2 \times 400mm^2$、$2 \times 500mm^2$、$4 \times 400mm^2$、$2 \times 630mm^2$；110kV 选用 $185mm^2$、$240mm^2$；35kV 选用 $185\sim400mm^2$；10kV 干线选用 $95\sim240mm^2$；380V 干线选用 $95\sim240mm^2$。

②电缆：220kV 选用 $1 \times 630mm^2$、$1 \times 800mm^2$、$1 \times 1000mm^2$、$1 \times 1600mm^2$；110kV 选用 $1 \times 400mm^2$、$1 \times 630mm^2$、$1 \times 400mm^2$；35kV 选用 $3 \times 240mm^2$、$3 \times 400mm^2$、$1 \times 400mm^2$；10kV 干线选用 $3 \times 240mm^2$、$3 \times 400mm^2$；380V 干线选用 $4 \times 240mm^2$。

③绝缘导线：10kV 干线选用 $1 \times 95mm^2 \sim 1 \times 120mm^2$、$3 \times 95mm^2 \sim 3 \times 120mm^2$；380V 干线选用 $4 \times 95mm^2 \sim 4 \times 120mm^2$。

④电缆排管孔径 150mm：电缆外径 120mm 及以下时使用；175mm：电缆外径 120~140mm 时使用。

（4）电力电缆并行敷设载流量计算原则

①220/110/35kV 变电站，主变容量 $3 \times 180MVA$：主变容量比 100/100/67%，220kV 进线 3 回，110kV 出线 3×2 回，35kV 出线 3×8 回。

A.每回路 35kV 电缆设计输送容量为 20MVA；

B.每回路 110kV 电缆设计输送容量为 63MVA；

C.每回路 220kV 进线电缆设计输送容量，按主变容量 180MVA 设计。

选择 220kV 电缆截面时，敷设在同一排管中的 110kV 和 35kV 电缆，其输送总容量按主变容量 180MVA 设计。

每回路 110kV 电缆输送容量按（180/2）×[100/（100+67）]=53.9（MVA）计算；每回路 35kV 电缆输送容量按（180/8）×[67/（100+67）]=9.03（MVA）计算。

②220/110/35kV 变电站，主变容量 $3 \times 240MVA$：主变容量比 100/100/50%，220 kV 进线 3 回，110kV 出线 3×3 回，35kV 出线 3×8 回。

A.每回路 35kV 电缆设计输送容量为 20MVA；

B.每回路 110kV 电缆设计输送容量为 94.5MVA；

C.每回路 220kV 进线电缆设计输送容量，按主变容量 240MVA 设计。

选择 220kV 电缆截面时，敷设在同一排 110、35kV 电缆，其输送总容量按主变容量 240MVA 设计：每回路 110kV 电缆输送容量按（240/3）×[100/（100+50）]=53.33（MVA）计算；每回路 35kV 电缆输送容量按（240/8）×[50/（100+50）]=10（MVA）计算。

③220/35kV 变电站，主变容量 3×180MVA：220kV 进线 3 回，35kV 出线 3×12 回。

A.每回路 35kV 电缆设计输送容量为 20MVA；

B.每回路 220kV 进线电缆设计输送容量，按主变容量 180MVA 设计。

选择 220kV 电缆截面时，敷设在同一排管中的 35kV 电缆每回路输送容量按 180/12-15（MVA）计算。

④110/10kV 变电站，主变容量 3×31.5MVA：110kV 进出线 3×2 回，10kV 出线 3×10 回。

A.每回路 10kV 电缆设计输送容量为 5~6MVA；

B.每回路 110kV 进线电缆设计输送容量按主变容量 3×31.5MVA 设计，每回路 110kV 出线电缆设计输送容量按主变容量 2×31.5MVA 设计。

选择 110kV 电缆截面时，敷设在同一排管中的 10kV 电缆，每回路输送容量按 31.5/10=3.15（MVA）计算。

⑤35/10kV 变电站，主变容量 3×20MVA：35kV 进线 3 回，10kV 出线 3×8 回。

A.每回路 10kV 电缆设计输送容量为 5~6MVA；

B.每回路 35kV 进线电缆设计输送容量，按主变容量 20MVA 设计。

选择 35kV 电缆截面时，敷设在同一排管中 10kV 电缆，每回路输送容量按 20/8-2.5（MVA）计算。

第四节 分布式电源接入原则

1.分布式电源

分布式电源，主要指布置在电力负荷附近，容量在 8~9MW 以下，与环境兼容、节约能源的发电装置，如微型燃气轮机、太阳能光伏发电、燃料电池、风力发电等。容量在 8~9MW 以上的独立电源可作为微型电厂并入电网。

分布式电源可用于工厂企业、办公楼、医院、体育场所、居民家庭等用户的供电。

对于利用可再生能源的分布式电源，如太阳能、水力、风能、地热和生物质能等，可积极推广应用。

对于利用天然气等清洁能源的微型电厂，应提倡采用冷、热、电三联供形式，以提高能源利用效率。

2.分布式电源的并网运行

不同容量的分布式电源并网的电压等级应参照表 11-1 确定。

表 11-1 分布式电源并网的电压等级

分布式电源总容量范围	并网电压等级
数千瓦至数十千瓦	400V
数百千瓦至 8~9MW	10kV、35kV
大于 9MW 的微型电厂	35kV、66kV、110kV

分布式电源并网运行应装设专用的并、解列装置和开关。解列装置应具备低压、低频等可靠判据。在配电线路掉闸和分布式电源内部故障时，分布式电源应立即与电网解列，在电网电压和频率稳定后方可重新并网。

分布式电源所发电力应以就近销纳为主。用户建设的分布式电源若需向电网反送功率，应向电力公司申请批准。原则上限制分布式电源在低谷时段向电网反送功率，但是可再生能源除外。

分布式电源的运行不能对电网产生谐波污染，必要时应装设滤波装置。分布式电源接入点的功率因数应满足电力公司的要求。分布式电源应装设双向的峰谷电能表。原则上电力公司对并网运行的分布式电源不予调度，对微型电厂给予调度。

3.分布式电源接入电网

城市电网规划设计时，应对允许分布式电源接入的地点和总装机容量做出规定。

容量较大的微型电厂如需并网，应进行接入系统的可研设计并申报电力公司批准，同时应做好配套的电网建设工作。

城市电网规划设计时应考虑为允许接入的分布式电源留有事故备用容量，并应对分布式电源的接入进行初步的企业经济效益分析。分布式电源的接入不应影响城市配电网的设计与运行控制，具体要求如下。

（1）分布式电源容量不宜超过接入线路容量的 10%~30%（专线接入除外）。

（2）刚度系数（stiffness 指接入点短路电流与分布式电源机组的额定电流之比）不低于 10。

（3）分布式电源接入后线路短路容量不超过断路器遮断容量，否则须加装短路电流限制装置（指已有网络接入分布式电源）。

结　语

近年来，我国电力行业得到了迅速的发展，自身的管理模式以及操作规程也发生了比较大的变化，为人们带来了更加优质的电力服务。但是，在电力系统运行过程中依旧存在比较多的问题，直接影响到该系统的运行安全性跟稳定性，也就要求各电力企业能够通过一系列的管理手段，来控制电力系统的运行安全性与稳定性，从而保障电网的运行质量，为我国电力行业的发展奠定良好的基础。

同时，我国的智能电网建设力度也进一步加快，应用到了计算机保护系统以及调度自动化系统等多种高新科技，使得电网运行质量也得到了显著的提升。电网自动化调度系统的应用，可以有效减少人为误差的发生，对于电力系统安全性以及经济性的提升也有着非常重要的意义。然而，目前有很多调度人员还存在有操作不规范以及技术水平不足的问题，使得电网调度系统的职能难以得到充分的发挥。针对这一问题，还要求我国的电力企业能够加强对调度人员的筛选以及培训力度，要求所有电力调度人员都具备良好的职业素质以及技能水平，进而避免误操作以及误调度等人为事故的发生，提升电力系统的运行质量。此外，电力企业还要在结合自身运行特点上，构建规范化的电网调度运行制度，并对该制度进行严格的落实，保障所有调度人员在操作过程中有操作规范可以依靠，促进电网调度运行工作质量得到进一步提升，强化电网监管力度，促进我国电力行业可持续发展。

参考文献

[1]刘坤.电力工程技术问题及施工安全研究[J].居舍,2021(03):78-79.

[2]陈道勇.风险控制在电力安全生产管理中的应用研究[J].中国设备工程,2021 (02):31-32.

[3]张艺琼.继电保护不稳定因素及解决途径分析[J].低碳世界,2021,11(01):76-77.

[4]潘郑超.关于电力生产安全管理工作优化探索[J].大众标准化,2021(02):199-200.

[5]金国锋,张林,范晓奇,范佳琪,李恩源.考虑输变电工程造价的短期光伏功率控制[J].电源技术,2021,45(01):65-68.

[6]李丽华.大数据在电力信息安全中的实施对策[J].科技风,2021(02):195-196.

[7]王云龙.电力系统运行中电气自动化技术的应用策略[J].电子测试,2021(02):139-140.

[8]杨浩,陈宝靖,李燕.电力监控系统网络安全防护技术应用研究[J].电子世界,2021 (01):128-129.

[9]汤震宇.国内电力监控网络安全的演进发展和新挑战[J].自动化博览,2021,38 (01):18-21.

[10]肖倩宏,康鹏,杜江,宋弦,安甦.深度学习在电网智能调控系统中应用研究[J].机械与电子,2021,39(01):38-42.

[11]江华刚.变电站自动化与安全运行分析[J].集成电路应用,2021,38(01):186-187.

[12]张坤平,张素娟.电力系统运行中电气自动化技术的应用策略分析[J].中国设备工程,2021(01):231-232.

[13]王梓,王治华,韩勇,金建龙,黄天明,朱江.面向电力系统网络安全多层协同防御模型研究[J/OL].计算机工程:1-25[2021-02-19].https://doi.org/10.19678/j.issn.1000-3428.0059716.

[14]王泽宁.电气工程自动化技术在电力系统运行中的应用[J].电子测试,2021(01):115-117.

[15]陈关荣,Sergej? ELIKOVSKY,郭雷,张友民,李天成.复杂网络和系统的分布式滤波与控制[J].Frontiers of Information Technology&Electronic Engineering,2021,22(01):1-4+161

−163.

[16]冯焕松,崔远远,梁睿,周孟璇,龙超城.电力系统继电保护常见故障及预防措施[J].中国科技信息,2021(01):30−31.

[17]陈汉雄,李婷,李奥.提升电网运行的交直流系统协调控制策略研究[J/OL].电力系统保护与控制:1−12[2021−02−19].https://doi.org/10.19783/j.cnki.pspc.200935.

[18]郑伟文,付志博,唐重阳.新时代背景下电力系统信息网络安全问题再探[J].现代工业经济和信息化,2020,10(12):101−102+125.

[19]王斌,刘祥,旷奎.电力系统网络安全隔离的设计分析[J].电子世界,2020(24):57−58.

[20]刘祥,叶婉琦,夏成文.试谈电力系统网络安全维护中入侵检测技术的应用[J].电子世界,2020(24):184−185.

[21]杜林.变电一次设备故障预测及检修方法研究[J].电子世界,2020(24):53−54.

[22]马燕峰,杨小款,王子建,董凌,赵书强,蔡永青.基于风险价值的大规模风电并网电力系统运行风险评估[J/OL].电网技术:1−8[2021−02−19].https://doi.org/10.13335/j.1000−3673.pst.2020.0505.

[23]包曼,张红旗,吴昊,张朝.含大规模风电接入的电力系统经济调度研究[J].节能,2020,39(12):105−107.

[24]刘声俊.电力建设工程项目安全风险分级管控体系建设分析[J].工程建设与设计,2020(24):186−188.

[25]许昆鹏,张雪燕,李杨月.电力系统继电保护二次安全措施的规范化管理[J].电工技术,2020(24):137−138.

[26]顾旭波,杨胜利.电力工程受限空间作业安全防控新技术现场应用实践[J].电力设备管理,2020(12):136−137.

[27]吴秉兴.电力工程安全监理的风险意识以及策略初探[J].科技视界,2020(36):117−118.

[28]郑柳胜.电力系统的安全稳定性分析[J].现代制造技术与装备,2020,56(12):163−164.

[29]冯川.电力系统运行中电气自动化技术应用分析[J].冶金管理,2020(23):61−62.

[30]张玉中,郭长亮,何琦,彭海超,蒲睿.简析电力经济运行管理中的经济效益[J].中国集体经济,2020(35):48−49.

[31]彭宇.试析电力系统继电保护运行维护[J].中小企业管理与科技(中旬刊),2020(12):122−123.

[32]池艳东.输电运行中设备的检修与维护技巧分析[J].科技经济导刊,2020,28(35):87−88.

[33]刘双华.电气自动化技术在生产运行电力系统运行中的应用[J].河北农机,2020(12):

95-96.

[34]贾祎飞,黄开奇,臧振溪,贾亚康,施云龙.电力系统运行中的电气工程自动化技术研究[J].电子技术与软件工程,2020(23):91-92.

[35]张应海.电气自动化在电力系统运行中的运用分析[J].电子技术与软件工程,2020(23):101-102.

[36]卢翔,余萱,李琨.人工智能与电力服务的深度融合路径分析[J].无线互联科技,2020,17(22):80-81.

[37]詹宝发.变电运行维护现状及优化措施[J].中国新技术新产品,2020(22):69-71.

[38]何正友,向悦萍,杨健维,王玘,廖凯.电力与交通系统协同运行控制的研究综述及展望[J].全球能源互联网,2020,3(06):569-581.

[39]沙杰.解析电力系统中配电网的安全运行技术[J].中国设备工程,2020(22):216-217.

[40]Hu Zechun.Energy Storage for Power System Planning and Operation[M].John Wiley&Sons Singapore Pte.Ltd:2020-01-24.

[41]João P.S.Catalão.Smart and Sustainable Power Systems:Operations,Planning,and Economics of Insular Electricity Grids[M].CRC Press:2017-12-19.

[42]Schlabbach Jürgen,Rofalski Karl Heinz.Power System Engineering:Planning,Design and Operation of Power Systems and Equipment[M].Wiley - VCH Verlag GmbH&Co.KGaA:2014-04-11.

[43]Schlabbach Jürgen,Rofalski Karl Heinz.Power System Engineering:Planning,Design,and Operation of Power Systems and Equipment[M].Wiley - VCH Verlag GmbH&Co.KGaA:2008-06-10.